"十三五"国家重点出版物出版规划项目

火炸药理论与技术丛书

含能化合物化学与工艺学

束庆海　金韶华　陈树森　**编著**

国防工业出版社

·北京·

内 容 简 介

本书为"十三五"国家重点出版物出版规划项目、国家出版基金项目"火炸药理论与技术丛书"分册。本书阐述了含能化合物的基本概念、分类、硝化理论及与含能化合物合成相关的重要有机化学反应,重点介绍了典型含能化合物的基本性质、合成方法及合成工艺,涵盖了硝基类、硝胺类、硝酸酯类等传统型含能化合物以及新发展的唑类、呋咱/氧化呋咱类、全氮类、含能离子盐类、共晶类等新型含能化合物,一定程度上反映了含能化合物技术的最新发展水平。

本书可作为高等院校火炸药、弹药工程、特种能源等相关专业的教材或参考书,也可作为火炸药及相关领域科研人员的参考读物。

图书在版编目(CIP)数据

含能化合物化学与工艺学 / 束庆海,金韶华,陈树森 编著.
—北京:国防工业出版社,2020.4
(火炸药理论与技术丛书)
ISBN 978 - 7 - 118 - 12108 - 7

Ⅰ.①含⋯　Ⅱ.①束⋯ ②金⋯ ③陈⋯　Ⅲ.①化合物-研究
Ⅳ.①O6 - 0

中国版本图书馆 CIP 数据核字(2020)第 061026 号

※

*国防工业出版社*出版发行
(北京市海淀区紫竹院南路 23 号　邮政编码 100048)
北京龙世杰印刷有限公司印刷
新华书店经售

*

开本 710×1000　1/16	印张 17¾	字数 375千字
2020 年 4 月第 1 版第 1 次印刷	印数 1—2000 册	定价 98.00 元

(本书如有印装错误,我社负责调换)

国防书店:(010)88540777　　书店传真:(010)88540776
发行业务:(010)88540717　　发行传真:(010)88540762

总序

国防与安全为国家生存之基。国防现代化是国家发展与强大的保障。火炸药始于中国，它催生了世界热兵器时代的到来。火炸药作为武器发射、推进、毁伤等的动力和能源，是各类武器装备共同需求的技术和产品，在现在和可预见的未来，仍然不可替代。火炸药科学技术已成为我国国防建设的基础学科和武器装备发展的关键技术之一。同时，火炸药又是军民通用产品（工业炸药及民用爆破器材等），直接服务于国民经济建设和发展。

经过几十年的不懈努力，我国已形成火炸药研发、工业生产、人才培养等方面较完备的体系。当前，世界新军事变革的发展及我国国防和军队建设的全面推进，都对我国火炸药行业提出了更高的要求。近年来，国家对火炸药行业予以高度关注和大力支持，许多科研成果成功应用，产生了许多新技术和新知识，大大促进了火炸药行业的创新与发展。

国防工业出版社组织国内火炸药领域有关专家编写"火炸药理论与技术丛书"，就是在总结和梳理科研成果形成的新知识、新方法，对原有的知识体系进行更新和加强，这很有必要也很及时。

本丛书按照火炸药能源材料的本质属性与共性特点，从能量状态、能量释放过程与控制方法、制备加工工艺、性能表征与评价、安全技术、环境治理等方面，对知识体系进行了新的构建，使其更具有知识新颖性、技术先进性、体系完整性和发展可持续性。丛书的出版对火炸药领域新一代人才培养很有意义，对火炸药领域的专业技术人员具有重要的参考价值。

张维民，原国防科学技术工业委员会副主任。

前言

本书为"十三五"国家重点出版物出版规划项目、国家出版基金项目"火炸药理论与技术丛书"之一。与以往的同类专著及教材相比，本书在传统含能化合物合成工艺及合成机理的基础上，补充了一些近年来发展比较成熟和有较好发展前景的新型含能化合物（呋咱及氧化呋咱类、叠氮类、唑类、含能离子盐、全氮类、共晶类等），一定程度上反映了含能化合物领域最新的科学技术水平，可供从事火炸药、有机化学中间体生产和科研的工程技术人员、有关院校的师生参考。

本书主要介绍了含能化合物的基本概念、分类及硝化理论，系统地介绍了典型含能化合物的基本性质、合成方法及合成工艺，涵盖了硝基类、硝胺类、硝酸酯类等传统型含能化合物；此外，本书还对新发展的唑类、呋咱及氧化呋咱类、全氮类、含能离子盐及共晶类含能化合物及其绿色合成工艺进行了介绍。

本书共8章，由束庆海、金韶华、陈树森主编并负责全书的统稿工作。其中绪论由陈树森、罗军编写；第2章由金韶华、李丽洁编写；第3章由束庆海、杜君宜编写；第4章由束庆海、陈锟编写；第5、7、8章由束庆海编写；第6章由罗军编写。

南京理工大学肖忠良教授、陆明教授对本书进行了精心的审定和中肯的指导，编著者在此表示衷心的感谢。编写过程中，还得到了吕席卷、王俊峰、张广源、王小军、李娜、张婷、梁惠、马仙龙、姚媛媛等人的帮助和支持，在此一并表示感谢。

由于时间仓促，且编著者水平有限，书中缺点和错误在所难免，恳请各位读者批评指正。

编著者
2019 年 7 月

第4章　硝酸酯化合物　　　　　　　　　　　　　　　　/128

第5章　唑类含能化合物　　　　　　　　　　　　　　　/151

01 / 第1章 绪 论

1.1 含能化合物概述

含能材料(energetic materials)是一类含有爆炸性基团或含有氧化剂和可燃物，能独立地、迅速地进行化学反应并输出能量的化合物或混合物，如单质炸药、混合炸药、推进剂、发射药等。

含能化合物(energetic compounds)狭义上是指由单一分子结构物质组成的含能材料。含能化合物经过了漫长的发展历史，从第一个单质炸药或单体炸药苦味酸到20世纪80年代出现的高能量密度化合物(HEDC)以及近年来出现的多氮、聚合氮都属于含能化合物。

1.1.1 定义及分类

含能化合物是一类在适当外部能量激发下，能发生自行维持的极快速的放热化学反应，并放出大量的热和气体的单一分子结构物质。含能化合物分子内同时含有氧化性基团和可燃性元素，氧化性基团包括 $-C\equiv C$、$=C-X$、$-N=C$、$-N=O$和$-NO_2$等；可燃性元素包括碳、氢、硼等元素。

一般地，含能化合物应具备以下特点：①化合物在无外界物质参与下可发生自身氧化还原反应释放能量，含能化合物的能量来源于其分子中可燃性元素氧化而产生的反应热，或者具有高的正生成焓的分子分解为小分子物质所释放的分解热；②化合物所蕴含的能量在发生分解反应时能够以足够快的速度释放出来，即发生爆轰反应；③化合物分解反应具有体积膨胀效应，即反应产生大量的气体，具有较强的对外界做功的能力；④化合物具有比较高的密度，由于受到弹体容积的限制，弹药装药应该尽可能地提高装药密度，这就要求作为火炸药配方主要组分的含能化合物具有足够高的密度；⑤化合物自身具有一定的安定性和安全性。

含能化合物大致有两种分类方式，一种是按功能和性能特点来分，如起爆药、高能炸药、含能增塑剂等；另一种是按结构特点来分，如硝胺化合物、呋咱化合物、硝酸酯化合物等。值得注意的是，有些化合物含有多种含能基团，在分类上可能有交叉的地方，如2,4,6-三硝基苯甲硝胺（tetryl，特屈儿），既属于硝胺类又属于硝基芳烃类。从合成的角度看，以结构特点分类更为直观、全面，主要包含以下几类：

1. 硝基化合物

硝基化合物的分子结构中含有 C—NO$_2$ 基团，包括硝基芳烃化合物及硝基脂肪化合物两种。目前用作炸药的硝基化合物主要是芳香族硝基化合物，它们属于叔硝基化合物，其中最重要的品种是三硝基甲苯（TNT）。芳香族硝基化合物是指硝基直接与芳环相连，即芳环母体中的氢被硝基取代后生成的一类化合物，可分为一硝基、二硝基和多硝基等，但只有二硝基和多硝基化合物能用作炸药。硝基的结构式可表示为

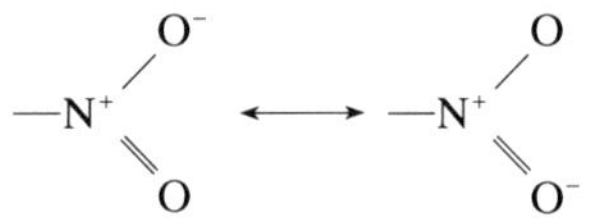

芳香族硝基化合物的爆炸能量和机械感度均低于硝酸酯类及硝胺类含能化合物，安定性甚优，制造工艺成熟，大多数原料来源充足且价格较低。一些常见硝基化合物的分子结构式如下：

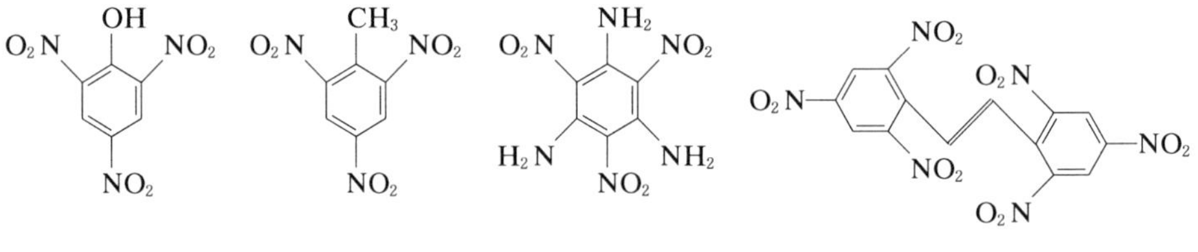

PA　　　　　TNT　　　　　TATB　　　　　HNS

2. 硝胺化合物

硝胺化合物是分子结构中含有 N—NO$_2$ 基团的含能化合物。硝胺炸药是在第二次世界大战期间才崛起的一类炸药，其主要代表是黑索今（RDX）和奥克托今（HMX），其他还有特屈儿、硝基胍、乙烯二硝胺、吉纳等，它们均广泛用于弹药装药，或作为发射药和火箭推进剂的重要组分。20世纪后期，硝胺炸药已成为最引人注目的一类炸药，并且出现了很多新秀，包括近二十多年来极为人们所青睐的高能量密度化合物。硝胺炸药的爆炸气态产物生成量较高，具有较

高的做功能力和能量水平，其感度高于硝基化合物炸药而低于硝酸酯炸药，但其安全性能仍能满足军用要求。硝胺炸药一般包括伯硝胺、仲硝胺和环硝胺（包括笼形多环硝胺）。环硝胺在硝胺炸药中占有重要地位，如 RDX、HMX、六硝基六氮杂异伍兹烷（HNIW）等都是环硝胺。以下为一些常见硝胺类化合物的分子结构式：

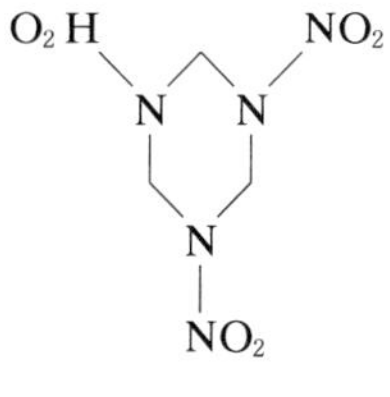

RDX 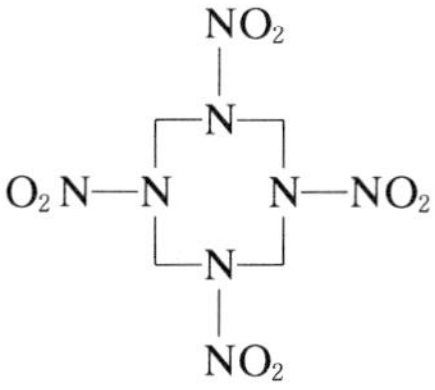   HMX 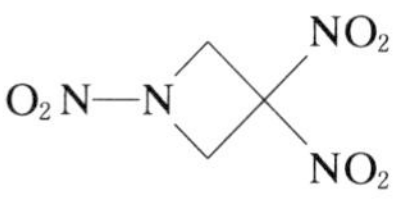   TNAZ 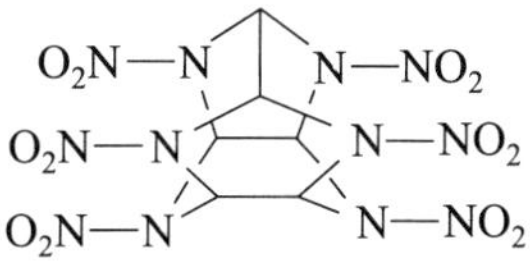   HNIW

3. 硝酸酯化合物

硝酸酯化合物也称 O -硝基化合物，即分子结构中包含 C—O—NO$_2$ 基团的化合物。硝酸酯类化合物的特点是氧平衡较高，做功能力较大；缺点是安定性较差，感度较高。大多数硝酸酯难溶于水，但能够水解，尤其在酸催化条件下，水解速率很快。有重要实际使用价值的硝酸酯炸药是太安、硝化甘油及其同系物和硝化棉，还有一些用作能增塑剂的硝酸酯也日益为人们所重视。以下为一些常见硝酸酯类化合物的分子结构式：

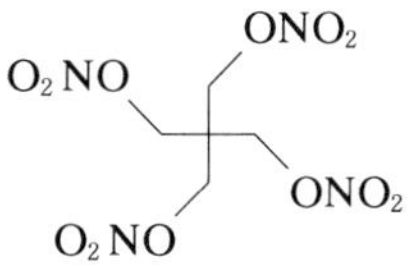

PETN 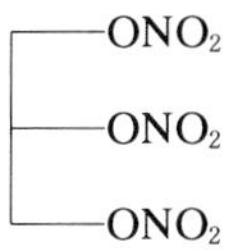   NG 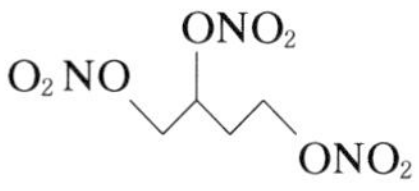   BTTN 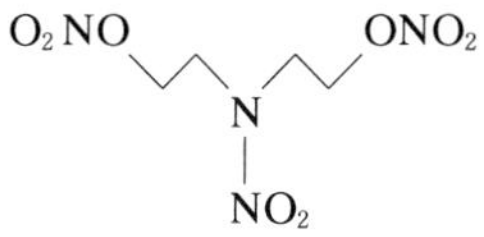   DINA

4. 唑类化合物

唑类含能化合物由于含氮量高、热稳定性好等优点已经在高氮含能化合物合成领域得到广泛的关注。按照唑环的结构可将唑类含能化合物分为吡咯、吡唑、咪唑等，按照唑环上氮原子的数目又可分为二唑、三唑和四唑等，其中研究较多的是三唑和四唑，典型的代表如二硝基咪唑、三硝基吡唑和 3 -硝基-1,2,4,-三唑-5 -酮（NTO），分子结构式如下：

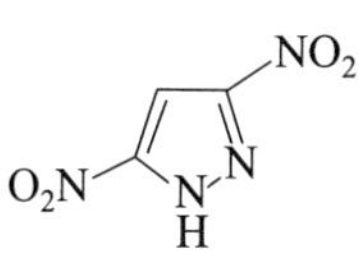

3,5-DNP 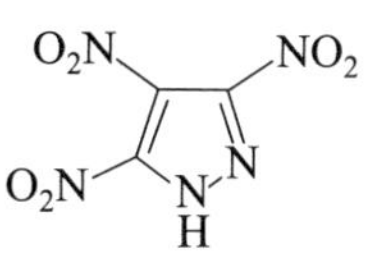   3,4,5-TNP 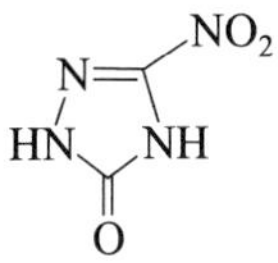   NTO

5. 叠氮化合物

叠氮化合物是分子结构中包含—N_3基团的化合物，叠氮基是良好且丰富的氮气源，燃烧产物分子量低，产生烟雾较少，适用于低特征信号推进剂。相当一部分有机叠氮类化合物的撞击感度和摩擦感度相对较低，且大多数有机叠氮类化合物的热安定性能满足使用要求，可达到双(2-氟-2,2-二硝基乙醇)缩甲醛(FEFO)的水平，并且其原料来源广泛，制造工艺简单。以下为常见有机叠氮类化合物的分子结构式：

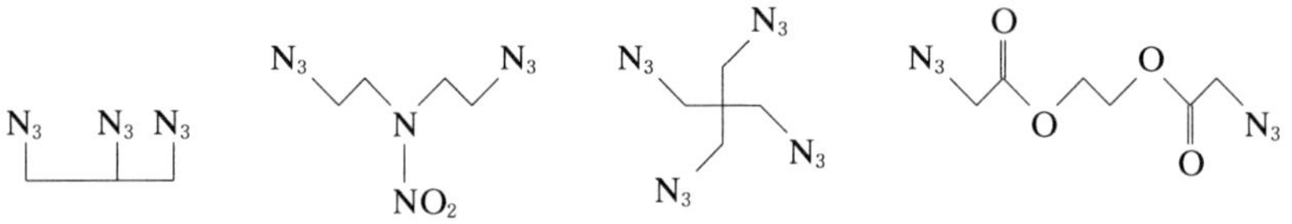

TAB   DANPE (DIANP)   TAPE   EGBAA

6. 呋咱类化合物

呋咱环是含有两个氮原子和一个氧原子的五元环，又称为噁二唑环，它是一个含能基团，具有生成焓高、热稳定性好和环内存在活性氧的特点。由于呋咱环内的 5 个原子分布在同一平面上，因此呋咱类化合物大多具有较高的密度（$\geqslant 1.8\text{g/cm}^3$）。此外，取代呋咱类化合物不含氢原子，所以又称为"无氢炸药"或"零氢炸药"，在低特征信号推进剂中发挥重要的作用。以下为一些常见呋咱类化合物的分子结构式：

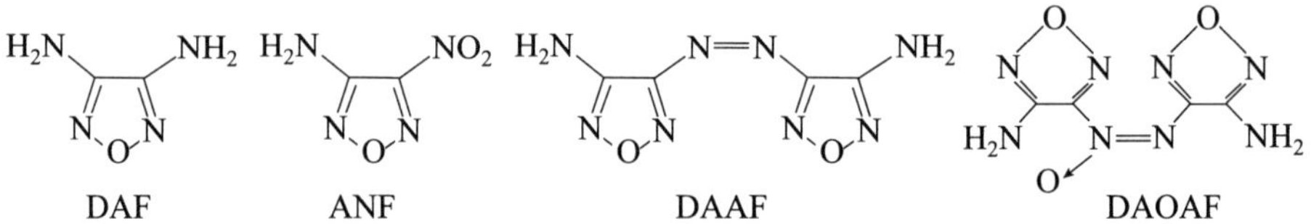

DAF   ANF   DAAF   DAOAF

7. 全氮化合物

全氮化合物又称为多氮化合物，是一类主要由氮氮单键及少量氮氮双键构成的氮原子簇化合物。全氮化合物密度高（最高可达 3.9g/cm^3），并且具有很高的能量水平，可达数倍甚至十几倍 TNT 当量。其爆炸分解产物主要是氮气，因此也是一种清洁能源。全氮化合物中的氮原子主要以单键连接，形成以氮原子为骨架的材料，其高能的本质在于：全氮化合物爆炸后，单键氮原子将全部转化为稳定的三键氮分子，单键和三键之间存在巨大的键能差，从而可以释放出大量的能量；固体全氮化合物转化为低分子量氮气时将带来巨大的熵变；全氮型化合物张力状态和氮气分子无张力状态之间存在显著的势能差。以下为常见全氮类化合物的分子结构式：

N8 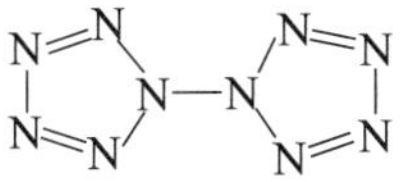   N10

8. 离子型含能化合物

离子型含能化合物是指含能离子与其配离子构成的盐。比较典型的是高氮量杂环离子盐，如三唑盐、四唑盐、吡唑盐、咪唑盐、四嗪盐等。常见的配离子有 Cu^{2+}、Pb^{2+}、Hg^{2+}、Ag^+、NH_4^+、NO_3^-、ClO_4^-、$N(NO_2)_2^-$、脒基、肼基等。离子型含能化合物最突出的优点是具有高的生成焓及良好的热稳定性，密度也较高；缺点是部分金属盐的机械感度较高。以下为一些常见离子型含能化合物的分子结构式：

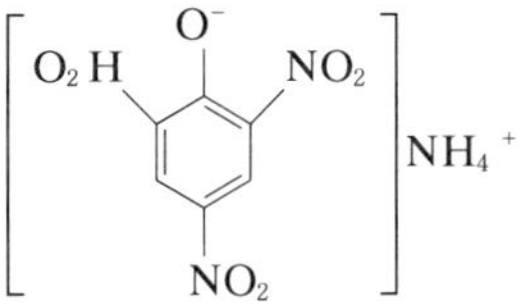

苦味酸铵 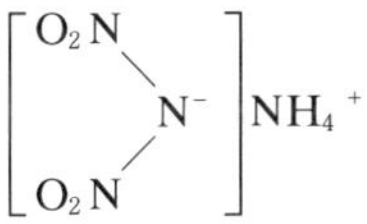   ADN 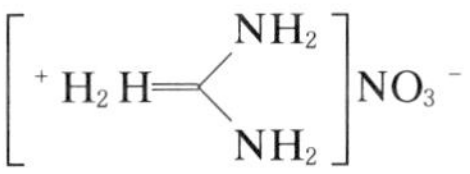   GUNI

9. 共晶含能化合物

共晶含能化合物是指两种或两种以上含能化合物单体，通过氢键、π - π 堆积作用、范德华力、卤键等分子间相互作用力形成具有稳定晶格的一类含能化合物。共晶炸药既保留了单组分炸药的某些性能，也获得了优于各单组分的其他性能，是含能组分之间在能量、安全性、热力学、动力学、分子识别等方面的平衡结果。由于含能化合物的能量与安全性通常是一对矛盾，因而典型的共晶含能化合物由安全性能较差的高能组分与安全性能较为优异的钝感组分构成。由于大多数高能炸药含有—NO_2 基团，而钝感炸药大多含有—NH_2 基团，这为通过氢键连接不同的炸药分子形成共晶提供了机会。

1.1.2 发展历史及趋势

1. 含能化合物的发展历史

据资料记载，最早的火炸药是公元 808 年在中国出现的黑火药。黑火药是我国古代四大发明之一，是现代火炸药的始祖，它的发明是火炸药的开始，也是含能材料发展历史上的新纪元。从 10 世纪至 19 世纪初，黑火药一直是世界上唯一使用的火炸药。黑火药对军事技术、人类文明和社会进步所产生的深远影响，一直被世人公认并载入史册。直到 1833 年，法国化学家 Braconnt 制得硝化淀粉，次年德国化学家 Mitscherlish 合成了硝基苯和硝基甲苯，含能材料才进入一个新领域——合成炸药，同时开创了近代火炸药发展的繁荣局面。

含能化合物的发展大致经历了以下几个重要的时期：19 世纪开始出现用于装填炮弹的苦味酸；19 世纪末出现了黑索今；20 世纪初 TNT 被广泛应用；20 世纪 40 年代出现了奥克托今；20 世纪 60 年代，出现了以追求安全性能为主的材料，如钝感炸药 TATB；20 世纪 80 年代，进入结合实验和理论，寻找新型高能钝感炸药的新阶段；20 世纪 80 年代中期，提出了高能量密度化合物的概念，如 HNIW（又称 CL-20）、1,3,3-三硝基氮杂环丁烷（TNAZ）、八硝基立方烷（ONC）等。

近年来，一方面，人们开始关注富氮、全氮杂环类化合物的研究，以追求更高的能量，然而大多数此类物质由于自身化学结构的原因，安定性极差，在目前的制造水平下还不能实现大批量的合成及应用。另一方面，唑类、呋咱类、含能离子盐等兼具较高能量和优异安全性能的含能化合物越来越受到青睐，在国防工业领域发挥着重要的作用。

2. 含能化合物的发展趋势

随着精确制导武器和高价值武器平台的快速发展，战场生存、精确打击、高效毁伤是现代武器追求的更高目标。要实现这些目标，作为武器能量载体的含能材料必须满足高能量密度、低易损性和环境适应性的要求。现役的含能材料很难同时满足这些要求，因此世界各国都十分重视新型含能材料的发展。一般来说，新型含能材料的研发可从四个层面开展，即分子、晶体、界面、能量释放。其中单质含能分子的性能将极大地影响和决定材料的最终效能，因此新型单质含能分子的研制就显得尤为重要。经过多年的发展，含能化合物的研制形成了分子设计、能量预评估、合成路线设计与优化、合成、表征、性能测试与评估等几个主要阶段，其中基于能量与安全性能相互协调的分子设计与合成是整个研制过程的核心。

如何采用科学合理的分子设计理念和先进绿色的合成技术，在保证含能分子能量水平的同时，充分考虑武器系统对装填弹药安全性的要求，是新一代含能分子设计的主要挑战之一。此外，含能分子还需要具备良好的相容性、环境友好性、低成本、易大规模合成等特性。

1.2 传统硝化理论

硝化是向有机化合物分子中引入硝基(—NO₂)的化学反应过程，是制造单质炸药最基本、最重要的反应过程之一。早在 19 世纪有机化学工业发展的初期，传统硝化已经成为大规模应用的有机单元操作了，它不仅是制造一系列化工产品的基本过程，而且是亲电取代反应的一个典型范例，在发展有机化学理论方面起到了重要的作用。

1.2.1 硝化剂

硝化剂的通式为 NO_2—X，它可产生有效的硝化试剂 NO_2^+。根据 X 离去的难易程度，各硝化剂的硝化活性次序为 $NO_2^+ > NO_2$—$OH_2^+ > NO_2$—$Cl > NO_2$—$NO_3 > NO_2$—$OCOCH_3 > NO_2$—$OH > NO_2$—OCH_3。

在炸药生产中，常用的硝化剂主要是硝酸。实际采用的常常是硝酸和各种质子酸(如硫酸、发烟硫酸、氢氟酸、氟硫酸等)、有机酸(及其酸酐)以及各种 Lewis 酸的混合物。

1. 硝酸

在炸药合成中，硝酸用于硝化高活性的芳香族化合物(如芳胺、酚类)、脂肪烃(如烷烃、炔烃)、胺(如六亚甲基四胺)、醇(如季戊四醇)等。工业上较少用硝酸硝化一般的芳香族化合物，这是因为硝酸的硝化能力较弱，硝化生成的水易将硝酸稀释，故需使用极过量的硝酸。此外，硝酸的强氧化性及腐蚀性也是它作为硝化剂的缺点。然而硝酸硝化工艺简单，酸度较低，不易使被硝化物质子化，故特别适用于碱性化合物的硝化。

在浓硝酸中存在硝鎓离子 NO_2^+。在无水硝酸中，约有 3% 的硝酸按如下反应式解离：

$$HNO_3 + HNO_3 \overset{快}{\rightleftharpoons} H_2NO_3^+ + NO_3^-$$

$$H_2NO_3^+ + HNO_3 \overset{慢}{\rightleftharpoons} NO_2^+ + H_3O^+NO_3^-$$

总反应式为

$$3HNO_3 \rightleftharpoons NO_2^+ + H_3O^+2NO_3^-$$

在硝酸水溶液中，非电离的硝酸氢键水缔合物和 NO_3^- 间存在如下反应平衡：

$$O_2N\!-\!O\!-\!H\!-\!O \overset{H}{\underset{H}{\diagdown}} \Longrightarrow NO_3{}^- + H_3O^+$$

　　所以，浓硝酸中的硝化试剂应当是 $NO_2{}^+$ 或其载体。同位素技术证明，即使硝酸浓度低于 70%，其中尚含有 $NO_2{}^+$。甚至还有人认为，在相当稀的硝酸中，也仍有可能存在 $NO_2{}^+$ 或其载体，但稀硝酸生成 $NO_2{}^+$ 的方式可能与浓硝酸不同。不过，在浓度 25% 以下的硝酸水溶液中硝化某些高活性的被硝化物（如苯酚及苯胺），可能遵循亚硝化－氧化机理，反应式如下：

$$ArH + HNO_2 \longrightarrow ArNO + H_2O$$
$$ArNO + HNO_3 \longrightarrow ArNO_2 + HNO_2$$

　　硝酸中常存在亚硝鎓离子（NO^+），它也是一种亲电试剂。此外，硝酸易分解形成氮氧化物，其中，二氧化氮分子可引发自由基硝化反应。硝酸既是硝化剂，也是强氧化剂。酸的浓度越高，硝化能力越强，而氧化能力则相对减弱，反之亦然。提高硝化温度，可使硝化速度增高，但氧化副反应也随之加剧。

2. 硝酸与硫酸的混合物

　　硝硫混酸是实验室及工业上应用最广泛、最重要的硝化剂，用于硝化多种基质。硝硫混酸作为硝化剂具有如下优点：①硝化能力强；②硫酸能与氮氧化物作用生成亚硝基硫酸，故可以减少氮氧化物引起的副反应；③硫酸比热容较大，不会引起反应温度剧升；④可减少硝酸的用量，提高硝酸的利用率；⑤对设备的腐蚀性比硝酸低；⑥价格低廉。但硝硫混酸不适于胺类等碱性化合物的硝化，并且稀硫酸中的水较难去除。

　　往硝酸中加入硫酸，硝化试剂 $NO_2{}^+$ 的浓度显著提高，因而可大大提高硝化能力。在硝硫混酸中，生成 $NO_2{}^+$ 的反应式如下：

$$H_2SO_4 + HNO_3 \Longrightarrow HSO_4{}^- + H_2NO_3{}^+$$
$$H_2NO_3{}^+ \Longrightarrow H_2O + NO_2{}^+$$
$$H_2O + H_2SO_4 \Longrightarrow H_3O^+ + HSO_4{}^-$$

总反应式为

$$2H_2SO_4 + HNO_3 \Longrightarrow NO_2{}^+ + H_3O^+ + 2HSO_4{}^-$$

　　当无水混酸中硝酸浓度在 12% 以下时，其中的硝酸几乎全部解离为 $NO_2{}^+$；若混酸中硝酸浓度继续增高，硝酸解离为 $NO_2{}^+$ 的比例则会下降；当混酸中硝酸与硫酸的摩尔比一定时，酸中 $NO_2{}^+$ 的浓度随水含量的增高而降低；当混酸中水的含量大于 50% 时，无论硝酸与硫酸的比例如何，光谱技术已检测不出酸

中 NO_2^+ 的存在。但动力学方法证明，用含水量高至 60% 的硝硫混酸硝化苯甲醚时，硝化试剂仍可能是 NO_2^+。

在硝硫混酸中，有时也采用一部分发烟硫酸，这种硝化剂含有游离三氧化硫，即为硫酸–三氧化硫–硝酸体系，是负水混酸，其硝化能力高于含水或无水混酸，而且可防止某些硝化产物在含水混酸中分解。

在发烟硫酸中存在如下反应平衡：

$$H_2SO_4 + SO_3 \Longrightarrow H_2S_2O_7$$

硝酸与焦硫酸反应生成 NO_2^+：

$$HNO_3 + 2H_2S_2O_7 \Longrightarrow NO_2^+ + HS_2O_7^- + 2H_2SO_4$$

$$HNO_3 + HS_2O_7^- \Longrightarrow NO_2^+ + 2HSO_4^-$$

硝化反应生成的水与三氧化硫反应生成硫酸，使反应体系处于无水状态。

$$SO_3 + H_2O \Longrightarrow H_2SO_4$$

3. 硝酸与乙酸或乙酸酐的混合物

硝酸与乙酸的混合物可使硝化反应在均相条件下进行，便于研究硝化历程。乙酸与硝酸的反应式如下：

$$HNO_3 + CH_3COOH \Longrightarrow NO_3^- + CH_3COOH_2^+$$

$$CH_3COOH_2^+ \Longrightarrow CH_3CO^+ + H_2O$$

因此，往硝酸中加入乙酸会降低体系中 NO_2^+ 的浓度，减弱体系的硝化能力，但能硝化芳烃支链。例如，用乙酸与硝酸的混合物硝化甲苯，在适当的条件下可生成苯基硝基甲烷。

硝酸与乙酸酐的混合物是一种具有较大实用意义的硝化剂，用于硝化芳香族化合物时可以提高邻位产物比例，且特别适用于硝化胺类制备硝胺（如 RDX 和 HMX）。硝酸与乙酸酐的反应式如下：

$$HNO_3 + (CH_3CO)_2O \Longrightarrow CH_3COONO_2 + CH_3COOH$$

$$HNO_3 + CH_3COONO_2 \Longrightarrow CH_3COOH + N_2O_5$$

$$2CH_3COONO_2 \Longrightarrow N_2O_5 + (CH_3CO)_2O$$

$$N_2O_5 \Longrightarrow NO_2^+ + NO_3^-$$

在硝酸与乙酸酐的混合物中存在乙酰硝酸酯、质子化的乙酰硝酸酯、共价硝酐分子、硝鎓离子及硝酸，其硝化进攻试剂视具体情况而论。光谱分析证明，硝酸与乙酸酐混合物中硝酸质量分数达 57.9% 时开始产生 NO_2^+，达 87.6% 时 NO_2^+ 浓度达到最大值。

4. 硝鎓盐

硝鎓离子即为硝酰阳离子 NO_2^+。硝鎓盐的通式是 $NO_2^+ A^-$（A^- 为 BF_4^-、PF_6^-、ClO_4^- 等）。最常见的硝鎓盐是四氟硼酸硝鎓盐（$NO_2^+ BF_4^-$），它是将无水氢氟酸加到硝酸的硝基甲烷或二氯乙烷溶液中，然后用三氟硼酸配制成饱和溶液而得，反应式如下：

$$HNO_3 + HF + BF_3 \longrightarrow NO_2^+ BF_4^- + BF_3 \cdot H_2O$$

$NO_2^+ BF_4^-$ 是无色晶体，极易吸潮，相当稳定，温度高于 $170℃$ 才分解，在高温下可长期储存。硝鎓盐作为硝化剂时进攻试剂仍为 NO_2^+ 或其离子对。硝鎓盐具有很强的硝化能力，反应通常在无水溶剂（如环丁砜、乙腈、硝基甲烷等）中进行，可用于硝化某些芳香族化合物和脂肪族化合物，也能与醇反应生成硝酸酯，但用于硝化带碱性基团的芳香族化合物时则效果不佳，硝化芳胺时只生成硝胺。硝鎓盐本身不易发生复杂的化学反应，因此适用于研究硝化历程，这也是目前硝鎓盐的主要应用领域，它大大加深了人们对芳香族化合物亲电硝化历程的认识。近年来，硝鎓盐的用途正在稳步增长，有专家认为它将成为一种广泛使用的硝化剂。

5. 硝酸与其他强酸的混合物

高氯酸的酸性比硝酸强，硝酸在高氯酸中解离成 NO_2^+，在拉曼光谱 $1400cm^{-1}$ 处呈现特征峰，反应式如下：

$$HNO_3 + 2HClO_4 \longrightarrow NO_2^+ + H_3O^+ + 2ClO_4^-$$

虽然硝酸与高氯酸的混合物具有很强的硝化能力，但是高氯酸是强氧化剂，易与被硝化物（碳氢化合物）形成爆炸性混合物，而且高氯酸的价格贵，所以这种混合物没有实用价值。

硝酸与硒酸混合物的拉曼光谱也在 $1400cm^{-1}$ 处呈现很强的特征峰。硝硒混酸中产生 NO_2^+ 的反应式与硝硫混酸相似：

$$HNO_3 + 2H_2SeO_4 \longrightarrow NO_2^+ + 2HSeO_4^- + H_3O^+$$

磷酸的酸性较弱，但具有很强的吸水性，特别是磷酸酐，具有极强的吸水能力，可使硝酸处于高浓度状态，因而硝酸与五氧化二磷混合物的拉曼光谱也在 $1400cm^{-1}$ 处呈现特征峰，推断其生成 NO_2^+，其反应式如下：

$$P_2O_5 + 6HNO_3 \rightleftharpoons 3N_2O_5 + 2H_3PO_4$$

$$N_2O_5 \rightleftharpoons NO_2^+ + NO_3^-$$

6. 其他硝化剂

可用的其他硝化剂有:

(1)以其他质子酸为催化剂的硝酸硝化剂,如硝酸-三氟化硼、硝酸-三氟甲基磺酸、硝酸-氟磺酸、硝酸-固体酸等。

(2)以 Lewis 酸为催化剂的硝化剂,如硝酰卤-Lewis 酸、氮氧化物-Lewis 酸、烷基硝酸酯-Lewis 酸等。

(3)氮的氧化物,如 NO_2、N_2O_4、N_2O_3 及 N_2O_5。

(4)含金属催化剂的硝化剂。

这些硝化剂大多尚未获得工业应用,但因其各具特点可适用于一些特殊的硝化场合。

1.2.2 硝化反应及其机理

向有机化合物分子内引入硝基的反应称为硝化反应。可分为 C-硝化、N-硝化及 O-硝化(酯化),分别用于生成三类单质炸药:硝基化合物(硝基与碳相连)、硝胺化合物(硝基与氮相连)及硝酸酯化合物(硝基与氧相连)。三类硝化反应的通式如下:

$$—CH + HNO_3 \longrightarrow —C—NO_2 + H_2O$$

$$\diagdown NH + HNO_3 \longrightarrow \diagdown N—NO_2 + H_2O$$

$$—C—OH + HNO_3 \longrightarrow —C—ONO_2 + H_2O$$

除了以硝基取代化合物中氢原子的硝解外,也可用硝基置换化合物中其他原子或官能团以生成相应的硝基化合物,或通过氧化、加成等反应向化合物中引入硝基,这类方法称为间接硝化法。

1. C-硝化

C-硝化,特别是芳烃的 C-硝化,是单质炸药合成和生产中最重要的有机反应之一。直接 C-硝化系以硝基取代碳上的氢原子,有离子型和自由基型两类。绝大多数芳烃的 C-硝化为正离子反应历程。例如,以硝硫混酸为硝化剂时,反应式如下:

$$HNO_3 + 2H_2SO_4 \Longleftrightarrow NO_2^+ + H_3O^+ + 2HSO_4^-$$

烷烃、环烷烃及烯烃的 C-硝化则多为自由基反应历程。例如，以硝酸为硝化剂的烷烃 C-硝化的反应式如下：

$$HNO_3 \longrightarrow \cdot OH + \cdot NO_2$$

$$3RH + HNO_3 \longrightarrow 3R \cdot + 2H_2O + NO$$

$$RH + \cdot OH \longrightarrow R \cdot + H_2O$$

$$R \cdot + \cdot NO_2 \longrightarrow RNO_2$$

$$R \cdot + HNO_3 \longrightarrow RNO_2 + \cdot OH$$

芳烃的 C-硝化反应系双分子芳香族亲电取代反应，为两步过程。第一步是硝化试剂（NO_2^+）进攻基质芳环，生成极活泼的芳烃正离子（也称 σ 络合物或 Wheland 中间体），第二步是正离子脱除离去基团（如质子）而生成稳定的 C-硝基化合物。

上述的芳烃正离子型反应历程已从很多实验结果得到了证实，但后来又发现了一些该历程所不能完全解释的实验现象，因而人们对芳烃的 C-硝化进行了更深入的研究，在理论上取得了新的进展，如 π 络合物和碰撞对机理、单电子转移机理、自位（又称积位，ipso）硝化机理等。

2. N-硝化

N-硝化是用于合成和制造硝胺炸药的有机反应。直接 N-硝化是以硝基取代氮上氢原子，系硝化试剂对氮的亲电进攻，多为离子型反应历程。当以硝酸为硝化剂时，反应式如下：

$$HNO_3 + H^+ \rightleftharpoons H_2NO_3^+ \rightleftharpoons NO_2^+ + H_2O$$

$$RNHR' + NO_2^+ \rightleftharpoons \left[\begin{array}{c} NO_2 \\ | \\ RN^+R' \\ | \\ H \end{array} \right] \xrightarrow{B} RN(NO_2)R' + BH$$

N-硝化还有一种亚硝酸催化反应历程（也属于离子型），此历程为先亚硝化而后氧化硝化，反应式如下：

$$ArH + NO^+ \rightleftharpoons \left[\begin{array}{c} H \\ Ar \\ NO \end{array} \right]^+ \xrightarrow{-H^+} ArNO \xrightarrow{HNO_3} ArNO_2 + HNO_2$$

在合成和生产一些重要的硝胺类炸药（如黑索今、奥克托今、六硝基六氮杂异伍兹烷等）时，虽然也形成 N—NO_2，但并不是以 NO_2^+ 直接取代基质中的氢，即不是发生 N—H 键的断裂，而是发生 C—N 键的断裂形成 N—NO$_2$ 的，这种 N - 硝化常称为硝解。在炸药合成中最初定义的硝解，是指 R$_2$NCH$_2$R'（叔胺）型化合物与硝化剂的作用，在 C—N 键断裂和形成硝胺的同时，还生成醇，后者又被酯化为相应的硝酸酯的一类反应，反应式如下：

$$R_2NCH_2R' + HONO_2 \longrightarrow R_2NNO_2 + HOCH_2R'$$
$$\downarrow NO_2{}^+$$
$$\longrightarrow O_2NOCH_2R'$$

但上述反应并非都生成醇，也可由 NO$_3{}^-$ 作用于游离的烷基正离子生成硝酸酯，反应式如下：

$$R_2NCH_2R' + HONO_2 \longrightarrow R_2NNO_2 + {}^+CH_2R'$$
$$\downarrow NO_3{}^-$$
$$\longrightarrow O_2NOCH_2R'$$

由乌洛托品制造黑索今和奥克托今时，都遵循上述硝解历程。后来，硝解反应的范围又得到进一步扩展，即凡不是通过 N—H 键断裂发生 N -硝化而生成硝胺的反应，即使不生成副产物硝酸酯，也均称为硝解。例如，由 RNCl$_2$ 发生 N—Cl 键断裂而生成硝胺 RNHNO$_2$，由 R$_2$NCOR' 发生 C—N 键断裂而生成硝胺 R$_2$NNO$_2$ 及酸 R'CO$_2$H 等都是硝解反应。上述第二种硝解的典型例子有：由 1,3,5,7 -四乙酰基-1,3,5,7 -四氮杂环辛烷或由 1，5 -二乙酰基- 3,7 -二硝基- 1,3,5,7 -四氮杂环辛烷合成奥克托今；由六乙酰基六氮杂异伍兹烷（HAIW）合成六硝基六氮杂异伍兹烷等（HNIW）。

N -硝化与芳烃的 C -硝化都是两步离子型反应历程，但与芳烃的 C -硝化不同，N -硝化的第二步（脱质子）为慢反应步（速控步），所以胺类的硝化反应不宜在酸度过高的介质中进行。

3. O -硝化

O -硝化是取代醇羟基中氢原子生成硝酸酯的反应，即酯化反应。O -硝化是硝化试剂对醇中羟基氧的亲电进攻，也多是离子型历程。当以硝酸为硝化剂时，反应式如下：

$$HNO_3 + HNO_3 \longrightarrow H_2NO_3{}^+ + NO_3{}^-$$
$$H_2NO_3{}^+ \rightleftharpoons NO_2{}^+ + H_2O$$

$$ROH + NO_2{}^+ \rightleftharpoons \left[R^+O \begin{matrix} H \\ \\ NO_2 \end{matrix} \right] \rightleftharpoons RONO_2 + H^+$$

上述反应历程是酰氧键断裂而不是烷氧键断裂，即醇羟基中的氢被硝酰基（—NO$_2$）取代，而不是醇中的羟基被硝酰氧基（—ONO$_2$）所取代，此结论是用

^{18}O的醇进行 O -硝化证明的。至于 O -硝化的离子型历程，则已被反应的动力学结果所证明。

合成硝酸酯时先将醇溶于硫酸中，再用硝酸或硝硫混酸硝化，即首先生成硫酸酯，硫酸酯在硝化时发生酯交换反应生成硝酸酯，而硫酸对醇的酯化则是烷氧键断裂历程，其反应式如下：

$$HO-\overset{\overset{O}{\parallel}}{\underset{\underset{O}{\parallel}}{S}}-OH + HOR \rightleftharpoons ROSO_3H + H_2O$$

$$ROSO_3H + HNO_3 \rightleftharpoons RONO_2 + H_2SO_4$$

当醇的 O -硝化在硝酸或硝硫混酸中进行时，NO_2^+对伯醇的进攻速度极快，为零级反应；对仲醇的进攻速度较低，为一级反应；而用98%硝酸硝化季戊四醇则为二级反应。

醇的 O -硝化是可逆的，伴随有水解的逆反应，且硫酸能加速硝酸酯的水解。但在大多数情况下，酯的水解速度比醇的酯化速度慢得多。O -硝化通常以发烟硝酸或硝硫混酸为硝化试剂。由于 O -硝化常伴随有氧化反应，所以应尽量降低硝化酸中二氧化氮的浓度。当以硝硫混酸硝化醇类时，要合理选择混酸的种类。

1.3　绿色硝化理论

硝基化合物合成通常由硝化反应制备，而一些通过直接亲电硝化不能得到的芳香族硝基化合物需要用其他方法得到，比较常见的方法有两种：①氨基经过重氮化得到重氮盐再与亚硝酸盐进行 Sandmeyer 反应合成；②氨基经氧化得到。脂肪族硝基化合物通常通过卤代物与亚硝酸盐发生 S_N2 反应得到。本书主要介绍芳烃的亲电和自由基硝化反应相关理论。

芳烃和胺类的直接硝化反应是典型的亲电取代反应。芳香族是一个环状共轭体系，由于环上 π 电子云高度离域，电子云密度较高，容易发生亲电取代反应。亲电硝化剂的通式为 X—NO_2，它们可产生有效的硝化进攻试剂硝酰阳离子（NO_2^+）。根据基团 X 离去的难易程度，各硝化剂的硝化活性顺序为

$$NO_2^+ > O_2N^+ —H_2O > O_2N—Cl > O_2N—NO_3 > O_2N—OCOCH_3 > O_2N—OH > O_2N—OCH_3$$

Olah 等人对硝化剂进行了比较全面的阐述。根据生成 NO_2^+ 的有效浓度，这几种硝化剂硝化能力的排序为

$$NO_2{}^+ BF_4{}^- > HNO_3 - H_2SO_4 > N_2O_5 - HNO_3 > N_2O_5 - 卤代烃 > HNO_3 - Ac_2O > HNO_3$$

传统的芳烃硝化理论认为芳烃的硝化过程为硝酰阳离子进攻芳环的亲电取代过程，通过拉曼光谱检测反应体系中存在 $NO_2{}^+$ 来间接证明该硝化过程。但 Kochi 提出了新论点，认为芳烃的硝化过程为电子转移亲核取代过程，并通过时间分辨皮秒光谱证明了芳烃自由基正离子的存在。以苯为例，亲电硝化反应式如图 1-1 所示。

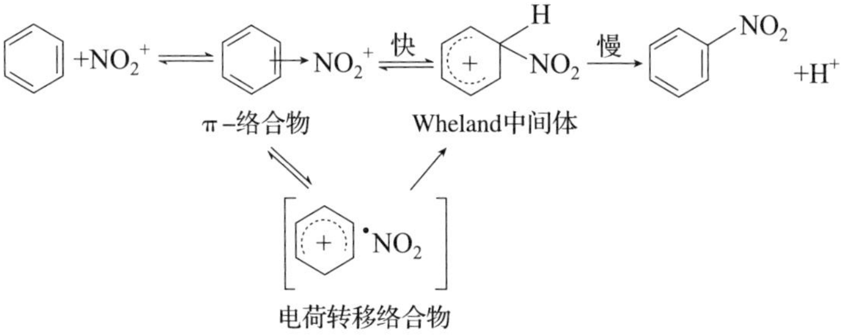

图 1-1 $NO_2{}^+$ 对芳烃的亲电硝化反应

富电子芳烃通过电荷吸引作用向缺电子的 $NO_2{}^+$ 靠近生成 π 络合物，氮原子迅速与某一个碳原子生成 σ 键，得到 Wheland 中间体，再脱去氢质子得到硝基产物；另一种途径是 π 络合物形成后会发生单电子转移得到电荷转移络合物，再生成 σ 键得到 Wheland 中间体。

对于一些新的绿色硝化体系，反应机理有些区别，以下将对几种绿色硝化反应的机理进行探讨。

1.3.1 离子液体中硝化反应机理

离子液体可以定义为由正负离子组成的在较低温度下为液体的盐，由于阴、阳离子数目相等，因此整体上显电中性。通常所指的离子液体是在室温或接近室温(低于 100℃)下为液体状态的完全由体积相对较大、不对称的有机阳离子和体积相对较小的无机阴离子组合而成的物质，也称为室温离子液体。离子液体因其阴、阳离子通过离子键结合在一起，可以通过调节阴、阳离子的结构和种类来改变其物理、化学性质，因此其结构和性质具有很大的可设计性，其应用已经受到越来越多的关注。酸性离子液体在很多场合下可以代替硫酸用于硝化中，离子液体可回收利用，工艺绿色环保。

1. 离子液体促进硝化反应的共性机理

Lancaster 等人研究了在二烷基吡咯烷盐和二烷基咪唑盐离子液体中以硝酸

-乙酸酐体系为硝化试剂对芳烃的硝化反应，深入分析了离子液体的存在对硝化反应的促进作用机理，认为离子液体的纯离子环境可促进硝化试剂乙酰硝酸酯的完全解离。此外，硝化反应的决速步骤 Wheland 中间体的形成也可能在离子液体中因为与阳离子或阴离子相互作用而加快，从而促进反应速率的提高。离子液体的溶剂性质可以解释反应在二氯甲烷和 [bmpy][N(Tf)$_2$] 中的区别：

（1）反应试剂和底物都是电中性的，但在反应中生成带电荷的 Wheland 中间体。由 Hughes - Ingold 规则可知，用离子液体时反应速率会提高。HNO_3 - Ac_2O 体系硝化历程认为是分子硝化机理，但仍然认为其只是 NO_2^+ 载体，在反应过程中分裂为自由的 NO_2^+。这是第二种解释的基础，在离子液体中，乙酰硝酸酯可以完全分裂为硝酰阳离子乙酸盐，这样会生成更多、浓度更大的活性进攻质点 NO_2^+，因此可以提高反应速率，在多数情况下还可以得到更高的得率。

（2）由于离子液体的阳离子和阴离子性质以及硝化反应中存在的反应试剂和中间体，如果芳烃硝化活性试剂是 NO_2^+，则生成 Wheland 中间体是反应的速率控制步骤，脱质子是快速步骤。为了加快反应速率，Wheland 中间体的生成速率需加快。如果 Wheland 中间体与离子液体之间的作用比分子溶剂更强，则可以在单位时间内提高得率。

由于离子液体本身也属于阳离子表面活性剂，而绝大部分离子液体中的硝化反应都是非均相反应，因此，离子液体的相转移作用也可能是促进硝化反应进行的一个因素。

2. 酸性离子液体促进硝化反应的机理

酸性离子液体有氢型和磺酸型两大类。对于常用的 IL - HNO_3 硝化体系，如果对硝化反应有促进作用，则离子液体的酸性必须大于硝酸或者至少属于与硝酸一样强的范围，这样有利于对硝酸质子化，使之脱水生成 NO_2^+。通常，阴离子为硫酸氢根、三氟甲磺酸根的离子液体都符合这种条件。

而对于用乙酸酐为脱水剂的情况，通常是硝酰阳离子乙酸盐作为活性质点。由于硝酰阳离子乙酸盐是中性分子，弱酸就可能使之质子化，提高其硝化活性，同时还可能使之分解得到 NO_2^+，硝化活性更高。而前面提到的氢型、不同阴离子(主要有硫酸氢根的强酸型和四氟硼酸根、硝酸根等中酸型)的磺酸型离子液体都具有这种性质。因此与中性离子液体相比，酸性离子液体对硝化反应的促进作用相对较复杂。以氢型离子液体 [Hmim][CF$_3$COO] 用于 NH_4NO_3 - TFAA 体系硝化为例，进攻试剂可能为三氟乙酰硝酸酯、质子化的三氟乙酰硝酸酯或 NO_2^+。在 [Hmim][CF$_3$COO] 中硝化时，质子化的三氟乙酰硝酸酯或 NO_2^+ 均有可能与体系中存在的体积大的阴离子形成离子对，从而增加进攻试剂的体积，导致反应的对位选择性增加，其反应机理如图 1-2 所示。由图 1-2 可以看出，亲电硝化进攻的是质子化的三氟乙酰硝酸酯，体积较大，增大了自身的空间位阻，使得对于同一种底物，它的对位选择性要高于硝硫混酸中起硝化进攻作用的 NO_2^+。

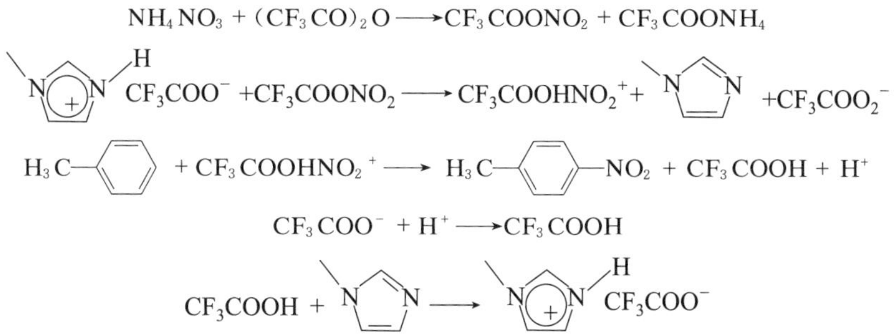

$$NH_4NO_3 + (CF_3CO)_2O \longrightarrow CF_3COONO_2 + CF_3COONH_4$$

图 1-2　[Hmim][CF₃COO]-NH₄NO₃-TFAA 体系硝化反应机理

阴离子为硫酸氢根的酸性离子液体 [Hmim][HSO₄] 提供 H⁺ 的不仅是咪唑基团 3 位上的氢，还有阴离子 HSO₄⁻ 中电离的氢质子，使离子液体 [Hmim][HSO₄] 的酸性远强于 [Hmim][CF₃COO]。在硝化反应中，溶液的酸性对硝化反应有利，这也是在离子液体 [Hmim][HSO₄] 中硝化的得率比离子液体 [Hmim][CF₃COO] 中高的原因。

1.3.2　氟两相体系硝化反应机理

氟两相催化（fluorous biphasic catalysis，FBC）是指在氟两相体系（fluorous biphasic system，FBS）中进行的催化反应过程，是近年来发展起来的一种新型均相催化剂固定化（多相化）和相分离技术，于 1994 年由 Horvath 首次使用。氟两相催化既保持均相催化反应活性高、选择性高的特点，又具有非均相催化体系的催化剂易分离、回收的优点。这一概念一经提出，立即引起了各国的重视。

1. 全氟溶剂和氟相催化剂

全氟溶剂，也称为氟溶剂或全氟碳，是指碳原子上的氢原子全部被氟原子取代的烷烃、醚和胺。全氟溶剂与一般有机溶剂的物理化学性质有很大的不同，它们为高密度、无色、无毒、具有高度热稳定性的液体，其特点是低折射率、低表面张力和低介电常数。直链的全氟烷烃的分子骨架是一条锯齿形碳链，四周被氟原子包围，由于氟原子的范德华半径比氢原子的范德华半径稍大，但比其他所有元素的原子半径小，恰好把碳骨架严密包裹。这种空间屏障使全氟烷烃的碳链受到周围氟原子的保护，即使最小的原子也难以楔入，而且氟原子具有最大的电负性，使带负电的亲核试剂由于同性电荷相斥而难以接近碳原子，从而使全氟烷烃很难发生化学反应。由于氟原子很难被极化，高氟代碳链化合物的范德华力与相应未被氟取代的母体化合物的范德华力相比要弱，更由于高氟代碳链化合物没有或少有氢键，所以高氟代碳链化合物与一般烷烃相比活性都很低。在较低的温度（如室温）下，高氟代碳链化合物与大多数常用的有机溶剂，如甲苯、四氢呋喃、丙酮、乙醇等几乎都不互溶，可以与这些有机溶剂组成液-液氟两相体系；而在较高温度下，氟两相体系中的氟相又能与有机溶剂很好地互溶成单一相。

氟两相体系最关键的问题是氟催化剂的开发。在一般催化剂的结构中引入适当数量、适当大小的全氟烷基就可使之成为溶于氟溶剂的催化剂，即氟代催化剂。最有效的全氟烷基是直链或分支的高级全氟烷基，称为氟尾（fluorous ponytails）。氟代催化剂的氟分配系数取决于氟尾的类型、大小和数量。研究表明，通常随着氟尾数量的增多，氟分配系数明显增大，氟尾的数量是控制氟分配系数的重要因素。经验表明，氟相可溶的催化剂配体上氟的质量分数应大于60%。影响氟代催化剂在氟相中溶解度的因素还有很多，如不能用以上理论解释有些小分子的氟代催化剂在有机溶剂中也有一定的溶解度。又因为氟原子的强吸电子特性，氟催化剂中心金属原子的电子密度必将降低，因此一般要在氟代侧链与分子主链间插入阻隔基团以减少氟原子强烈的吸电子作用，保持氟催化剂与原母体催化剂相当的活性。

2. 氟两相体系的反应原理

基于全氟溶剂与有机溶剂的低混溶性，Horvath 等人提出了氟两相概念，催化反应或计量反应能在氟两相体系，即由全氟溶剂（氟相）和有机溶剂（有机相）组成的两相混合物中进行。氟两相体系催化反应的原理如图 1-3 所示，将催化剂固定在氟相，反应物溶于有机相，在合适的全氟溶剂/有机溶剂体系中，

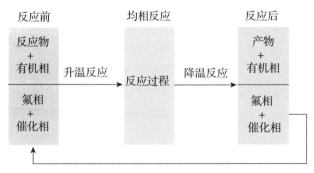

图 1-3　氟两相体系催化反应原理

加热(高于该全氟溶剂/有机溶剂体系的临界温度 T_c)使两相体系变成均相,从而使反应在均相中进行。反应完成后,温度降低,又分成两相,通过简单的相分离就能方便地分离出产物(有机相)和回收催化剂(氟相),不需进一步处理就可将含催化剂的氟相用于新的反应循环。如果将催化剂换成一种试剂,就可以在氟两相体系中进行计量的反应,即氟相合成。

3. 氟两相硝化反应机理

根据 Waller 和 Braddock 的研究,聂进等人推测了全氟烷基磺酰亚胺盐 Yb$[N(C_4F_9SO_2)_2]_3$ 催化硝化反应的机理。结果表明,体系中水的存在影响了催化剂的活性。同时,一取代苯在氟两相硝化反应中对位选择性较常规硝硫混酸体系更高,结合磺酸型树脂催化芳烃硝化具有相似的结果,认为 RE(OPf)$_3$ 催化不仅对硝酸硝化活性有提高作用,还会影响区域选择性。综合以上研究结果,氟两相体系中由 HNO$_3$ 产生 NO$_2^+$ 的机理如图 1-4 所示。其中,RE(OPf)$_3$ 和硝酸的配合物再与另一分子 HNO$_3$ 作用生成 H$^+$,H$^+$ 和硝酸反应生成 NO$_2^+$,NO$_2^+$ 与全氟磺酸根负离子通过电荷吸引作用形成离子对,从而使硝化质点具有更大的体积,进而影响取代芳烃硝化反应的区域选择性,提高空间位阻更小的对位异构体比例(对一取代苯而言)。

$$RE(OPf)_n \xrightarrow{x\,HNO_3} RE[(HNO_3)_x(OPf)_n] \rightleftharpoons RE(HNO_3)_x^{n+} + n\,OPf^-$$
$$[RE(HNO_3)_x^{n+} + HNO_3 \xrightarrow{-(x-y)HNO_3} RE[(HNO_3)_y(NO_3)]^{(n-1)+} + H^+$$
$$H^+ + HNO_3 \longrightarrow NO_2^+ + H_2O$$
$$n\,OPf^- + NO_2^+ \longrightarrow n\,OPf^- \,\|\, NO_2^+$$

图 1-4　RE(OPf)$_3$ 催化硝化反应机理

1.3.3　固体酸催化硝化反应机理

固体酸是具有给出质子或接受电子对能力的固体。固体酸克服了液体酸的缺点,具有容易与液相反应体系分离、不腐蚀设备、后处理简单、环境污染很少、选择性高等特点,可在较高温度范围内使用,扩大了热力学上可能进行的酸催化反应的应用范围。

固体酸按接受电子对的中心原子可分为 Bronsted 型固体酸、Lewis 型固体酸和混合型固体酸。固体酸按组成可分为以下几类:

(1)天然黏土,如高岭土、膨润土、蒙脱土、沸石等;

(2)附载酸,如硫酸、磷酸、丙二酸附载于氧化硅、石英砂、氧化铝或硅藻土等上;

（3）阳离子交换树脂；

（4）焦炭经 573K 热处理；

（5）金属氧化物和硫化物，如氧化锌、氧化铝、氧化钛、硫化锌等；

（6）金属盐，如硫酸镁、硫酸铜、硝酸铁、氯化铝等；

（7）氧化物混合物，如氧化硅-氧化铝、氧化铝-氧化钛等。

固体超强酸是指固体的表面酸强度大于 100% 的硫酸，即 Harmmett 酸函数 $H_0 < -11.9$ 的固体酸。固体超强酸主要有以下几类：

（1）负载型固体超强酸，主要是指把液体超强酸负载于金属氧化物等载体上的一类，如 $HF-SbF_5-AlF_3$/固体多孔材料、SbF_3-Pt/石墨、SbF_3-HF/Al_2O_3、SbF_5-FSO_3H/石墨等。

（2）混合无机盐类，由无机盐复配而成的固体超强酸，如 $AlCl_3-CuCl_2$、$MCl_3-Ti_2(SO_4)_3$、$AlCl_3-Fe_2(SO_4)_3$ 等。

（3）氟代磺酸化离子交换树脂，如 Nafion-H。

（4）硫酸根离子酸性金属氧化物 $SO_4{}^{2-}/M_xO_y$ 超强酸，如 $SO_4{}^{2-}/ZrO_2$、$SO_4{}^{2-}/TiO_2$、$SO_4{}^{2-}/Fe_2O_3$ 等。

（5）负载金属氧化物的固体超强酸，如 WO_3/ZrO_2、MoO_3/ZrO_2 等。

芳烃与硝酸发生硝化反应的关键是亲电试剂 $NO_2{}^+$ 的产生，Marziano 等人通过拉曼光谱和动力学研究证实了固体酸催化硝化反应体系中 $NO_2{}^+$ 的存在。Waller 和 Braddock 等人曾经提出了 $Ln(OTf)_3$ 盐等 Lewis 酸催化剂催化简单芳烃硝化的机理模式，他们认为先由水合的 $[Ln(H_2O)_9]^{3+}$ 和一分子 HNO_3 进行配位产生一个 H^+，后者再与另一分子 HNO_3 作用而生成 $NO_2{}^+$，然后按经典的亲电机理进行硝化反应。

沸石以其独特的形状选择性和强酸性中心而成为具有选择性酸催化性能的新型分子筛催化剂。被引入硝化体系的沸石在显著提高对位产物比例的同时也能提高硝化产物的得率。沸石的择形效应是决定催化活性及选择性的主要因素；而得率的提高源于表面酸是催化多种反应的活性中心，尤其对于酸催化的硝化反应，表现出较高的催化性能。

这些固体酸由于酸中心在固体表面或孔道内部，因此硝化质点（$NO_2{}^+$）也在固体表面或内部形成，并与对应的固体碱中心形成相互作用（离子对）。因此，硝化质点由于空间体积效应而增加了区域选择性进攻方式的可能性，对于一取代苯的亲电硝化反应具有更小的邻/对比。

1.3.4　Kyodai 硝化反应机理

1. Kyodai 硝化简述

基于 NO_2 的无酸硝化是一种重要的绿色硝化体系。苏联在 20 世纪 70 年代

开始研究 NO_2 的气相硝化，美欧国家也相继开展研究并先后有一些报道。但这种方法由于是气相反应，通常在较高温度条件下反应，存在对工艺要求较高、副产物多、本质安全性低等问题，并未得到广泛应用。

1980 年以来，日本京都大学铃木仁美教授及其合作者在不同杂志上发表了许多关于臭氧介质中 NO_2 硝化芳烃的论文，使得基于 NO_2 的无酸硝化再次受到重视。这一种绿色硝化被命名为 Kyodai 硝化，研究发现 NO、N_2O_3 和 NO_2 这样的低价氧氮化物在 O_3 存在下能被活化，顺利地将许多芳烃硝化成相应的硝基化合物。主要有 NO_2-O_3 体系和 NO-O_3 体系两种，前者由于活性高、选择性好、适用面广而成为重点研究方向。通过研究 NO_2-O_3 硝化体系动力学特征与机理，确立了 NO_2-O_3 硝化体系的特点，并在苯、烃基苯、卤苯、胺类及醇类等化合物上获得了应用。

NO_2-O_3 硝化芳烃生产硝基芳烃的方法与传统方法相比消除了硝硫混酸硝化工艺所引起的环境污染，能大幅降低生产过程中的废酸、废水量；反应体系在无酸环境下进行，能减轻对设备的腐蚀；同时可以通过控制反应条件提高硝化反应的区域选择性，以实施定向硝化；此外，由于直接利用 NO_2，省去了 NO_2 制备硝酸的能耗，大大降低了硝基化合物制备过程的成本；这种方法还可以用于一些带有对酸敏感基团芳烃的硝化。因此，如果 Kyodai 硝化技术可以实现工程化，将成为硝化技术领域中的一次技术革命，对其他基本有机单元反应的绿色硝化研究也必将产生积极影响。

Kyodai 硝化是以有机溶剂（如二氯甲烷、硝基甲烷等）作为反应介质，在 0℃ 以下向反应体系中加入 NO_2（主要以 N_2O_4 形式存在）并通入 O_3，对一些活性高的物质其反应速度很快，转化率接近 100%，对一些活性较差的底物加入一些酸作催化剂可加快其反应速度。反应式如下：

$$ArH + NO_2 \xrightarrow[CH_2Cl_2,\ 0℃]{O_3} ArNO_2$$

对于有些取代芳烃，通过该种方法进行硝化得到的异构体分布明显不同于传统酸介质硝化的产物异构体分布，有时异构体分布还随反应条件改变而改变。在过去的二十多年中，主要是实验室内进行探索性及可行性研究，现在已转向工业化应用研究。O_3 生成问题被认为是限制其工业化应用的主要瓶颈，所以后来又开发出了使用催化剂和氧气代替臭氧改进 Kyodai 硝化反应，关键问题是寻找出一种高效催化剂，增加 NO_2 的利用率。有关使用 Fe^{3+} 作为催化剂的报道较多，但其效率较差；另外，溶剂的回收及无溶剂反应体系的研究也是一项重点课题。

2. Kyodai 硝化反应机理

Kyodai 硝化芳烃反应，普遍认为是经过氧化硝化反应过程，即 NO_2 与 O_3 反应生成 NO_3，NO_3 再将芳烃氧化为自由基正离子，芳烃自由基正离子再与 NO_2 发生偶合反应生成硝基芳烃产物，所以该反应的难易与芳烃的还原电势有关，反应方程式如下：

$$NO_2 + O_3 \longrightarrow NO_3 + O_2$$

$$NO_3 + NO_2 \longrightarrow N_2O_5$$

当体系中没有适当可氧化的芳烃底物时，NO_3 被另一分子 NO_2 所捕获生成 N_2O_5，N_2O_5 在酸催化作用下为一强硝化剂，但硝化是以亲电取代方式进行：

$$NO_2 + NO_3 \Longleftrightarrow N_2O_5 \xrightarrow{H^+} NO_2{}^+ + NO_3{}^-$$

$$NO_2 + NO_3 \Longleftrightarrow N_2O_5 \longleftrightarrow NO_2{}^+ NO_3{}^- \Longleftrightarrow NO_2{}^+ + NO_3{}^-$$

所以 $NO_2 - O_3$ 硝化芳烃一般通过两种机理形式进行，具体采取哪一种形式取决于反应体系的环境，即底物的可氧化性及体系的极性。

1999—2001 年吕早生研究了 $NO_2 - O_3$ 体系硝化芳烃的反应机理。针对在反应体系中四价氮主要以 N_2O_4 形式存在，提出了另一种 Kyodai 硝化机理模型，即

π络合物　　　　电荷转移络合物　　　Wheland中间体

吕早生用拉曼光谱研究了 Koydai 硝化体系。在 50mL CH_2Cl_2 中加入 1mL N_2O_4，在 0℃下通入臭氧化氧气 1.5h，氧流量为 200mL/h，将所得到的反应液进行拉曼光谱分析。结果发现在 1400cm^{-1} 处并不存在 $NO_2{}^+$ 的特征峰，从而否定了 Koydai 硝化是以 $NO_2{}^+$ 为硝化质点的亲电取代过程。电子自旋共振研究也表明在反应过程中存在明显的自由基，这也为上述电子转移历程提供了直接的证据。

通过深入研究 $NO_2 - O_3$ 硝化芳烃的宏观动力学，利用稳态处理方法得出了反应动力学模型。$NO_2 - O_3$ 硝化苯和甲苯时，反应速率对苯和甲苯的浓度为零级，对 N_2O_4 为 0.5 级；当用 $NO_2 - O_3$ 体系硝化氟苯时，反应速率对氟苯为 1 级，对 N_2O_4 为 0 级，实验结果与动力学模型相吻合。通过竞争实验测定出

NO_2 - O_3 硝化芳烃的 Hammett 方程为 $\log f_P^R = -7.26\sigma_P^+ - 0.125$，反应常数为 -7.26，与混酸硝化取代芳烃的反应常数相近，说明这两种硝化反应过程中决定异构体分布的过渡态具有相似结构。

1.4 其他反应

1.4.1 醛胺缩合反应

醛胺缩合反应是用于构成 C—N 键和合成含能化合物非爆炸性母体的一类非常重要的反应，如制造黑索今和奥克托今的六亚甲基四胺(乌洛托品)就是氨与甲醛的缩合产物，六硝基六氮杂异伍兹烷的母体六苄基六氮杂异伍兹烷则是由苄胺与乙二醛缩合而成的。

醛胺缩合通常为两步反应，第一步是胺作为亲核试剂与醛中羰基的亲核加成，第二步是脱水。加成反应是在酸或碱催化作用下进行的，且是可逆反应，生成物是甲醇胺。酸催化和碱催化反应式如下：

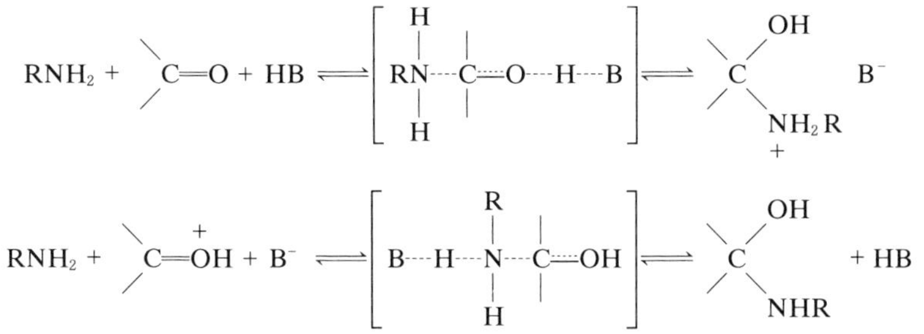

甲醇胺的脱水可在酸或碱催化下，也可在无催化剂作用下进行。酸催化、碱催化、无催化反应式如下：

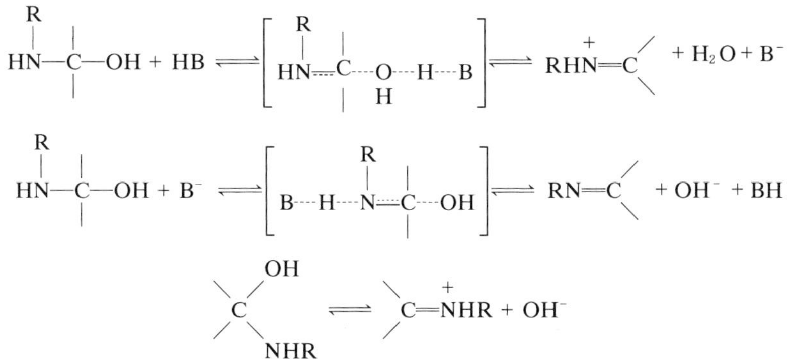

影响醛胺缩合反应的主要因素有醛和胺的结构、溶剂、立体化学等。醛与

伯胺进行可逆缩合时，得到含 C =N 键的 Schiff 碱；而与仲胺及叔胺反应，通常得不到 Schiff 碱形式的化合物。具有 α 碳原子的羰基化合物与仲胺反应时，有时可得到烯胺。氨水与甲醛或乙二醛反应时，得到乌洛托品和联二环化合物。脂肪族伯胺与甲醛缩合脱水，可生成三嗪类化合物，而乙二胺与甲醛或乙二醛在无外来酸、碱作用下的反应产物是多环化合物。

1.4.2　Mannich 反应

Mannich 反应属于缩合反应，它是含活泼氢原子化合物(酸组分)、醛及胺(碱组分)三者的不对称缩合，常用于很多硝基化合物的合成，反应产物称为 Mannich 碱，其反应式如下：

$$
-\overset{|}{\underset{|}{Z}}-H + RCHO + \diagdown NH \xrightarrow{-H_2O} -\overset{|}{\underset{|}{Z}}-CH(R)-N\diagdown
$$

在合成炸药时，用于 Mannich 反应的酸组分可以是硝基化合物、酚、羧酸及其酯、伯硝胺等；醛组分可以是甲醛、乙醛、乙二醛、芳香醛、硝基醛等；胺组分可以是脂肪胺及其盐、酰胺、肼、芳香胺、氨等。以硝基化合物为酸组分的 Mannich 反应在合成炸药中极受重视。

Mannich 反应有 4 种反应方法：①胺与醛反应制得的 N -羟甲基衍生物与酸组分反应；②酸组分与醛反应生成的醇与胺缩合；③酸组分、醛与胺三者直接反应；④酸组分与 Schiff 碱或其盐反应。

就反应历程而言，Mannich 反应是一个两步反应。在酸性介质中，第一步是由醛胺缩合产物生成活性中间体亚胺正离子$(RNH=CH_2)^+$，第二步是此正离子作为亲电试剂进攻酸组分生成 Mannich 碱。酸催化的醛胺缩合产物通常是 N -羟甲基化合物(甲醇胺)，且酸性有利于使其转变为亚胺正离子。因此酸性介质中的 Mannich 反应属于离子型的双分子亲电取代反应(S_E2)，即 Hellmann 历程，反应式如下：

$$
RNH_2 + CH_2O \longrightarrow RNHCH_2OH \xrightarrow{H^+} [RHN=CH_2]^+
$$

$$
-\overset{|}{\underset{|}{Z}}-H + [RHN=CH_2]^+ \longrightarrow -\overset{|}{\underset{|}{Z}}-CH_2NHR + H^+
$$

有些 Mannich 碱的生成并不遵循 Hellmann 历程，而是先由酸组分与醛反应生成中间体，后者再与胺作用生成 Mannich 碱。但 Hellmann 历程对于大多数 Mannich 反应，特别是酸催化的 Mannich 反应是适用的。

1.4.3　叠氮化反应

向有机化合物分子内引入叠氮基的反应称为叠氮化反应，可用于合成一系列的含能添加剂，特别是含能黏结剂和增塑剂。引入叠氮基的方法很多，但在含能化合物合成中，最为重要和应用最广的是用叠氮基取代脂肪族化合物中饱和碳原子上的离去基团或芳香环上的离去基团，前者属于脂肪族双分子亲核取代反应（SN2），后者属于芳香族双分子亲核取代反应（SNAr2），遵循Meisenheimer 历程，但都为离子型反应，反应式分别为

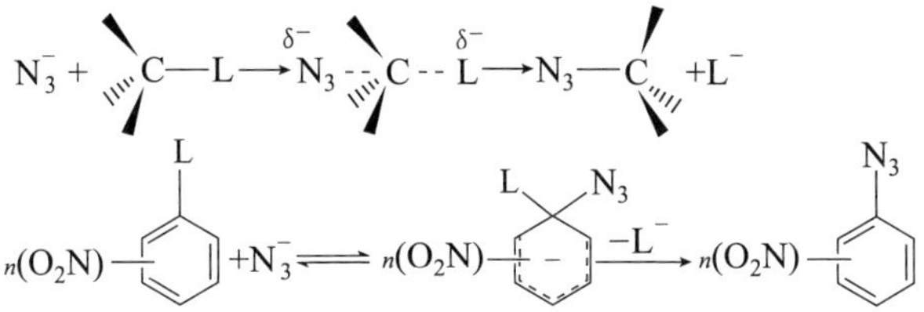

可被叠氮基取代的离去基团有卤素（氯）、对甲苯磺酰氧基、硝酰氧基、三氟甲基磺酰氧基等，其中三氟甲基磺酰氧基的离去能力最强。

1.4.4 间接硝化反应

采用适当的氧化剂可将芳香胺、脂肪胺、肟、亚硝基化合物、亚硝胺等氧化为相应的硝基化合物，以合成一些较难合成的多硝基苯、偕二硝基化合物及叔碳硝基化合物。常用的氧化剂有过酸（酐或盐）、过氧化氢、高锰酸钾、重铬酸、次氯酸盐、臭氧和硝酸等。

氧化反应在炸药合成上的实例颇多，具有代表性的有：以 80% 的过氧化氢和发烟硫酸氧化五硝基苯胺合成六硝基苯；以硝酸和过氧化氢氧化 1,3,5 -三亚硝基-1,3,5 -三氮杂环己烷为黑索今；用间氯过苯甲酸将二氨基立方烷氧化为二硝基立方烷等，反应式分别如下：

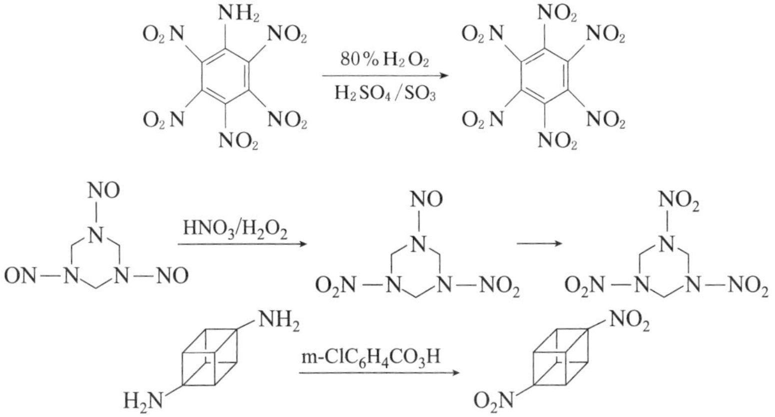

1.4.5　Victor-Meyer 反应

Victor-Meyer 反应是将卤代烷与亚硝酸银反应以合成伯硝基烷、硝基酯及 α，ω - 二硝基烷的一种方法，为亲核取代反应。但由于此反应的亲核试剂 NO_2^- 内存在两个反应中心（氮原子及氧原子），故具有双位反应特性，产物是不同比例的硝基烷和亚硝酸酯，反应式如下：

$$RX + AgNO_2 \longrightarrow \begin{cases} X^- + R^+ \cdots\cdots \overset{O}{\underset{O}{N}} \overset{Ag^+}{\longrightarrow} RONO + AgX \\[2em] \overset{O}{\underset{O}{\overset{\delta^-}{N}}} \overset{\delta^+}{\cdots} R \overset{\delta^+}{\cdots} Ag \overset{X^-}{\longrightarrow} RNO_2 + AgX \end{cases}$$

该反应式表明，Victor - Meyer 反应的历程不同于一般的脂肪族亲核取代反应，而是经过既具有单分子亲核取代反应（S_N1）特征，又具有双分子亲核取代反应（S_N2）特征的过渡态。

以溴代烷或碘代烷为基质，通过 Victor - Meyer 反应已合成出一些芳香族和脂肪族伯硝基化合物（如 $CH_3C_6H_4CH_2NO_2$、$O_2NC_6H_4NO_2$、$C_8H_{17}NO_2$）、硝基酯（如 $CH_3CH(NO_2)CO_2C_2H_5$）、α，ω - 二硝基烷（如 $O_2N(CH_2)_nNO_2$）。但 Victor - Meyer 反应不宜用于合成仲硝基烷和叔硝基烷。

后来，Victor - Meyer 反应被改进，采用亚硝酸钠替代亚硝酸根，并采用偶极非质子溶剂为反应介质，使得烷基取代优先发生在氮原子上，因而减少了生成亚硝酸酯的副反应，使产物中硝基化合物的得率大为提高。

1.4.6　Ter-Meer 反应

Ter-Meer 反应是在碱性介质中，用 NO_2^- 取代 1 -硝基- 1 -卤代烷中的卤素以合成偕二硝基化合物的方法，也是亲核取代反应，其反应式如下：

$$\underset{NO_2}{\overset{Cl}{H_3C-CH}} + NO_2^- \rightleftharpoons \underset{NO_2}{\overset{Cl}{H_3C-C^-}} + HNO_2 \overset{NO_2^-}{\rightleftharpoons} \underset{OH}{\overset{Cl}{H_3C-C}} \overset{O^-}{\underset{}{N^+}}$$

$$\overset{NO_2^-}{\longrightarrow} \underset{OH}{\overset{NO_2}{H_3C-C}} \overset{O^-}{\underset{}{N^+}} + Cl^-$$

上述历程说明，卤代硝基烷在其中的卤素被置换前，先异构化为酸式，再发生 NO_2^- 取代卤素的反应。而要使反应顺利进行，系统中应有氮羧酸（－NOOH）的存在。

后来有人对 Ter－Meer 反应提出了一个自由基阴离子历程，反应式为

$$CH_3CH(NO_2)Cl + e^- \longrightarrow [CH_3CH(NO_2)Cl]^- \longrightarrow CH_3\dot{C}HNO_2$$

$$\xrightarrow{NO_2^-} [CH_3\dot{C}H(NO_2)_2]^- \xrightarrow{CH_3CH(NO_2)Cl} CH_3CH(NO_2)_2 + [CH_3CH(NO_2)Cl]^-$$

1.4.7　Kaplan-Shechter 反应

Kaplan－Shechter 反应是在碱性或中性介质中，伯或仲硝基化合物的盐与硝酸根、亚硝酸钠反应以制备偕二硝基化合物的一种方法，特别适用于有位阻的化合物合成仲偕二硝基化合物。此反应由氧化—还原过程组成，与电解反应类似，遵循自由基反应历程：

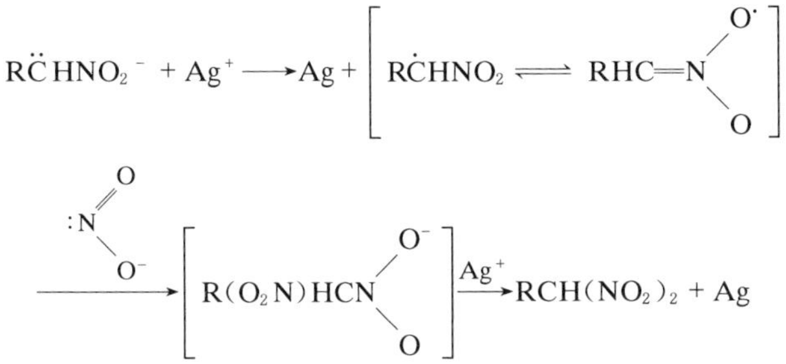

$$R\dot{C}HNO_2^- + Ag^+ \longrightarrow Ag + \left[R\dot{C}HNO_2 \rightleftharpoons RHC=N \begin{matrix} O^· \\ O \end{matrix} \right]$$

$$\xrightarrow{:N \begin{matrix} O \\ O^- \end{matrix}} \left[R(O_2N)HCN \begin{matrix} O^- \\ O \end{matrix} \right] \xrightarrow{Ag^+} RCH(NO_2)_2 + Ag$$

上式中的 R 可为烷基或苯基。

Kaplan－Shechter 反应可以用于合成偕二硝基化合物，得率可达 $60\% \sim 90\%$。

1.4.8　Sandmeyer 反应

Sandmeyer 反应是将芳香族伯胺转化为重氮盐，后者再与亚硝酸钠进行脱氮反应以生成硝基化合物的方法。在无催化剂存在下，苯系重氮盐与亚硝酸钠的反应历程如下：

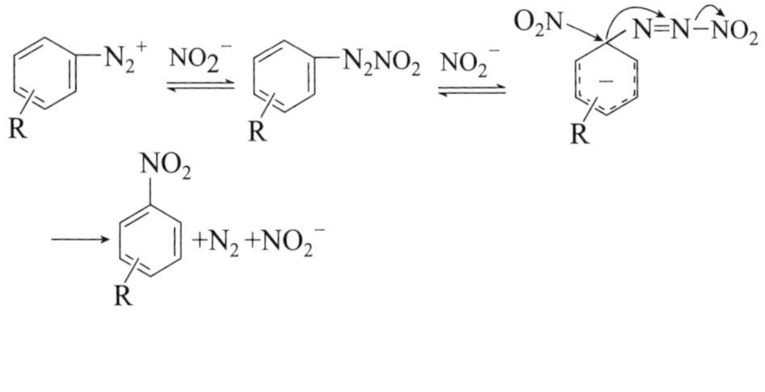

这是一个两步过程。首先是重氮盐与 NO_2^- 生成不稳定的中间化合物——重氮亚硝酸酯，后者与第二个 NO_2^- 作用，发生芳香环上的双分子亲核取代而生成硝基化合物。Sandmeyer 反应已用于由邻硝基苯胺合成邻二硝基苯，由 3,4,5-三氨基-1,2,4-三唑合成 1-烷基-3,5-二硝基-1,2,4-三唑，由 1,4-二氨基萘合成 1,4-二硝基萘等，得率最高可达 90%。

1.4.9　Henry 反应

Henry 反应是硝基烷与醛或酮反应制备硝基醇的方法。它属于亲核试剂（硝基烷）对羰基的加成反应，在碱性介质和酸性介质的反应式分别如下：

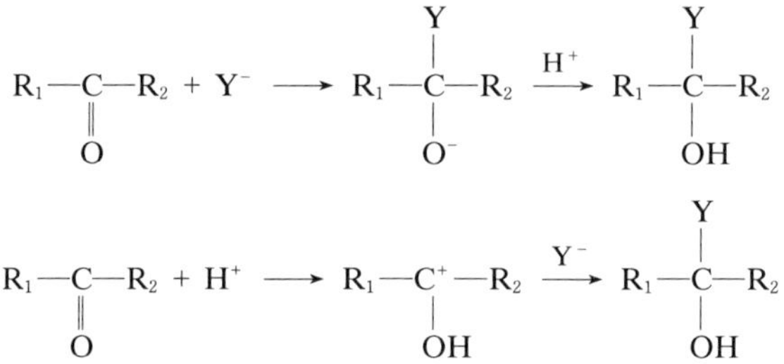

上式中的 Y^- 代表亲核试剂。

由双（2,2,2-三硝基乙醇）缩甲醛制备 2,2,8,8-四硝基-4,6-二氧杂-1,9-壬二醇，即 Henry 反应的反应式为

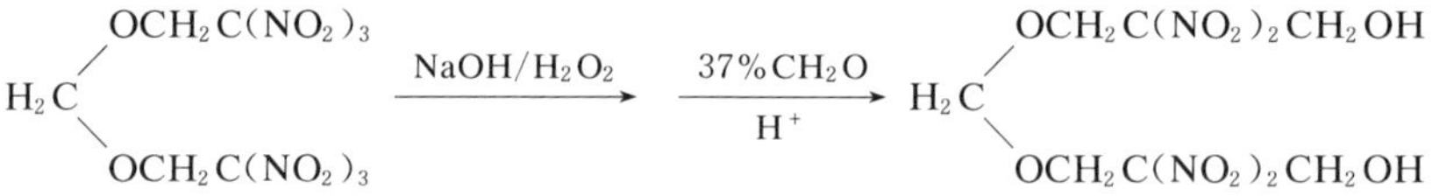

1.4.10　Michael 反应

Michael 反应是含活泼氢化合物（亲核试剂）与含活泼双键的共轭体系（不饱和化合物）的加成反应，也称为共轭加成反应。邻硝基烷与 α，β-不饱和酮（醛、酯、腈）、不饱和砜、不饱和酰胺或硝基烯烃反应。通过 Michael 反应已合成了一系列多硝基化合物，反应式为

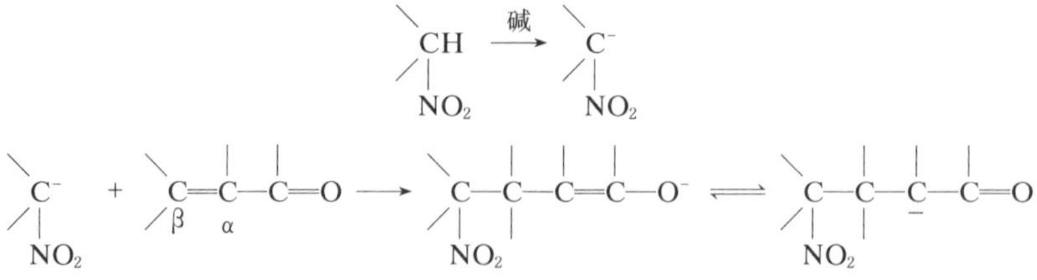

  Michael 反应在碱催化下进行，碱试剂从含活泼氢化合物中夺取质子而形成碳阴离子，后者则作为亲核试剂加成至不饱和化合物双键的 β 碳原子上，生成烯醇式阴离子，烯醇再互变异构。

参考文献

[1] 舒远杰，龙新平.含能材料辉煌的 21 世纪[A].四川省中青年专家大会，四川成都，2002，10.

[2] 田均均，张庆华，李金山.含能分子合成最新进展[J].含能材料，2016，24(1):1-8.

[3] COBURN M D. Picryiamino-substituted heterocycles [J]. J. Heterocycle Chem.，1968，5:83-87.

[4] 李加荣.呋咱系列含能材料的研究进展[J].火炸药学报，1998，21(3):56-59.

[5] SHEREMETEEV A B，KULAGINA V O，BATOG L V，et al. Furazan derivatives：High energetic materials from diaminofurazan [C]// 22th International Pyrotechnics Seminar，Colorado (USA)，1996:377-388.

[6] 欧育湘，孟征，刘进全.高能量密度化合物 CL-20 应用研究进展[J].化工进展，2007，12:1690-1694.

[7] CHRISTE K O，WILSON W W，SHEEHY J A，et al. N_5^+：A Novel Homoleptic Polynitrogen Ion as a High Energy Density Material[J]. Angew. Chem.，Int. Ed. 1999，38:2004-2009.

[8] VIJ A，WILSON W，VIJ V，et al. Polynitrogen Chemistry. Synthesis，Characterization，and Crystal Structure of Surprisingly Stable Fluoroantimonate Salts of N_5^+ [J]. Journal of the American Chemical Society，2001，123(26):6308-6313.

[9] FISCHER N，FISCHER D，KLAPÖTKE T，et al. Pushing the limits of energetic materials-the synthesis and characterization of dihydroxylammonium 5,5'-bistetrazole-1,1'-diolate[J]. Journal of Materials Chemistry，2012，22(38):20418-20422.

[10] ZHANG C，SUN C，HU B，et al. Synthesis and characterization of the pentazolate anion cyclo-N_5^- in $(N_5)_6(H_3O)_3(NH_4)_4Cl$[J]. Science，2017，355:374-376.

[11] XIE F，QI Z，LI X. ChemInform Abstract：Rhodium (Ⅲ)-Catalyzed Azidation and Nitration of Arenes by C-H Activation.[J]. ChemInform，2014，45(14):11862-11866.

[12] OLAH G A，SQUIRE D R. Chemistry of Energetic Materials[M]. New York：

Academic Press Inc，1991.

[13] OLAH G A，MALHOTRA R，Narang SC. Nitration［M］. New York：VCH Publishers，1989.

[14] 吕春绪.硝化理论［M］.南京：江苏科技出版社，1993.

[15] SANKARARAMAN S，HANEY W A，KOCHI J K. Aromatic nitration with ion radical pairs（ArH$^+$/NO$_2^-$）as reactive intermediates. Time-resolved studies of charge-transfer activation of dialkoxybenzenes［J］. Journal of the American Chemical Society，1987，109（17）：5235－5249.

[16] KOCHI J K. Charge－transfer excitation of molecular complexes in organic and organometallic chemistry［J］. Pure & Applied Chemistry，1991，63（2）：255－264.

[17] 邓友全.离子液体——性质、制备与应用［M］.北京：中国石化出版社，2006.

[18] 张锁江，吕兴梅. 离子液体——从基础到工业应用［M］. 北京：科学出版社，2006.

[19] LANCASTER N，LLOPIS-MESTRE V. Aromatic nitrations in ionic liquids：the importance of cation choice［J］. Chemical Communications，2003，22：2812－2813.

[20] DA E，LANCASTER N L. Acetyl nitrate nitrations in［bmpy］［N（Tf）$_2$］and ［bmpy］［OTf］，and the recycling of ionic liquids［J］. Organic & Biomolecular Chemistry，2005，3：682－686.

[21] 岳彩波，魏运洋，吕敏杰. Bronsted 酸性离子液体中芳烃硝化反应的研究［J］. 含能材料，2007，15（2）：118－121.

[22] 岳彩波.离子液体中精细合成单元反应的研究［D］.南京：南京理工大学，2007.

[23] HORVATH T H，RABAI J. Facile catalyst separation without water：Fluorous biphase hydroformylation of olefins［J］. Science，1994，266（1）：72－75.

[24] HERRERA V，REGE P J F，HORVATH I T，et al. Fluorous phase separation techniques in catalysis［J］. Inorganic Chemistry Communications，1998，28（1）：197－198.

[25] HORVATH I T，KISS G，COOK R A，et al. Molecular engineering in homogeneous catalysis：one-phase catalysis coupled with biphase catalyst separation. The fluorous－soluble HRh（CO）IP［（CH$_2$）$_7$CH$_3$］$_{13}$ hydroformylation system［J］. Journal of the American Chemical Society，1998，120（8）：3133－3143.

[26] 袁余斌，聂进，王烁今，等.全氟烷基磺酰亚胺盐催化芳香化合物硝化反应的研究［J］. 有机化学，2005，25（4）：394－398.

[27] MARZIANO N C，RONCHIN L，RONCHIN S，et al. Raman and kinetic

evidence of NO$_2$$^+$ ion in solid acid catalysts[J]. Catalysis Communications, 2000, 1(1-4): 25-31.

[28] SCHOFIELD K. Aromatic Nitration[M]. London: Cambridge University Press, 1980.

[29] MORI T, SUZUKI H. Ozone-mediated nitration of aromatic compounds with lower oxides of nitrogen[J]. Synletter 1995, (5):383-392.

[30] SUZUKI H, MURASHIMA T, KOZAI I, et al. Ozone-mediated nitration of alkylbenzenes and related compounds with nitrogen dioxide[J]. Journal of the Chemical Society Perkin Transactions, 1993, 14(14):1591-1597.

[31] SUZUKI H, YONEZAWA S, Mori T, et al. ChemInform Abstract: Ozone-Mediated Reaction of Aromatic Acetals and Acylal with Nitrogen Dioxide: A Novel Methodology for the Nuclear Nitration of Acid Sensitive Aromatic Compounds under Neutral Conditions[J]. Cheminform, 1994, 25(25):1367-1369.

[32] SUZUKI H, TAKEUCHI T, MORI T. Ozone-Mediated Nitration of Phenylalkyl Ethers, Phenylacetic Esters, and Related Compounds with Nitrogen Dioxide. The Highest Ortho Substitution Observed in the Electrophilic Nitration of Arenes[J]. Cheminform, 1997, 28(61):5944-5947.

[33] SUZUKI H, TATSUMI A, ISHIBASHI T, et al. Ozone-mediated reaction of anilides and phenyl esters with nitrogen dioxide: Enhanced ortho-reactivity and mechanistic implications [J]. Journal of the Chemical Society Perkin Transactions, 1995, 4(4):339-343.

[34] SUZUKI H, MURASHIMA T, TATSUMI A, et al. Ortho Enhancement in the Ozone-Mediated Nitration of Some Aromatic Carbonyl Compounds with Nitrogen Dioxide[J]. Cheminform, 1993, 25(1):1421-1424.

[35] SUZUKI H, MURASHIMA T, MORI T. Ozone-mediated nitratrion of arenes with nitrogen dioxide: change-over of the orienting influences of alkyl, alkoxyl and halogen substituent groups from meta to ortho-para dominance[J]. J. chem. soc. chem. commun., 1994, 12(12):1443-1444.

[36] SUZUKI H, MORI T, MAEDA K. A case of so-called eczema of the nipple and areola. destruction of the areola; arrest of the development of cancer[J]. Journal of the Chemical Society Chemical Communications, 1993, 119(17):684-685.

[37] SUZUKI H, MURASHIMA T. Ozone-mediated nitration of aromatic ketones and related compounds with nitrogen dioxide[J]. Journal of the Chemical

Society Perkin Transactions，1994，7(7)：903 - 908.

[38] SUZUKI H，YONEZAWA S，NONOYAMA N，et al. Iron（Ⅲ）-catalysed nitration of non-activated and moderately activated arenes with nitrogen dioxide? molecular oxygen under neutral conditions［J］. Journal of the Chemical Society Perkin Transactions，1996，19(19)：2385 - 2389.

[39] MALHOTRA R，ROSS D S. Aromatic nitration in liquid nitrogen tetroxide promoted by Metal actylacetonate［J］. Acs. Symposium Series，1996，623：31 - 42.

[40] LASZLO P. Catalysis of organic reactions by inorganic solids［J］. Pure and Applied Chemistry，1990，62(10)：2027 - 2030.

[41] SATO H，HIROSE K. Vapor phase nitration of benzene over solid acid catalyst （1）：Nitration with nitrogen dioxide［J］. Research on Chemical Intermediates，1998，24(4)：473 - 480.

[42] SUZUKI H，MORI T. Ozone-mediated nitration of naphthalene and some methyl derivatives with nitrogen dioxide. Remarkable enhancement of the 1-nitro/2-nitro isomer ratio and mechanistic implications［J］. Journal of the Chemical Society，1996(4)：677 - 683.

[43] SUZUKI H，MORI T. Nitration of nonactivated arenes with a ternary system $NO - NO_2 - O_2$. Mechanistic implications of the Kyodai-nitration［J］. Journal of the Chemical Society，1995，4(4)：291 - 293.

[44] 吕早生，吕春绪.一种新的绿色硝化技术［J］. 火炸药学报，2000，23(4)：9 - 12.

[45] 吕早生，吕春绪.绿色硝化技术在硝基氯苯合成中的应用［J］. 火炸药学报，2000，23(4)：29 - 30.

[46] 吕早生，吕春绪，蔡春.紫外光谱在2,4 -二硝基间二氯苯与间氯苯胺缩合反应动力学研究中应用［J］.武汉科技大学学报，2001,24(2)：153 - 154.

[47] 吕早生，吕春绪，蔡春. $N_2O_4 - O_3$ 硝化芳烃机理研究［J］. 南京理工大学学报，2001，25(4)：432 - 435.

[48] 吕早生，吕春绪.用Ip作为 $N_2O_4 - O_3$ 硝化取代芳烃的定位判据［J］.武汉科技大学学报，2002，25(4)：352 - 353.

[49] 吕春绪.绿色硝化研究进展［J］. 火炸药学报，2011，34(1)：1 - 8.

[50] 吕早生，王晓燕，吕春绪. N_2O_4/O_3 硝化芳烃反应的宏观动力学研究［J］. 火炸药学报，2004，27(3)：66 - 69.

[51] 周静，张俊林，丁黎，等.笼状骨架含能化合物构建研究进展［J］.含能材料,2019，27(08)：708 - 716.

[52] 王国栋,刘国庆,甄建伟,等.高爆速含能化合物的合成及性能研究进展［J］.兵器

装备工程学报,2019,40(04):85-88.

[53] 王艳,周晓宇.芳香族化合物合成硝基苯的绿色研究[J].科技经济导刊,2016(05):86.

[54] 宋靳红,周智明.绿色自由基硝化研究进展[J].科技导报,2013,31(34):69-74.

[55] 张国栋,吴晓青,卞成明,等.在含氮杂环上引入硝基的方法[J].精细化工中间体,2016,46(06):1-6.

[56] 米向超,胡立双,陈毅峰,等.绿色硝化剂五氧化二氮合成提纯工艺研究进展[J].化工中间体,2013,10(04):11-14.

第 2 章
C-硝基化合物

2.1 概述

C-硝基化合物是指硝基与碳原子相联的化合物，按其结构主要可分为芳香族硝基化合物和脂肪族硝基化合物。根据与硝基相连的碳原子上的氢原子数目，硝基化合物可分为以下 3 类：

$$R_1CH_2NO_2 \quad \text{伯碳的硝基化合物}$$

$$R_2CHNO_2 \quad \text{仲碳的硝基化合物}$$

$$\left.\begin{array}{l} R_3CNO_2 \\ \text{（苯环）}-NO_2 \end{array}\right\} \text{叔碳的硝基化合物}$$

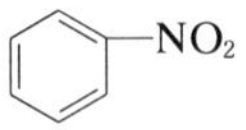

芳香族的硝基化合物属于叔碳的硝基化合物，但与脂肪族的硝基化合物又有区别。因为在硝基芳烃中，与硝基相连的碳原子处于环状的大 π 共轭体系中，所以它又具有某些不同于其他硝基化合物的特点。

脂肪族硝基化合物中的硝基也是与碳相连，不过这些碳原子不在芳环上，而是在脂肪基上。根据脂肪基的种类，脂肪族硝基化合物又可以分为许多种，如硝基烷烃、硝基环烷、硝基杂环烷、硝基烯烃、硝基炔烃、硝基醇、硝基醛、硝基酮、硝基羧酸及其衍生物、硝基胺、硝基卤代烃等。根据分子中硝基的数目，硝基烷又可以分为一硝基烷和多硝基烷（硝基数目为 2 个或者更多）。如果两个硝基连于同一个碳原子上称其为偕二硝基烷，如果两个硝基连在不同的碳原子上则称其为联二硝基烷。本章着重讲述多硝基烷及其衍生物的性质及合成工艺。

2.2 甲苯的硝基衍生物

2.2.1 一硝基甲苯的性质及合成工艺

1. MNT 的性质

1)物理性质

一硝基甲苯简称 MNT，有 3 种异构体，即邻-硝基甲苯(o - MNT)、间-硝基甲苯(m - MNT)和对-硝基甲苯(p - MNT)。

邻-硝基甲苯是黄色油状液体，20℃ 时的密度为 1.1630g/cm³；有两种晶型，不稳定的 α 型熔点为 -10.5℃，稳定的 β 型熔点为 -4.1℃；间-硝基甲苯是黄色油状液体，20℃ 时的密度为 1.1570g/cm³，熔点 16.1℃，沸点 232.6℃；对-硝基甲苯是浅黄色的固体，55℃ 时的密度为 1.1226g/cm³，有两种晶型，不稳定型的熔点为 44.5℃，稳定型的熔点为 51.65℃。

混酸硝化甲苯得到的硝基甲苯是 3 种异构体的混合物，混合物的组成与混酸成分及硝化温度有关。一般生产条件下得到的工业一硝基甲苯大致成分为：邻-硝基甲苯占 58%～59%，间-硝基甲苯占 4%～5%，对-硝基甲苯占 38%～36%。工业一硝基甲苯是橙黄色至樱红色的油状液体，20℃ 时的密度约为 1.1620g/cm³。三种异构体混合物的熔点如图 2-1 所示，图中 A、B、C、D 代表 4 个共熔点混合物。

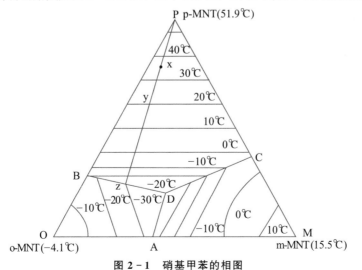

图 2-1　硝基甲苯的相图

2）化学性质

硝基甲苯不与酸作用，但能被强碱（如 NaOH）氧化。硝基甲苯中的甲基受硝基的影响变得比较活泼，在强碱作用下氧化成联苄和二苯基乙烯的衍生物，出现具有亚硝基结构的深色物质，它们容易被大气中的氧气氧化，生成联苄和二苯基乙烯的硝基衍生物。将邻－硝基甲苯与氢氧化钾一起加热至200℃，发生分子内的氧化还原反应，甲基被氧化，同时硝基被还原，生成邻－氨基苯甲酸：

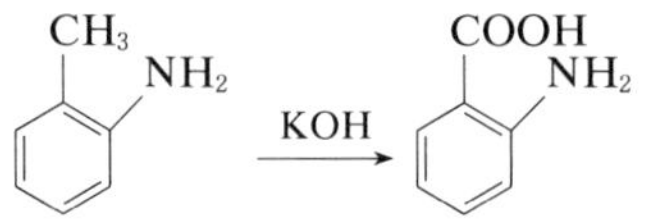

$$\text{（邻－甲基苯胺）} \xrightarrow{\text{KOH}} \text{（邻－氨基苯甲酸）}$$

在碱性试剂作用下，硝基甲苯中的甲基可以与对－亚硝基－二甲替苯胺缩合，生成醛缩苯胺的硝基衍生物，如：

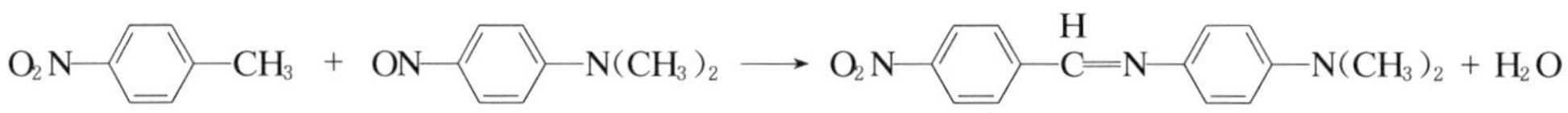

$$O_2N-C_6H_4-CH_3 + ON-C_6H_4-N(CH_3)_2 \longrightarrow O_2N-C_6H_4-CH=N-C_6H_4-N(CH_3)_2 + H_2O$$

将硝基甲苯与过量 $NaHSO_3 - Na_2SO_3$ 中性水溶液加热至沸腾，硝基还原成氨基，同时苯环或氨基取代上磺酸基，生成甲苯胺、磺酸甲苯胺、N－黄酰甲苯胺，以及 N－黄酰胺磺酸甲苯等：

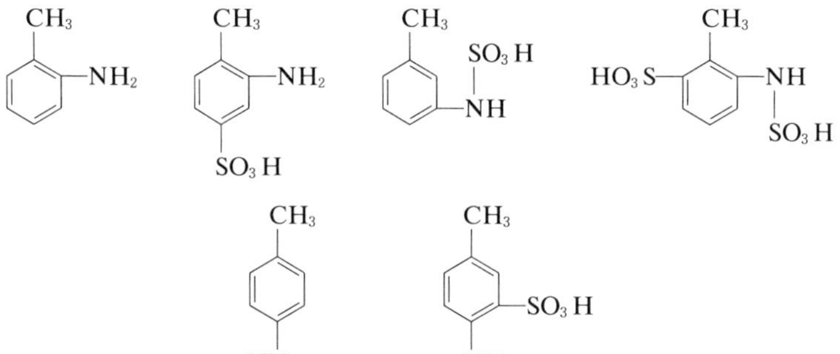

与碱性的亚硫酸钠水溶液加热至108℃或130℃，生成甲苯胺或二甲基偶氮苯、二甲基氧化偶氮苯以及二甲基磺酸偶氮苯：

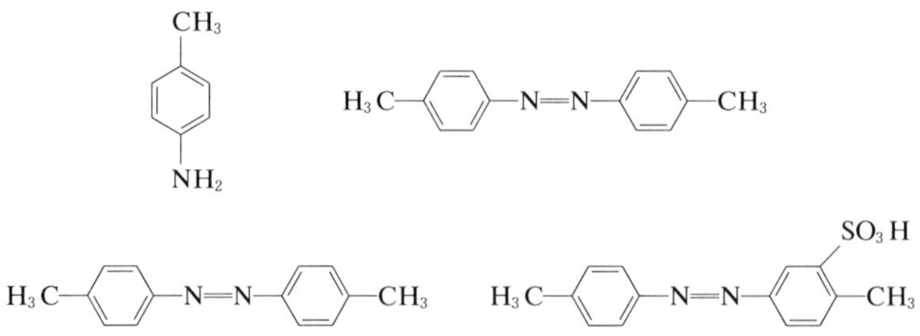

3）毒性

硝基甲苯的毒性比硝基苯低得多，其原因在于硝基甲苯在人体内容易氧化成只有微毒性的硝基苯甲酸。

2．MNT 的合成工艺

工业生产一硝基甲苯都是用混酸硝化甲苯。根据生产规模的大小，可以采用间断法或连续法。硝化设备一般采用带有冷却蛇管和强烈搅拌器（推进式或涡轮式搅拌器）的槽式反应器，硝化机后附有分离机。根据硝基甲苯的用途，工业上有两种操作方法：

（1）TNT 生产中的硝化法。用于 TNT 生产的硝基甲苯不必经过洗涤等操作，直接供后续的硝化使用，而且其中允许含有相当数量的多硝基化合物，所以一硝化可以使用较高浓度的混酸（Φ 值为 70%～74%）和过量的硝酸。

（2）间断硝化法生产 TNT 是将甲苯加到搅拌着的混酸中。为了充分利用硫酸，一硝化所用的混酸是由二硝化废酸和稀硝酸混合而成。稳态时的连续操作如下：

从二硝化分离机过来的废酸不断地流入一硝化机中，往一硝化机中连续地加入甲苯和稀硝酸，硝化液由溢流管连续地流出，进入成熟机，然后再进入稀释机，在此用洗涤粗制 TNT 的酸性废水将废酸稀释至规定的浓度，以降低硝化物在其中的溶解度，最后在分离机中分成硝基甲苯和废酸两相。硝基甲苯送入储槽，供二硝化使用，废酸送去回收。如果设备的负荷不大，也可以不用成熟机。

正常操作时应检测的工艺参数有：

（1）硝化温度。应综合考虑氧化副反应和设备产能而定。

（2）一硝化废酸的密度和硝酸含量。一般规定废酸的密度为 1.66～1.74g/cm³（25℃）；至于一硝化废酸中的硝酸含量，现行的生产工艺中有两种做法，一种是硝酸含量控制得较低，通常控制在 0.05%～0.5%，这种方法适合于三硝化时以浓硫酸作为催化剂的工艺。由于废酸中硝酸含量低，脱硝后回收的稀硝酸量较少，恰好供一硝化使用，有利于稀硝酸的平衡。另一种做法是一硝化废酸中硝酸含量较高，控制在 4%～10%。TNT 生产中，由于套用废酸，一硝化废酸中的亚硝酸含量比较高，在这种情况下，提高废酸中的硝酸含量尤为必要，以利于减少氧化副反应。

（3）硝化液的颜色。由于树脂化反应，所以在硝酸含量控制得低的工艺中，要经常观察硝化液的颜色，正常硝化时硝化液应为橙红色至樱红色。硝化液颜色加深时，就应加以调节。如果硝化液变黑，则应当首先停止加甲苯，并根据废酸的密度和硝酸含量采取措施。

（4）稀释后废酸的密度。稀释机内废酸密度应为 1.60g/cm³（25℃）左右。稀释的目的是降低硝化物在废酸中的溶解度（稀释前后废酸中溶解的硝化物由 1% 以下降低至 0.5% 以下），使废酸脱硝时不易发生堵塔，同时又有利于脱硝，使脱硝塔底部的稀硫酸中不含硝酸，以避免含硝硫酸对设备的腐蚀。但过度稀释，会增加硫酸浓缩器的负荷和浓缩硫酸时的燃料消耗。

2.2.2　二硝基甲苯的性质及合成工艺

1. 二硝基甲苯的性质

二硝基甲苯简称 DNT，有 6 种异构体：

2,4-二硝基甲苯　　2,5-二硝基甲苯　　2,3-二硝基甲苯

3,4-二硝基甲苯　　2,6-二硝基甲苯　　3,5-二硝基甲苯

1）物理性质

DNT 的所有异构体都是浅黄色的晶体，表 2-1 为 DNT 的主要物理参数。

表 2-1　二硝基甲苯的物理参数

异构体	熔点/℃	沸点/℃	蒸发焓/(kJ·mol⁻¹)	蒸发熵	分解		爆发点	
					温度/℃	活化能/(kJ·mol⁻¹)	温度/℃	活化能/(kJ·mol⁻¹)
2,3-DNT	63	319	63.12	25.6	305	200.22	436	97.39
2,4-DNT	71	304	65.21	27.0	290	166.78	407	92.80
2,5-DNT	52.5	302	61.45	25.6	309	195.62	449	92.38
2,6-DNT	65.5	290	61.45	26.1	307	196.88	443	112.44
3,4-DNT	60	333	65.63	25.9	311	173.05	458	108.26
3,5-DNT	91	316	64.79	26.2	334	219.45	480	101.16

2)化学性质

由于两个硝基的影响，二硝基甲苯中的甲基比硝基甲苯中的活泼。在沸腾的酒精中，以哌啶或碳酸钠作为催化剂，与对-亚硝基- N,N -二甲基苯缩合成二硝基醛缩苯胺的衍生物，如

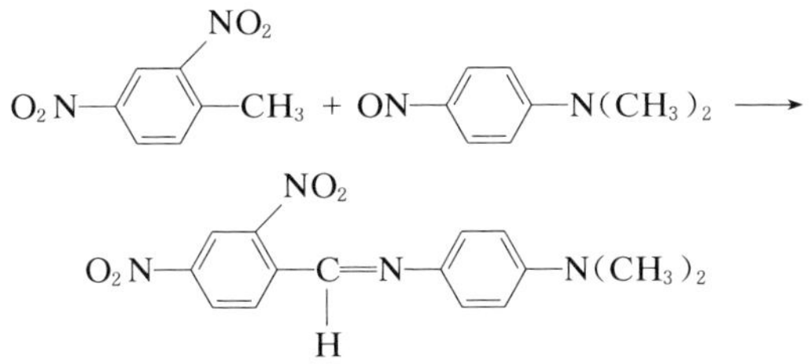

在哌啶存在下可与苯甲醛或杂环醛缩合生成二乙烯基苯或杂环醛-乙烯基-苯的衍生物：

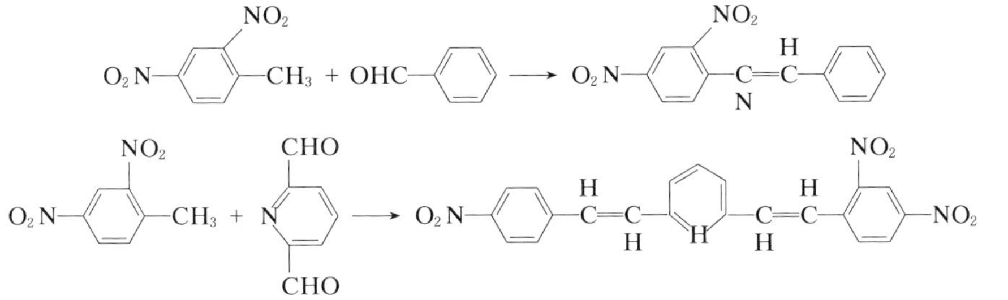

二硝基甲苯在碱和氧化剂(如空气中的氧或次氯酸钠等)的作用下，可生成 2,2',4,4'-四硝基二苯基乙烯，如

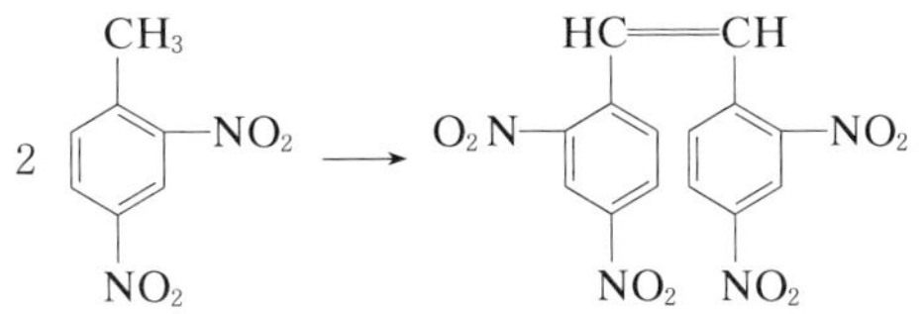

硝基的影响加强了甲苯的超共轭作用，因而容易发生反应。由于工业二硝基甲苯的爆炸能力较弱，不能单独用于装填弹药，但可以作为增塑剂用于混合炸药和硝化甘油火药中，这种二硝基甲苯中含有 20% 左右的 TNT。

3)毒性

二硝基甲苯是有毒物质，但是毒性比二硝基苯低。有资料显示，二硝基甲苯中毒是因为其中的杂质，主要是二硝基苯。

2. DNT 的合成工艺

炸药工业中二硝基甲苯是制造 TNT 的中间产品，这种情况下，二硝基甲苯

的生产工艺是 TNT 生产工艺的一部分。工艺条件的确定受整个生产工艺的影响，根据 TNT 生产中所用硫酸的浓度，硝化硝基甲苯的废酸 Φ 值介于 80%～90%，一般应不低于 85%。硝酸含量 1%～11%，硝化温度 60～80℃。在这些条件下，硝基甲苯的硝化速度很快。所以整个硝化系统中，二硝化的硝化机数目甚至可以比一硝化的机器台数还少。根据具体情况（主要是设备负荷），一般用 1～2 台二硝化机，利用三硝化的废酸和硝酸将硝基甲苯硝化成二硝基甲苯。根据三硝化用的硫酸浓度，可往二硝化机内加入浓硝酸或稀硝酸，使二硝化的 Φ 值保持在 85% 左右。由于三硝化废酸中溶有硝化物，所以离开二硝化系统的 DNT 中含有 TNT，根据不同的工艺，TNT 含量为百分之几到 30% 左右。当三硝化用 98% 的浓硫酸时，离开二硝化系统的 DNT 的湿凝固点在 54℃ 左右。

用于制造二氨基甲苯的二硝基甲苯，其中 TNT 含量应当尽可能低，2,4-二硝基甲苯含量应尽可能高。为此不能使用三硝化的废酸来硝化硝基甲苯，而要用新配的混酸硝化。为了尽可能地提高 2,4-二硝基甲苯含量，可以降低硝化温度和硝化酸的 Φ 值，或在硝化剂中使用磷酸。

2.2.3　三硝基甲苯的性质及合成工艺

三硝基甲苯（TNT）是最常用的单体炸药之一，1863 年 Willbrand 在接近沸点的温度下用硝-硫混酸硝化甲苯首先制得了三硝基甲苯，20 世纪的研究确定了 TNT 的爆炸性以及制造的工艺条件。由于其性能优越，在炸药工业中逐渐取代苦味酸，至第二次世界大战期间，已发展成为最主要的军用单体炸药。

TNT 有 6 种异构体，其结构和熔点数据如下：

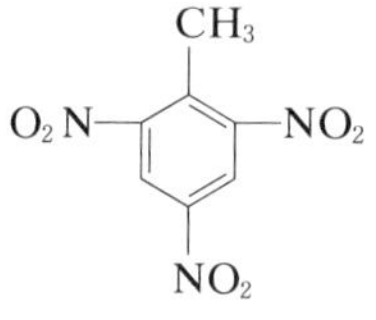

α-TNT
熔点 80.8℃

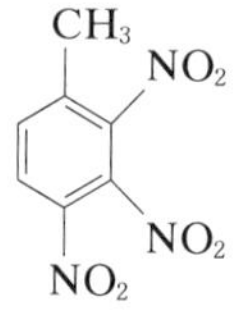

β-TNT
熔点 112℃

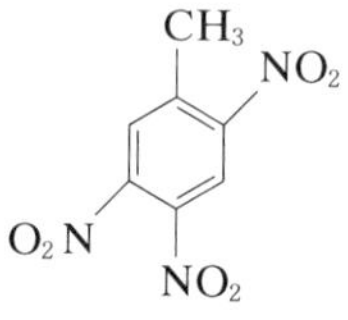

γ-TNT
熔点 104℃

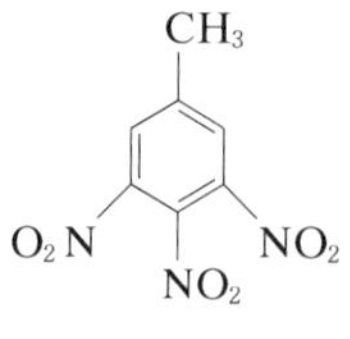

δ-TNT
熔点 137.5℃

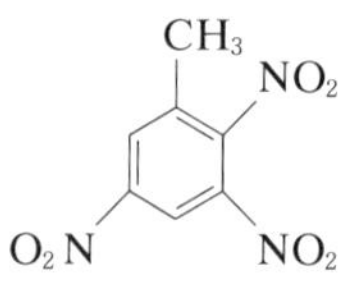

ε-TNT
熔点 97.5℃

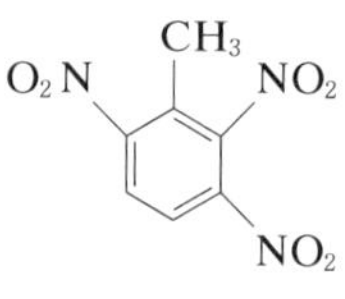

η-TNT
熔点 111℃

军用 TNT 要求的是 α-异构体，下面叙述的性质在没有特殊说明时均指 α-TNT 的性质。

1. TNT 的性质

1）物理性质

（1）熔点（或凝固点）：文献记载的 TNT 凝固点介于 80.60～80.85℃，一般以 80.65℃ 作为纯 α-TNT 的凝固点。

（2）密度：Hass 用 X 射线衍射法测得 TNT 晶体的密度为 $1.651g/cm^3$。一般认为，81℃ 液体 TNT 的密度为 $1.464g/cm^3$，熔态的 TNT 冷却至常温时体积收缩约为 12%。

（3）沸点和蒸气压：常压下不能测定 TNT 的沸点，因为 TNT 的分解温度比常压下的沸点低，只能从各种温度的蒸气压推算出沸点。

许多研究者测定了 TNT 蒸气压，并由此推算出其沸点。原太毅等推算得 TNT 的沸点为 338℃，蒸发焓为 76.49kJ/mol。

（4）塑性：TNT 在常温下是脆性物质，升高温度会逐渐具有塑性，在 50℃ 或更高的温度下，TNT 就成为塑性物质。在 50℃ 及 31.6 个工程大气压下，TNT 可以从容器的小孔中挤压出来。由脆性物质向塑性物质过渡的温度与 TNT 的纯度有关，对于高纯度的 TNT，过渡温度为 45～47℃；对于低纯度的 TNT，过渡温度降低至 35～40℃。

（5）结晶速度：TNT 的熔点较低，熔化时不发生分解，可以用熔装方法装入弹体，也可以将其他固体炸药混入熔化的 TNT，制成熔装的混合炸药。

（6）溶解度：TNT 在水中溶解度很小，在乙醚和二硫化碳中的溶解度也不大，但易溶于苯、甲苯、乙醇、二氯乙烷、吡啶、丙酮等有机溶剂。TNT 在硝酸、硫酸中的溶解度随着温度和酸浓度的增大而增大。

2）化学性质

（1）TNT 与酸的作用。

TNT 是一种弱中性碱（pKa≈14），不腐蚀金属，与重金属氧化物无明显的反应，即使在 100% 的硫酸中也基本上不电离。在不太高的温度下，TNT 溶于酸是物理过程，不发生化学反应，但在高温下则不同，例如在高于 110℃ 且足够浓的硝酸溶液中，TNT 的甲基可被氧化成羧基，浓硫酸与 TNT 于 145℃ 共热 6h 就开始分解。在金属存在下，将 TNT 与稀酸共热时，对比氢活泼的金属（如铝、铁），除了发生硝基的还原反应外，还伴随其他反应。例如，将 TNT 和铁屑各 20g、发烟硝酸 10mL 和水 100mL 在 90～95℃ 共热 2h 后，得到 2～3g 棕色物质，后者加热时就可能发生爆燃，遇发烟硝酸或 49/49 的硝硫混酸就可能发生发火。生产过程中含酸 TNT 与金属设备接触，有可能生成 TNT 与金属反应的敏感产物。

(2)TNT 与碱的作用。

TNT 对碱敏感，它与碱的反应产物大多对外界刺激（如热、机械作用）很敏感，容易发火或爆炸。TNT 与碱的反应非常复杂，根据碱的类型和反应条件（如有无溶剂、溶剂性质、溶液浓度、反应时间和温度等）可以发生多种反应，产物也各不相同。一般而言，TNT 稀溶液与碱反应的初级产物是 π -配合物、σ -配合物或三硝基苄基负离子：

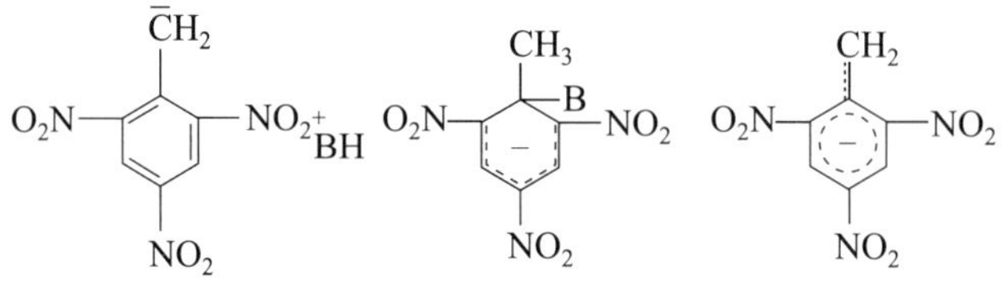

π -配合物   σ -配合物   三硝基苄基负离子

上述配合物中 TNT 与碱的摩尔比可为 $1:1$、$1:2$ 或 $1:3$，它们的爆发点比 TNT 低，撞击感度高。例如，TNT 与氢氧化钾水溶液的反应产物，根据碱量的不同，爆发点为 $104\sim157℃$，而撞击感度比叠氮化铅还高。

在无溶剂存在下，粉状 TNT 与湿（干）氨气或氢氧化铵作用时，TNT 质量增加，颜色变深，最后变成黑色树脂状物质，用硫酸处理后，后者放出硝烟。氨与 TNT 反应产物的爆发点为 $250\sim290℃$，最后生成的黑色树脂状物不发生爆炸，但中间产物的机械感度较大。在液氨中，TNT 与氨的初级反应产物是两者摩尔比为 $1:1$ 和 $1:2$ 的 σ -配合物。向 160℃ 的 TNT 中加入氢氧化钾立即发生爆炸。向 100℃ 的 TNT 中加入氢氧化钾，形成表面膜，但如加入酒精，使膜溶解，混合物就立即发火。将 TNT 与氢氧化钾的粉状混合物加热至 80℃ 也能发火。TNT 与氢氧化钠的混合物与此相似，但反应较为缓和，迅速加热至 80℃ 可能发火，缓慢加热至 200℃ 也可能不爆炸，而是逐渐分解。

因此，要严格防止 TNT 与碱（特别是强碱）接触，以保证生产安全和产品质量。

(3)氧化反应。

除了在高温下高浓度硝酸可将 TNT 中的甲基氧化成羧基外，其他一些氧化剂，如 93%硫酸中的硝酸，在相当高的温度及较长的反应时间内也可将甲基氧化成羧基。在浓硫酸中用重铬酸钠在 $40\sim45℃$ 下氧化 TNT 也可得到三硝基苯甲酸，用水稀释就可析出产物，再在水中煮沸就失羧成为三硝基苯。将 TNT 中的甲基氧化，中间体是三硝基苯甲醛，但反应不易停留于此阶段，故只能得到三硝基苯甲酸。用次卤酸盐氧化 TNT 时，苯环破裂，产物为相应的三卤代硝基甲烷。

(4)还原反应。

在酸性或碱性条件下，用过量还原剂还原 TNT，3 个硝基都可被还原成氨基，从而生成三氨基甲苯。TNT 的部分还原通常在中性或碱性介质中进行，例如，在加有浓氨水的二噁烷溶液中用硫化氢还原 TNT，可生成 2,6 -二硝基-4 -氨基甲苯和 3,3′,5,5′-四硝基- 3, 3′-二甲基氧化偶氮苯；在氯化铵水溶液中用锌粉还原，可生成 4,6 -二硝基- 2 -羟胺基甲苯；在丁二酸酯脱酶制剂或心脏、肝脏组织浸取液作用下，被还原成 2,6 -二硝基- 4 -氨基甲苯；在黄质氧化酶制剂的作用下，则被还原成 2,6 -二硝基- 4 -羟胺基甲苯。这些反应对于 TNT 在动物体内的代谢过程具有十分重要的意义。

(5)与光的作用。

TNT 受日光照射后颜色变深，性质变化。凝固点 80.0℃的 TNT 受日光照射 2 周及 3 个月后，凝固点分别降至 79.5℃和 74℃。但如将 TNT 置于真空中曝晒，则其颜色和凝固点不易改变。从受日光照射的 TNT 中已分离出了 2 -亚硝基- 2,6 -二硝基苯甲醇，这是分子内氧化-还原反应的一种中间产物。TNT 的水溶液受日光照射后显粉红色，但此光化学反应速率与溶液酸度有关，其反应产物十分复杂，从中已分离出近 20 种化合物，包括含 3 个或 2 个硝基的酚、芳醛、酰胺、醛、肟、羧酸及偶氮衍生物等，它们大多是由于 TNT 中甲基的氧化反应产生的。由于 3 个硝基的影响，甲基上氢原子的活性大大增强。受光照射时，TNT 首先异构化成酸式，再进一步解离成三硝基苄基负离子，后者再发生一系列反应。

3)热安定性

TNT 的热安定性非常好，100℃以下可长时间不变化，100℃时第一个及第二个 48h 各失重 0.1%～0.2%，在 150℃加热 4h 基本上不发生分解，在 145～150℃储存 177h，熔点由 80.75℃降低至 79.9℃，160℃开始有明显气体产物放出，在 200℃加热 16h，有 10%～25%的 TNT 发生分解，还分离出 13%的聚合物和一些未知结构的产物，前者不溶于苯，熔点高于 300℃，可燃烧。但在分解产物中未检测到三硝基苯。表 2 - 2 列出了 TNT 真空热安定性的试验结果。

表 2－2　TNT 的真空热安定性

T/℃	100	120	135	150
放出气体量/mL(5g·40h)	0.10	0.23	0.44	0.65

TNT 在 210℃加热 14～16 h（或更短的时间）可发生自燃，240℃加热可检测出自由基。因此，有人认为熔融 TNT 在高温（≥150℃）下是不稳定的。

4）爆炸性质

TNT 爆发点为 475℃（5s）或 295℃（5min），密度 1.60g/cm³ 时的爆热 4.56MJ/kg（液态水），密度 1.64g/cm³ 时的爆速 6.92km/s，爆压 19.1GPa（密度 1.63g/cm³），密度 1.61g/cm³ 时的爆温约 3500K，密度 1.50g/cm³ 时爆容 750L/kg。做功能力 285cm³（铅墙扩孔值），猛度 16mm（铅柱压缩值）或 3.9mm（铜柱压缩值），撞击感度（落锤重 10kg，落高 25cm）为 4%～8%，摩擦感度（摆角为(90±1)°，压强为(3.92±0.07) MPa）为 4%～6%，起爆感度 0.27g（叠氮化铅）。

5）毒性和生理作用

TNT 可通过呼吸系统、消化系统及皮肤进入人体，引起肝、血液和眼中毒，导致皮肤炎、胃炎、紫绀、中毒性黄疸、再生障碍性贫血等病症，其中中毒性肝炎及再生障碍性贫血可造成死亡。有关这方面的详细情况可见程景才编著的《炸药毒性与防护》一书（1994 年兵器工业出版社出版）。所以长期接触 TNT 的人员应定期进行医学检查。车间空气中 TNT 的浓度应小于 1mg/m³。

2. TNT 的合成工艺

TNT 于 1863 年由 Willbrand 首先制得，1891 年德国开始工业化生产。目前 TNT 系由甲苯经硝硫混酸连续硝化，再经亚硫酸钠精制（或其他方法精制）而成。其制备过程主要包括硝化及精制两部分。

1）硝化

包括一段硝化、二段硝化和三段硝化。一段采用 2～3 台并连的硝化机及一台稀释机，二段采用 2 台机（并连或并-串连），三段则以 8～9 台机串连。一段各机中加入甲苯、稀硝酸（浓度 45%～55%）及二段废酸，二段各机中加入一硝基甲苯、浓硝酸及三段 1 号机的废酸。二硝基甲苯进入三段 1 号机，随后经分离器分离所得硝化物逐台后移。三段各机加入浓硝酸，浓硫酸或发烟硫酸则加入三段 8 号机（采用 9 台机时），随后酸相经分离塔流出，再经澄清塔送往脱硝。硝化物送往洗涤及精制。硝化温度一段 20～50℃，二段 60～80℃，三段70～120℃。

2)精制

包括 3 种精制方法：

(1)亚硫酸钠精制。

目前工业生产中多用亚硫酸钠处理粗制 TNT 以除去其中所含不对称 TNT 等杂质。粗 TNT 中的不对称 TNT、2,4-和 2,6-二硝基甲苯以外的二硝基甲苯异构体、四硝基甲烷、多硝基苯甲酸及偶合物等均可与亚硫酸钠反应生成溶于水的钠盐被水洗除去。三硝基苯与亚硫酸钠反应较慢，2,4-和 2,6-二硝基甲苯、三硝基间二甲苯、三硝基苯甲醇、三硝基苯甲醛等不能被亚硫酸钠除去。

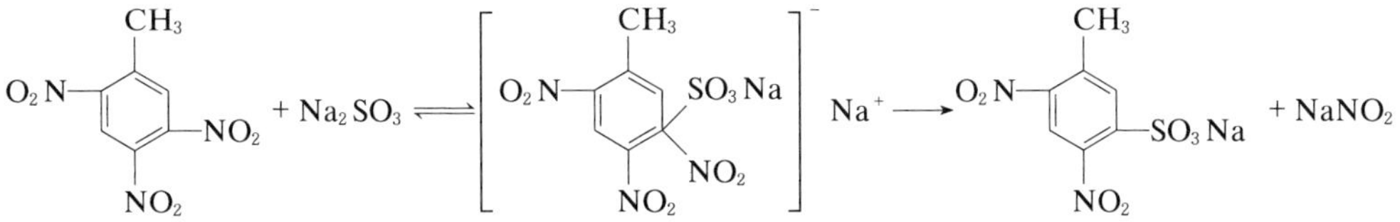

$$C(NO_2)_4 + Na_2SO_3 \longrightarrow (NO_2)_3CSO_3Na + NaNO_2$$

亚硫酸钠精制法工艺和设备简单，操作安全，产品质量能满足使用要求。但是对粗制 TNT 的质量要求较高，精制率较低，精制中又生成了新的杂质，还产生大量亚硫酸钠废液(俗称红水)，其中有机物的浓度高，毒性大，处理比较麻烦。

(2)其他亚硫酸盐精制 TNT。

亚硫酸铵、亚硫酸镁或亚硫酸盐-酸式亚硫酸盐混合物均可用于精制 TNT。亚硫酸铵与不对称 TNT 反应生成溶于水的二硝基甲苯磺酸铵：

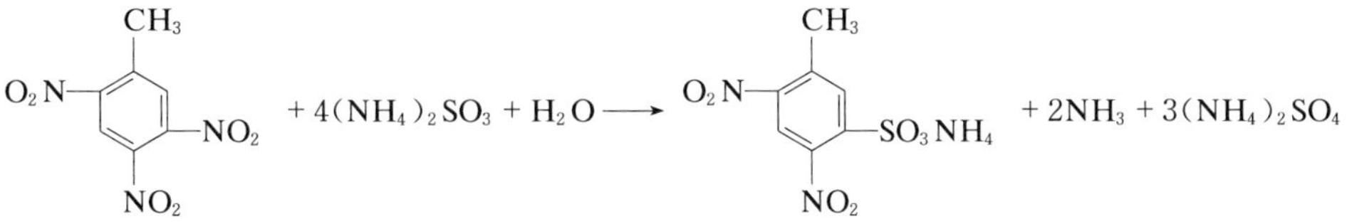

用亚硫酸铵法精制 TNT 时，最好是在室温下将 TNT 与亚硫酸铵溶液混合，再升温至 85℃；或将亚硫酸铵溶液逐渐滴加到水与熔融 TNT 的混合物中，以防生成 3-氨基二硝基甲苯而导致产品色泽加深。

(3)结晶法精制 TNT。

早期以结晶法精制 TNT 是将粗 TNT 溶解在热有机溶剂中，然后冷却结晶。使用的溶剂有乙醇、甲苯及它们的混合物。这种精制法不安全，且成本较高。

2.3　苯的硝基衍生物

2.3.1　1,3,5-三硝基苯的性质及合成工艺

1. TNB 的性质

1,3,5-三硝基苯（TNB）的分子式为 $C_6H_3N_3O_6$，相对分子质量 213.22，氧平衡 -56.31%，结构式如下：

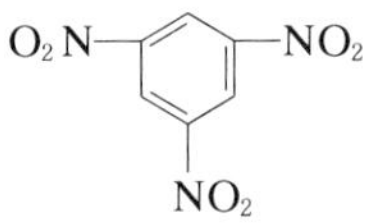

TNB 为淡黄色斜方片状结晶（由苯中析出），易溶于苯、氯仿、乙醚、丙酮、热乙醇等，不溶于冷乙醇、石油醚等。晶体密度 $1.69g/cm^3$，熔点 $121\sim122.5℃$，室温下不挥发，在 25℃ 及饱和湿度空气中的吸湿量为 0.05%。标准生成焓约 $-35kJ/mol$，熔化焓约 $15kJ/mol$，120℃ 下加热 12h 失重 1.2%，爆速 $7.35km/s$（密度 $1.66g/cm^3$），爆压 $21.9GPa$（密度 $1.64g/cm^3$），爆热 $4.90MJ/kg$（液态水），爆容 $640L/kg$，做功能力 $325cm^3$（铅墙扩孔值）或 110% TNT 当量（弹道臼炮法），猛度 110% TNT 当量（铅柱压缩），撞击感度 10%，摩擦感度 0%，爆发点 550℃（5s）。

2. TNB 的合成工艺

TNB 是通过将三硝基甲苯氧化成三硝基苯甲酸再脱羧制得（见下列反应），也可用铜还原三硝基氯苯制得。TNB 的能量水平较 TNT 略高，曾与二硝基苯组成混合炸药使用。

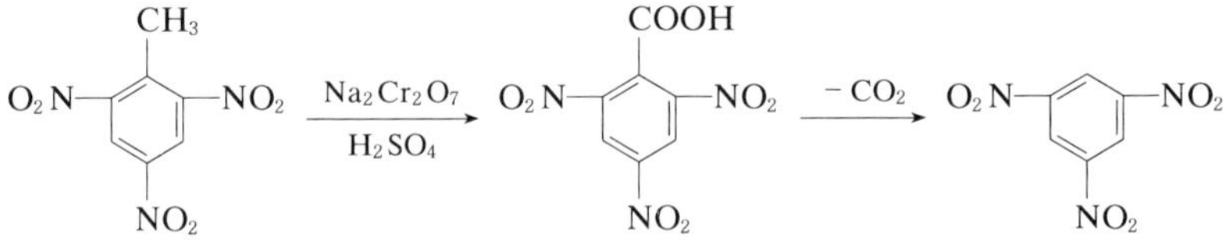

2.3.2　1,3-二氨基-2,4,6-三硝基苯的性质及合成工艺

1,3-二氨基-2,4,6-三硝基苯（DATB）的分子式为 $C_6H_5N_5O_6$，相对分子质量 243.14，氧平衡 -55.93%。结构式如下：

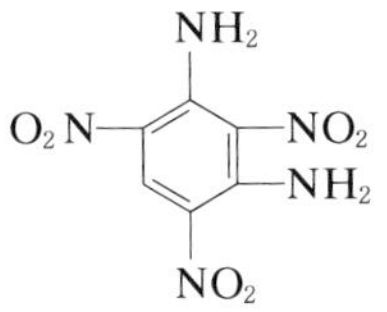

1. DATB 的性质

二氨基三硝基苯为灰黄色粉状结晶，有两种晶型，相变温度 217℃。不溶于水、乙醇、正丙醇及乙醚，微溶于二氯乙烷、苯、四氯化碳、丙酮、硝基甲烷及乙酸乙酯，易溶于四氢呋喃、二甲基甲酰胺及二甲基亚砜。晶体密度 $1.83g/cm^3$，熔点 295～298℃。100℃第一个 48h 不失重，第二个 48h 失重 0.4%，经 100h 不挥发，不爆炸。爆热 4.10MJ/kg（液态水）。密度 $1.746g/cm^3$ 时爆速 7.45km/s，密度 $1.79g/cm^3$ 时爆压 25.9GPa，做功能力 100%（TNT 当量），撞击感度及摩擦感度均为 0%，最小起爆药量 0.20g（叠氮化铅）。

2. DATB 的合成工艺

下面叙述 3 种实验室制备 DATB 的方法。

(1)由间二甲氧基苯经磺化、硝化及氨化制得。见下列反应：

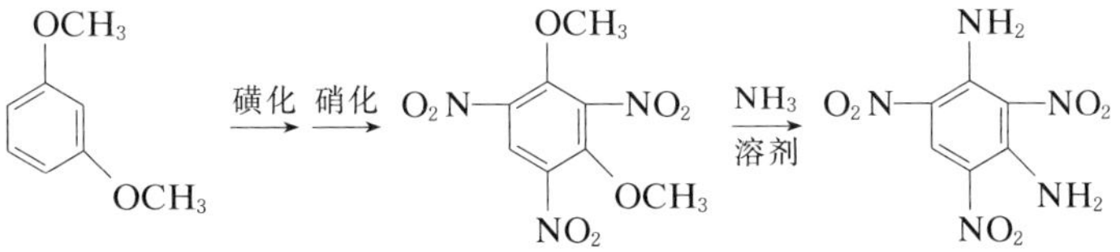

在反应器中装入 100 份 95% 硫酸，在搅拌下迅速加入 10 份间二甲氧基苯，将物料升温至 90～100℃，并在此温度下保温 30min 后，将磺化液降温至 5～10℃，逐渐加入 55 份 70% 硝酸，加硝酸的时间约 2.5h，加完后再搅拌 15min。将反应物倾入碎冰中，得到细黄色晶体三硝基间二甲氧基苯，得率为 87%。如用 100% 硫酸磺化，然后用发烟硝酸和发烟硫酸配成的混酸硝化，硝化得率可提高至 91%～94%。将三硝基间二甲氧基苯溶于溶剂中，在不同条件下氨化，可以得到不同粒度的 DATB。

(2)将间硝基苯胺硝化成四硝基苯胺，再将后者氨化制得。见下列反应：

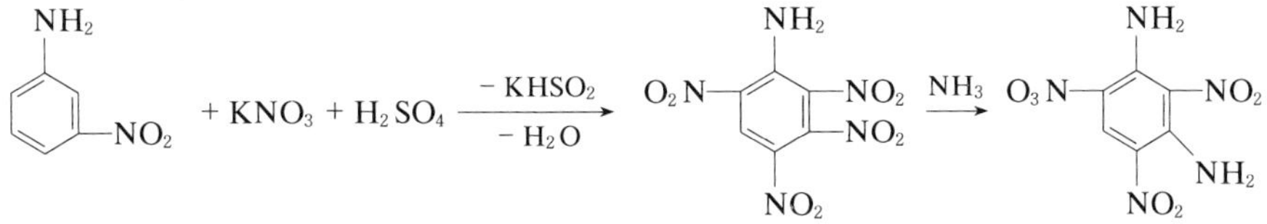

①四硝基苯胺制备。向反应器内加入 3 份硝酸钾和 36 份 96% 的硫酸，搅拌

使硝酸钾完全溶解。升温至 50～60℃，加入 1 份间硝基苯胺，再继续升温至 80～85℃，保温 5min，然后降至室温，过滤，水洗数次，得黄色晶体。收率约 70%，熔点 200℃ 左右。经硝基甲烷重结晶产品熔点为 219～220℃。

②二氨基三硝基苯制备。反应器内加入 12 份无水乙醇和 1 份四硝基苯胺，在 10℃ 下向反应器内通入干燥的氨气。此时反应液呈桔黄色，温度逐渐上升。继续通入氨气，保持温度 25～30℃，反应 1～1.5h。过滤，水洗。产品收率 60%～75%，熔点 280℃ 左右。在醋酐中重结晶产品熔品 286～288℃。

(3)将间二氯苯硝化为三硝基间二氯苯(TNDCB)，或用三氯氧磷将斯蒂芬酸(三硝基间苯二酚)的二吡啶鎓盐氧化成 TNDCB，再将后者加入至无水甲醇中形成悬浮液，在 0℃ 下通入干燥氨气氨化，也可制得 DATB。见下列反应：

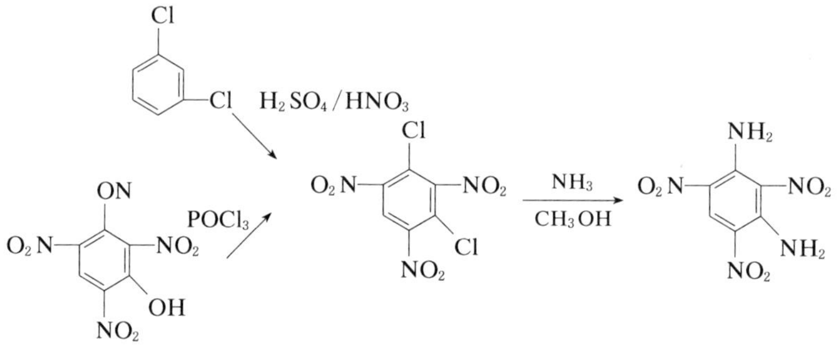

2.3.3　1,3,5-三氨基-2,4,6-三硝基苯的性质及合成工艺

1,3,5-三氨基-2,4,6-三硝基苯(TATB)，也称三硝基间苯三胺，分子式为 $C_6H_6N_6O_6$，相对分子质量 258.15，氧平衡 -55.78%，结构式如下：

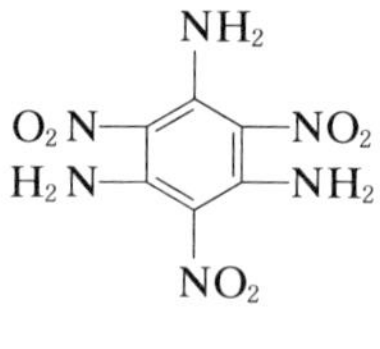

1. TATB 的性质

TATB 是最早的耐热、钝感炸药之一，黄色粉状结晶，在太阳光或紫外线照射下变为绿色。不吸湿，室温下不挥发，高温时升华，除能溶于浓硫酸外，几乎不溶于所有有机溶剂，高温下略溶于二甲基甲酰胺和二甲基亚砜。晶体密度 1.937g/cm³，熔点大于 330℃(分解)，标准生成焓约 -150kJ/mol。250℃、2h 失重 0.8%，100℃ 第一个及第二个 48h 均不失重，经 100h 不发生爆炸，

DTA 开始放热温度为 330℃。爆热 5.0MJ/kg（液态水，计算值），密度 1.857g/cm³ 时爆速 7.60km/s，密度 1.89g/cm³ 时爆压 29.1GPa，做功能力 89.5%（TNT 当量），撞击感度及摩擦感度均为 0，爆发点高于 340℃（5s）。

TATB 是一种非常安定、非常钝感的耐热炸药，爆轰波感度也很低，且临界直径较大，在 Susan 试验、滑道试验、高温（285℃）缓慢加热、子弹射击及燃料火焰等形成的能量作用下，TATB 均不发生爆炸，也不以爆炸形式反应。

2. TATB 的合成工艺

先将 1,3,5 -三氯苯硝化为 1,3,5 -三氯- 2,4,6 -三硝基苯，再将后者氨化制得。见下列反应：

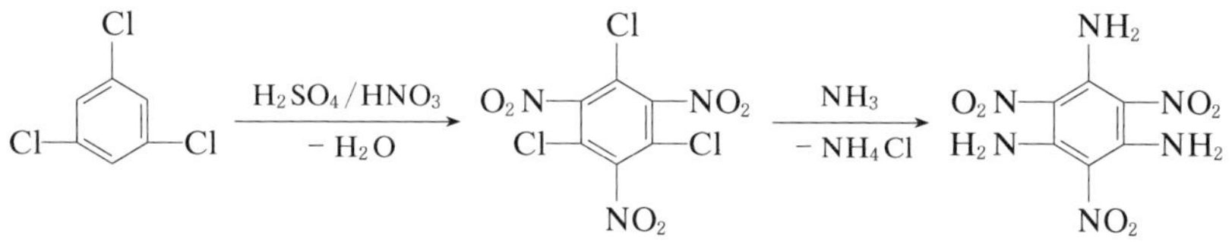

1）实验室合成法

实验室合成 TATB 的程序如下：

(1)硝化。在反应瓶中加入硝硫混酸（由浓硫酸及发烟硝酸按体积比 5∶1 配成），在 40℃ 以下加入 1,3,5 -三氯苯（1 份三氯苯用 30 份混酸）。将物料升温至 60℃ 时，1,3,5 -三氯苯明显溶解。继续升温至 140℃ 左右，开始有回流现象，在 150℃ 下保温 5h。冷却至室温，过滤。产品为白色颗粒状固体，用水洗涤至中性。产物熔点 186～190℃，得率约 85%。粗品用二氯乙烷精制后，熔点达 193.6～194.6℃。

(2)氨化。在反应瓶中加入二甲苯及三硝基三氯苯（两者质量比为 13∶1），往所得溶液内通入氨气，并搅拌反应液。随着氨气的进入，即有黄色沉淀产生。继续在 25～30℃ 下通氨气 2～3h。过滤出结晶产物，用丙酮（或乙醇）洗去二甲苯，然后用水洗涤除去无机盐，洗至无 Cl⁻ 为止。产物得率（以三硝基三氯苯计）约 80%。

(3)精制。先将制得的粗 TATB 在二甲亚砜中浸泡 24h，过滤，用丙酮淋洗，干燥后再溶于沸腾的二甲基亚砜中（1 份粗 TATB 用 55 份二甲基亚砜），趁热过滤，冷却析晶，过滤，用丙酮洗涤结晶，得到片状黄色结晶，熔点在 330℃ 以上。

2）工业生产方法

工业上生产 TATB 也是采用上述的实验室合成路线，下面举出的是一个实例。

（1）硝化。在硝化器中先加入 95% 硝酸和含 25% SO_3 的发烟硫酸，配成混酸（所用发烟硫酸与硝酸的质量比为 1：0.18），加热至 90℃，缓慢加入 1,3,5 - 三氯苯（每份用混酸 12 份），最后在 150～155℃ 保温反应 2h，冷却至 45℃，加入 400kg 冷水，冷却至 30℃，滤出硝化物，用水洗涤。硝化产物的质量组成为：三硝基三氯苯 89%，1,2,4,5,-四氯 -3,6 -二硝基苯 8%，1,3,5 -三氯 -2,4 -二硝基苯 3%。1kg 1,3,5 -三氯苯可得 1.6kg 三硝基三氯苯。得率 80%，熔点不低于 190℃。硝化时，加入的三氯苯很快被硝化成二硝基化合物，后者的熔点为 130℃ 左右，反应时呈液态。随着二硝基三氯苯的不断被硝化，就逐渐出现由二、三硝化物组成的固相。三硝化速度取决于二硝基三氯苯在混酸中的溶解度，受二硝基三氯苯由固相向液相的扩散速度控制。

（2）氨化。先将三硝基三氯苯溶于二甲苯（每份三硝基三氯苯用二甲苯 15 份）中，溶液过滤后进入氨化器，首先进行蒸馏除水。升温至 140℃，在搅拌下通入压力为 0.4MPa 的氨气，1mol 三硝基三氯苯要通入 6.3～6.8mol 氨。反应完成后，降温和放空，加入为二甲苯量约 1/4 的水，溶去悬浮在反应液中的氯化铵。将混合物在 100℃ 搅拌至少 30min，再冷却至 80℃ 后滤出产品，并用热水煮洗。氨化得率为 97%。

由于 TATB 不溶于一般的溶剂，故无法精制，其纯度和粒度完全靠氨化过程控制。三硝基三氯苯中的杂质是二硝基三氯苯和二硝基四氯苯，它们在上述氨化条件下不发生反应，留在母液中。母液可以循环利用一次，对产品的粒度和氯化物含量没有显著影响。

3）其他方法

以 3,5 -二氯苯甲醚为原料也可制得 TATB。用 90% 的硝酸与 94% 的硫酸配成的混酸，在 100℃ 下即可将 3,5 -二氯苯甲醚硝化成三硝基衍生物，后者可以通过两种途径氨化。

（1）直接氨化，在甲苯溶液中进行。见下列反应：

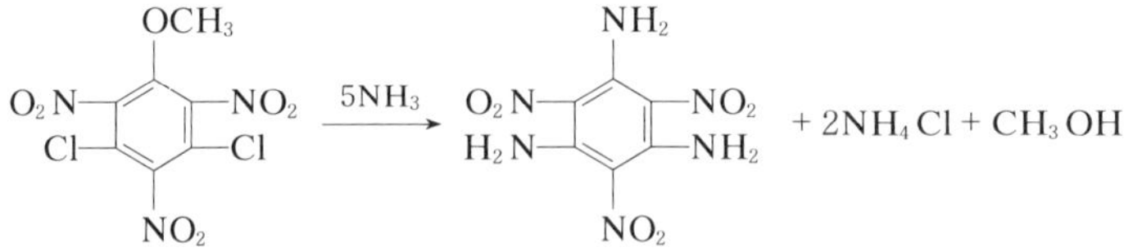

（2）先用氯化亚硫酰将 3,5 -二氯三硝基苯甲醚氯化成三硝基三氯苯，然后氨化，用有限量的氨对 3,5 -二氯三硝基苯甲醚和三硝基三氯苯进行竞争氨化的试验结果表明，前者的氨化速度要比后者大得多。

2.4 其他硝基化合物

2.4.1 八硝基立方烷的性质及合成工艺

1. 八硝基立方烷(ONC)的性质

多硝基立方烷的母体立方烷不仅密度高($1.29g/cm^3$），而且标准生成焓高（540kJ/mol)。尽管其分子内存在很高的张力，但仍具有足够的安定性。因此，在 HNIW 尚未出现的 20 世纪 80 年代，多硝基立方烷曾一度是人们孜孜以求的高能量密度化合物。

只有含 4 个以上硝基的立方烷，其密度和爆速才能接近 HMX。根据计算，ONC 的分子式为 $C_8N_8O_{16}$，相对分子质量为 464.13，氧平衡为 0，密度为 $1.9\sim2.2g/cm^3$，标准生成焓为 $340\sim600kJ/mol$。ONC 是稳定的白色固体，微溶于已烷，易溶于极性有机溶剂，从某些溶剂中结晶常含有一分子结晶水，目前只得到一种无水的晶型，属单斜晶系。ONC 在 200℃ 以上分解，用锤击打不爆轰，样品密封在玻璃管中 14 个月不变化，长期储存的安定性未知。ONC 的爆速为 9.8km/s，爆压为 46.7GPa。除标准生成焓外，其他关系能量的参数均略优于 HNIW。美国芝加哥大学的 Eaton 教授于 1999 年合成出了 ONC，但由单晶 X 射线衍射数据得出的密度仅 $1.979g/cm^3$，相当于最初估计的下限值。根据现有的多硝基立方烷的晶体结构数据，ONC 的密度应有可能达到 $2.135g/cm^3$，这说明有可能存在与现有 ONC 晶体结构不同但密度更高的晶体。

2. ONC 的合成工艺

ONC 的合成极其复杂，首先是以立方烷羧酸或一硝基立方烷为原料，经多步合成 1,3,5,7 -四硝基立方烷(TNC)，见反应式(2-1)。对于含 4 个以上硝基的多硝基立方烷，不能用与合成四硝基立方烷类似的方法制得，即不能将含 4 个以上氯羰基的立方烷转变为相应的含 4 个以上硝基的多硝基立方烷。而是在固体四氢呋喃与 N_2O_4 的熔融界面于 -105℃ 下，硝化四硝基立方烷的阴离子(例如四硝基立方烷的钠盐)，制得 1,2,3,5,7 -五硝基立方烷，它是第一个含相邻硝基的多硝基立方烷。与此类似，界面硝化五硝基立方烷的盐，可得 1,2,3,4,5,7 -六硝基立方烷，采用合适的试验方法，很易形成六硝基立方烷的阴离子，后者能转变为七硝基立方烷，见反应式(2-2)。

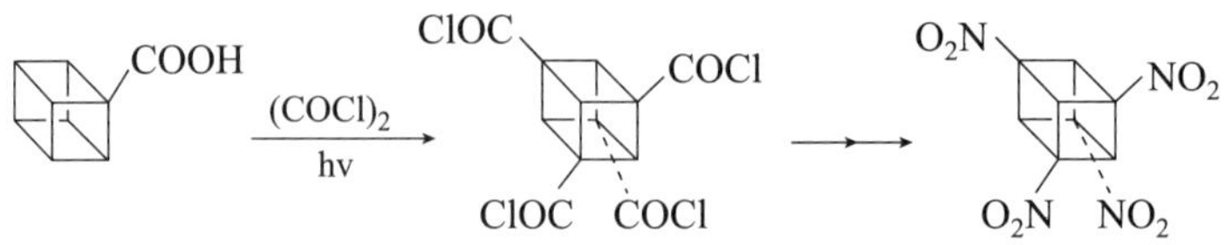

$$(2-1)$$

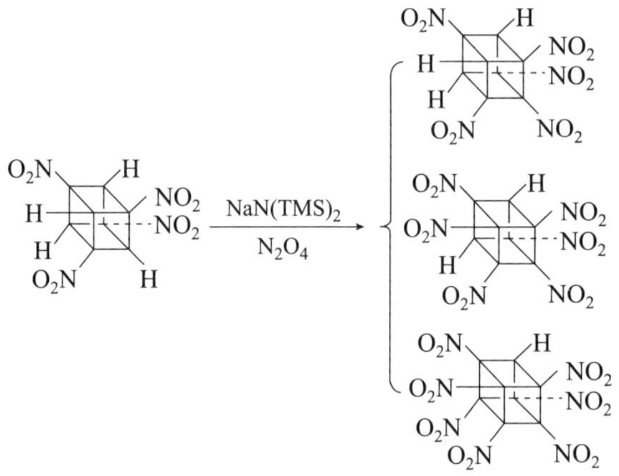

$$(2-2)$$

2.4.2 1,1-二氨基-2,2-二硝基乙烯的性质及合成工艺

1. 1,1-二氨基-2,2-二硝基乙烯的性质

1,1-二氨基-2,2-二硝基乙烯，俗称 FOX-7，也简称 DADNE。分子式为 $C_2H_4N_4O_4$，相对分子质量 148.08，氧平衡 -21.61%。FOX-7 分子内和分子间含较多氢键，故感度甚低，而能量水平则与 RDX 相近。FOX-7 的性能见表 2-3。

表 2-3   FOX-7 的基础性能

外观	橙黄色晶体
晶体密度/(g·cm^{-3})	1.885
熔点/℃	238(分解)
标准生成热 ΔH_f^0/(kJ·mol^{-1})	-133.8
撞击感度②/cm	126
摩擦感度③/N	>350
小型隔板试验/mm	6.22
计算爆速/(km·s^{-1})	8.869
计算爆压/GPa	33.96

注：①112℃时，FOX-7 发生晶型转变；②2kg 落锤特性落高，BAM 仪测定；③Julius-Petri 仪测定

2. FOX-7 的合成工艺

FOX-7 的合成由 Latypov 等首次发表于 1998 年。用氨水处理 2-(二硝基亚甲基)-4,5-二氧咪唑（DNMIMO）可得 FOX-7[见反应式(2-3)]，而 DNMIMO 则常用两种方法合成，一种是将 2-甲基咪唑用硝硫混酸处理生成不稳定的 2-二硝基亚甲基-4,4-二硝基-5-咪唑啉酮，后者在室温下即可分解为 DNMIMO[见反应式(2-4)]。另一种方法是令盐酸乙脒与草酸二乙酯反应生成 2-甲基-4,5 咪唑啉二酮与 2-甲基-2-甲氧基-4,5-咪唑啉二酮的混合物，再将此混合物或单一的 2-甲基-4,5-咪唑啉二酮用硝硫混酸硝化即得 DNMIMO[见反应式(2-5)]。

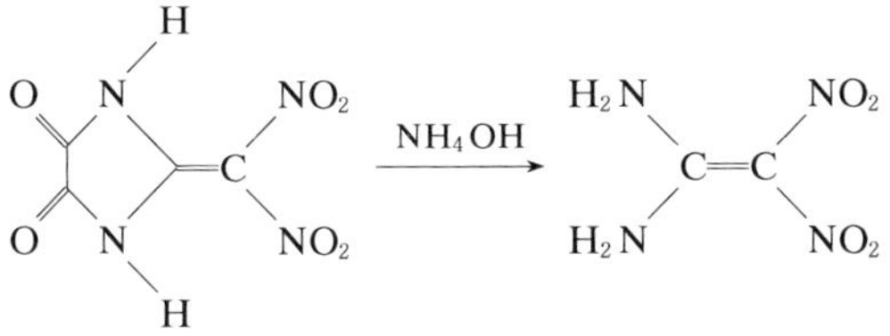

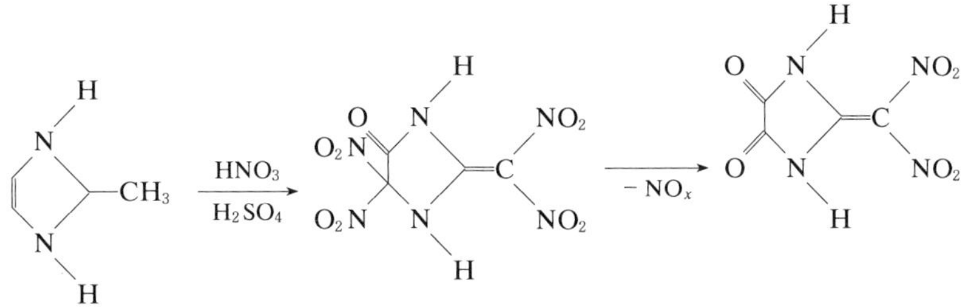

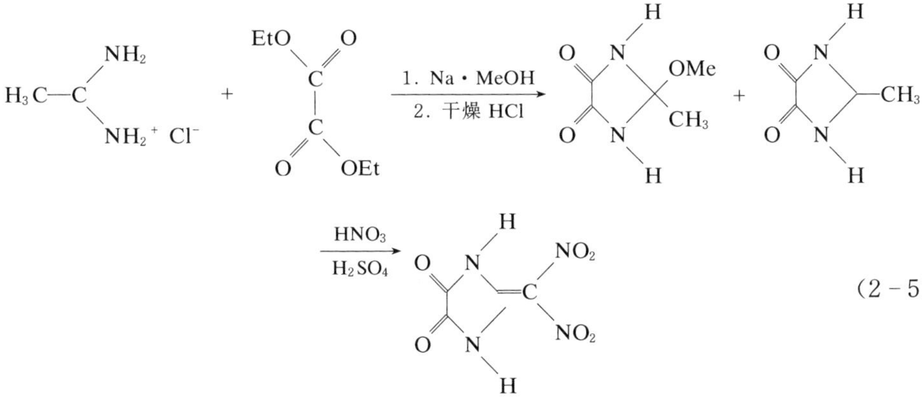

2.4.3 六硝基芪的性质及合成工艺

六硝基芪（HNS），学名 2,2',4,4',6,6'-六硝基均二苯基乙烯，也称六硝基联苯，分子式为 $C_{14}H_6N_6O_{12}$，相对分子质量 450.23，氧平衡 -67.52%。结构式如下：

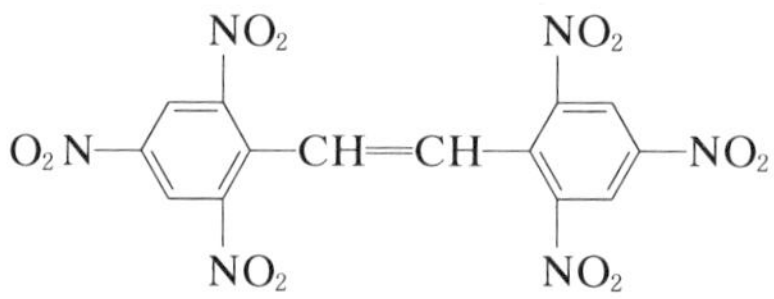

1. HNS 的性质

HNS 是一种性能优越的耐热低感炸药，黄色结晶，有 HNS-Ⅰ 和 HNS-Ⅱ 两种类型，彼此性能略有差异，通常应用的为 HNS-Ⅱ 型。HNS 不溶于水、氯仿、四氢呋喃及异丙醇，微溶于热丙酮和冰醋酸，溶于二甲基酰胺、二甲基亚砜、硝基甲烷、二噁烷、硝基苯及浓硝酸。

HNS 的晶体密度 $1.74g/cm^3$，堆积密度 $0.32\sim0.45g/cm^3$（Ⅰ 型）或 $0.45\sim1.0g/cm^3$（Ⅱ 型）。熔点 $316\sim317℃$（Ⅱ 型）及 $313\sim314℃$（Ⅰ 型）。当为密度 $1.70g/cm^3$ 时，5.2MJ/kg，爆速及爆压分别为 7.10km/s 和 26.2GPa，爆容 590L/kg，做功能力 $301cm^3$（铅墙扩孔值），撞击感度 40%，摩擦感度 36%，爆发点大于 $350℃$（5s）。$260℃$ 真空热安定性试验第一个 20min 放气量为 $1.8cm^3/(g·h)$（Ⅰ 型）及 $0.3cm^3/(g·h)$（Ⅱ 型），DTA 曲线起始放热峰温为 $315℃$（Ⅰ 型）及 $325℃$（Ⅱ 型），$300℃$ 的半分解期 172min（Ⅱ 型）。

2. HNS 的合成工艺

在碱存在下以 2mol TNT 氧化偶联为 1mol HNS，可分为一步法及两步法。

1）一步法（Shipp 法）

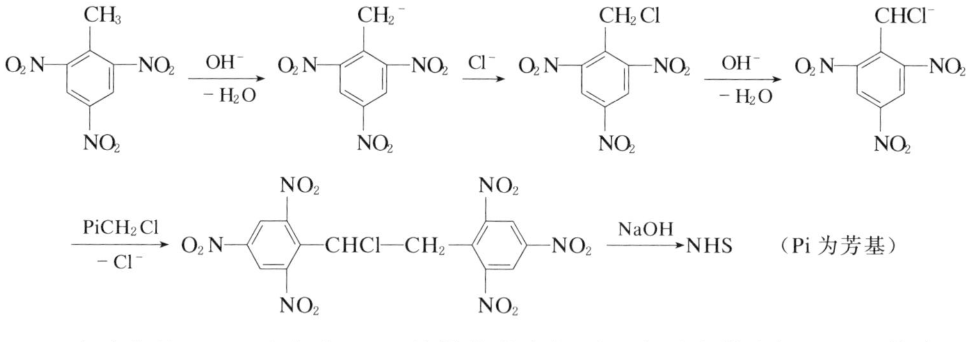

实验室以 Shipp 法合成 HNS 的操作程序如下：在反应器中加入 100 份水，再将 6 份氢氧化钠（纯度以 95% 计）溶于其中。在 $20\sim30℃$ 下往碱液中通入氯气，至 pH≈11 为止。将此溶液冷却至 $0\sim-5℃$，在剧烈搅拌下，1min 内迅速

将预先冷却好的 TNT 溶液（此溶液是将 10 份 TNT 溶于 90 份四氢呋喃与 40 份甲醇组成的混合物中所得）加入其中。将反应温度升至 20℃ 左右，搅拌 30min，使产品结晶全部析出。过滤，用甲醇洗涤结晶至滤液无色，得土黄色粗产物，得率 40% 左右，熔点 250～280℃。将粗产物与丙酮（1 份 HNS 用 8 份丙酮）加入反应瓶中，加热回流 1h，趁热过滤，滤饼用丙酮洗涤至滤液无色，得浅黄色细小结晶，即 HNS-Ⅰ型，熔点约 315℃。将 HNS-Ⅰ 在二甲基甲酰胺（1 份 HNS-Ⅰ 用 20 份二甲基甲酰胺）中加热至 110℃ 左右，使产物全部溶解，然后冷却，析出淡黄色针状结晶。过滤，用少量丙酮洗涤几次。如此经多次重结晶后，产物熔点达 316～318℃，为 HNS-Ⅱ型，得率为 35%～37%。

Shipp 法的优点是工艺简单；缺点是四氢呋喃及其他溶剂用量大，粗品质量差，且反应需用冷冻盐水降温。后来，人们在 Shipp 法的基础上，对 HNS 的合成工艺进行了很多改进：①用有机胺代替氢氧化钠，可使粗 HNS 得率提高至 55% 左右，HNS-Ⅰ 得率提高至 45% 左右；②用 1:1 的乙醇-乙酸乙酯代替四氢呋喃-甲醇作为 TNT 的溶剂；③采用二甲基亚砜或二甲基甲酰胺-叔丁醇为溶剂，硫酸铜为催化剂，在碱性条件下将 TNT 氧化偶联为 HNS；④在二甲基甲酰胺、二甲基亚砜中，以羧酸盐为催化剂，用空气或氧将 TNT 转变为 HNS；⑤在相转移催化剂存在下，用次氯酸钠水溶液氧化 TNT 的非水溶性溶液以合成 HNS。

2）两步法

此法仍以 TNT 为原料合成 HNS，但需将反应中间体[六硝基联苄（HNDB）或三硝基氯苄（TNBC）]分出，再将后者氧化为 HNS。

（1）HNDB 法，此法是将次氯酸钠溶液滴加入 TNT 溶液中，由于 TNT 恒过量，产物为 HNDB，得率约 80%。将后者溶于适当溶剂（可用的有二甲基甲酰胺、二甲基亚砜、四氢呋喃、甲苯、氯苯等）中，可在碱性条件下（可用有机碱或无机碱）将其氧化（可用的氧化剂有空气、氧、卤素、N—卤代酰胺、醌类、过渡金属盐等）为 HNS，也可采用电解氧化法。HNDB 法所得粗 HNS 的质量较佳。

（2）TNBC 法，此法与 Shipp 法相同，但在 TNT 溶液加入次氯酸钠水溶液后 1min，立即往反应物中加入稀盐酸令反应中止，并分离出 TNBC（得率可达 85%）。在有机溶剂中用碱处理 TNBC 即可得 HNS（得率 70% 左右）。如采用相转移催化剂，在非水溶液中进行此步反应，HNS 的得率可提高至 80% 以上，产品熔点可达 312～316℃

实验室以 TNBC 法合成 HNS 的操作程序如下：将 10 份 TNT 溶解在 90 份

四氢呋喃和 40 份甲醇组成的混合液中，将所得溶液冷却至 0℃ 以下，然后在搅拌下将其迅速倒入冷却至 0℃ 的 105 份 5% NaOCl 水溶液中。加完料后约 1min，将反应物倾入 1000 份水和 12 份 37% 盐酸的混合物中，很快就析出蜡状黄色晶体，为三硝基氯苄。约 1h 后，滤出结晶，用水洗涤干燥，得到约 10 份三硝基氯苄，用苯-乙烷重结晶后熔点为 85℃。将 10 份三硝基氯苄溶解在 150 份四氢呋喃和 80 份甲醇组成的混合液中，再在 25～30℃ 下往所得溶液中加入 160 份 1% 的氢氧化钠水溶液，约 0.5min 就析出 HNS 细小结晶。放置 15min 后，滤出产物，用甲醇洗涤至滤液无色。得 HNS 4.4 份，得率约 50%。产物用硝基苯重结晶后，熔点为 315～316℃。

2.4.4　BDNPF、BDNPA 及 BDNPF/A 的性质及合成工艺

1. 基本性质

表 2-4 为 2,2-二硝基丙醇缩甲醛（BDNPF）、2,2 二硝基丙醇缩乙醛（BDNPA）、BDNPF/A 的部分性质。BDNPF 和 BDNPA 虽然都含有偕二硝基，但由于其熔点较高，常温下为固体，在推进剂和炸药中使用会降低配方的低温力学性能。而 BDNPF/A 却具有合适的密度和黏度（常温下为 0.25Pa·s），常温下为液体，较适合在钝感、高性能的推进剂和炸药配方中使用。BDNPF 和 BDNPA 所含醚键引起的刺激作用不明显，毒性一般与硝基化合物类似。此外，它们能被强酸水解，但质量分数 5% 以下的碱液对其不起作用。可燃烧但不发生爆轰，灭火可采用泡沫、干粉或者二氧化碳灭火器。美国运输部将其列为 B 级爆炸物，运输和储存过程中应远离热源，避免震动。

表 2-4　BDNPF、BDNPA、BDNPF/A 的性质

化合物	BDNPF	BDNPA	BDNPF/A
外观	白色晶粉末或淡黄色液体	白色结晶粉末或淡黄色液体	淡黄色液体
ρ / (g·cm^{-3})	1.415	1.383	1.38～1.40
熔点/℃	33～34	28～29	−18
沸点/℃	149	150	150
闪点/℃			<−5
氧平衡/%	−51.25	−63.76	−57.64(1:1)
酸值/(mg(KOH)·g^{-1})	≤0.1	≤0.1	≤0.5
生成热/(kJ·mol^{-1})	−597.06	−663.18	−194.05

（续）

燃烧热/(kJ·mol^{-1})	13095.0	14434.8	13764.9
撞击感度/cm	170	170	
摩擦感度/kg	>36	>36	

注：① 沸点为 1.33Pa 条件下的测定值；②氧平衡按生成 CO_2 计

2. BDNPF、BDNPA、BDNPF/A 的合成工艺

BDNPF/A 的制备方法主要有美军海军开发的早期合成工艺以及美国聚硫公司开发的环境友好型合成工艺。

1）BDNPF/A 的早期合成工艺

早期制备 BDNPF/A 的方法主要有两种，分别是氧化硝化法和氯化硝化法，都是将硝基乙烷作为原料，其主要区别是合成关键的中间体 2,2-二硝基丙醇（DNPOH）的方法不同。

（1）氧化硝化法。美国海军使用 Kaplan 和 Shechter 提出的氧化硝化法制备关键的中间体 DNPOH。该法采用硝基乙烷作为起始原料，在 NaOH 催化剂作用下与甲醛进行羟甲基化反应、用硝酸银和亚硝酸钠硝化合成 DNPOH。DNPOH 在催化剂 BF_3 的作用下与乙醛反应生成 BDNPA，在催化剂 H_2SO_4 作用下与甲醛反应生成 BDNPF。分别对 BDNPA 和 BDNPF 进行重结晶，然后混杂在一起后加入稳定剂得到 BDNPF/A，其主要的化学反应式如下：

$$CH_3CH_2NO_2 \xrightarrow[\text{2. AgNO}_3,\ \text{NaNO}_2]{\text{1. NaOH, HCHO}} CH_3C(NO_2)_2CH_2OH + Ag$$
$$\text{DNPOH}$$

$$DNPOH \xrightarrow[\text{重结晶}]{\text{CH}_2\text{O, H}_2\text{SO}_4} CH_3C(NO_2)_2CH_2OCH_2OCH_2C(NO_2)_2CH_3$$
$$\text{BDNPF}$$

$$DNPOH \xrightarrow[\text{重结晶}]{\text{CH}_3\text{CHO, BF}_3} CH_3C(NO_2)_2CH_2OCHOCH_2C(NO_2)_2CH_3$$
$$|$$
$$CH_3$$
$$\text{BDNPA}$$

$$BDNPA + BDNPF \xrightarrow{\text{stabilizer}} BDNPF/A$$

（2）氯化硝化法。喷气公司以硝化乙烷为起始原料，经 NaOH 中和、在衬钛的反应器中，在溶剂二氯乙烷（EDC）存在下氯化、在碱的作用下以硝基取代氯离子、在硫酸作用下与甲醛进行羟甲基化反应，四步合成 DNPOH。其反应式如下：

$$CH_3CH_2NO_2 \xrightarrow[\text{2. Cl}_2,\ \text{EDC}]{\text{1. NaOH}} \underset{\underset{\text{Cl}}{|}}{CH_3CHNO_2} \xrightarrow[\text{EDC}]{\text{alkali, NaNO}_2}$$

$$H_3CC{=\!\!=}NO_2Na \quad \xrightarrow[\text{EDC}]{CH_2O,\ H_2SO_4,\ H_2O} \quad \underset{\text{DNPOH}}{CH_3C(NO_2)_2CH_2OH}$$
$$|$$
$$NO_2$$

氯化硝化法由 DNPOH 制备 BDNPF/A 的方法与氧化硝化法相比，除直接将 BDNPF 和 BNNPD 掺混在一起除去溶剂二氯乙烷得到 BDNPF/A 外，其余相同。

氧化硝化法的主要优点是无副反应、适于间歇操作；缺点是需要昂贵的硝酸银、低氯含量的氢氧化钠（为避免生成氯化银），同时需要使用大量的硝酸使银再生为硝酸银。氯化硝化法适于连续操作。氧化硝化法的得率虽然比氯化硝化法高 15%（按硝基乙烷计分别为 80% 和 65%），但消耗的原料费用仅为氧化硝化法的 1/2 左右。根据原料费用、设备费用及人工费用等综合考虑，氧化硝化法适于间歇法制备少量到中等量的 BFNPF/A，而大批量生产 BDNPF/A 时，氯化硝化法则更为经济。

2) 环境友好型 BDNPF/A 的合成工艺

由于氯化硝化法使用氯气和大量的含氯的溶剂，生产过程中产生大量的废水，对环境有一定的污染。因此，随着环境保护意识的提高，美国聚硫公司开发了环境友好型 BDNPF/A 的生产工艺。该工艺以廉价的过硫酸盐为氧化剂，在催化剂铁氰化钾作用下合成 DNPOH，用乙酸乙酯萃取 DNPOH；缩乙醛和缩甲醛的反应在无溶剂的条件下进行，使用非氯惰性溶剂甲基叔丁基醚（MTBE）分离产品。

(1) DNPOH 的合成。Grakauskas Vytautas 等开发了以铁氰化钾合成 DNPOH 的方法。硝基乙烷在催化剂铁氰化钾和氧化剂过硫酸钠的作用下，与亚硝酸钠进行亚硝酸基取代反应，与甲醛进行羟甲基化反应，然后在酸性条件下用乙酸乙酯萃取出 DNPOH，其反应式如下：

$$CH_3CH_2NO_2 \quad \xrightarrow[\substack{2.\ CH_2O,\ NaOH \\ 3.\ H^+,\ CH_3CO_2CH_2CH_3,\ \text{extraction}}]{1.\ K_3Fe(CH)_6,\ Na_2S_2O_3,\ NaNO_2} \quad \underset{\text{DNPOH}}{CH_3C(NO_2)_2CH_2OH}$$

研究发现，由水相中萃取 DNPOH，较好的溶剂为乙酸乙酯和 MTBE。由有机溶剂浓缩得到的粗产品可直接用于下一步反应，不需要提纯。

(2) BDNPF 的合成。Wardle 等人曾以乙烷为溶剂进行下面的多相反应，结果表明产物既不溶于有机相也不溶于水相；得率高，但产品不溶于乙烷。这表明该反应可在无溶剂条件下进行。在这些试验的基础上聚硫公司 Wardle 提出了合成环境友好型 BDNPF 的方法。合成 BDNPF 的反应式为

$$\underset{\text{DNPOH}}{CH_3C(NO_2)_2CH_2OH} \quad \xrightarrow[2.\ \text{neutralization, MTBE}]{1.\ \text{S-trioxane},\ H_2SO_4} \quad \underset{\text{BDNPF}}{CH_3C(NO_2)_2CH_2OCH_2OCH_2C(NO_2)_2CH_3}$$

　　将固体的 DNPOH、S -三噁烷和硫酸在 0℃下混合反应 1h，然后加入到足够量的氢氧化钠水溶液中和硫酸并溶解未反应的 DNPOH，之后用 MTBE 溶剂萃取 BDNPF。得到的有机相用氢氧化钠水溶液充分洗涤，除去酸和未反应的 DNPOH。最后干燥有机相，在减压下蒸去 MTBE 得到 BDNPF。在反应中，二缩甲醛是主要的副产物，应使反应在较低温度下进行，控制适当的反应时间，加入碱除去未反应的 DNPOH，以得到纯度高的产品。

　　(3)BDNPA 的合成。由 BDNPF 的研究结果表明，可推测合成 BDNPA 的反应也可以不用溶剂。分别以三氟化硼乙醚和硫酸等为催化剂，对 BDNPA 的反应进行了考查，结果表明用三氟化硼乙醚得到的产品得率和纯度最高。硫酸为催化剂时得到 BDNPF 和 BDNPA 的混合物，推测 BDNPF 是由 DNPOH 分解释放的甲醛再与 DNPOH 反应生成的。使用三氟化硼乙醚催化剂时，该副反应被抑制。合成 BDNPA 的反应式为

$$CH_3C(NO_2)_2CH_2OH \xrightarrow[\text{2. neutralization，MTBE}]{\text{1. } CH_3CHO，BF_3 \cdot Et_2O} CH_3C(NO_2)_2CH_2OCHOCH_2C(NO_2)_2CH_3$$

$$\underset{\text{DNPOH}}{} \qquad\qquad \underset{\text{BDNPA}}{\overset{|}{\underset{}{CH_3}}}$$

　　将固体 DNPOH 和乙醛配成溶液，搅拌下把三氟化硼乙醚缓缓加入。反应结束后，用水冷却反应溶液并用氢氧化钠溶液洗涤。然后，用 MTBE 萃取 BDNPA，减压下脱去 MTBE 得到产物 BDNPA，其质量收率按 DNPOH 计约为 60%。以乙醛为原料与 DNPOH 的反应中，通过控制反应条件使副产物 3 -羟基丁醛的生成量最少。目前，采用这种环境友好路线的 BDNPA/F 生产装置已实现了自动化、连续化操作，产品得率高，质量可满足技术标准要求。聚硫公司开发的这条合成 BDNPA/F 的路线与氯化硝化法相比，不使用氯气和含氯的溶剂且废水量大大减少，产品成本低，估计今后相当长一段时间内是生产 BDNPA /F 的主要方法。

2.4.5　2,6 -二氨基-3,5 -二硝基吡嗪-1 -氧化物的性质及合成工艺

1. 2,6 -二氨基-3,5 -二硝基吡嗪-1 -氧化物的性质

　　1995 年，美国劳伦斯·利弗莫尔国家实验室的 Pagoria 等人首次报道了在室温条件下合成出 2,6 -二氨基-3,5 -二硝基吡嗪-1 -氧化物（LLM -105），分子式为 $C_4H_4O_5N_6$，相对分子质量 216.04，氧平衡 -0.370%，结构式如下：

　　LLM-105 的合成堪称是耐热含能材料研究领域的一个重大突破。LLM-105具有有着良好的热安定性，同时还是一种相当钝感的含能材料，能量比 TATB 的能量高 25%，感度相当于 TNT，耐热性能相当于 HNS，是一种综合性能突出的新型高能钝感炸药。由于具有优异的综合性能，LLM-105 引起了国际炸药界的极大兴趣，以 LLM-105 为基的传爆药配方研制和定型工作被美国能源部纳入了 2003 财年的重点研究计划。

　　迄今，研究人员已开发了几十个品种的耐热单质炸药。具有代表性的有 TATB、LLM-105、HNS、2,6-二(苦氨基)-3,5-二硝基吡啶(PYX)、2,2',4,4',6,6'-六硝基二苯砜(PCS)、四硝基二苯并-1,3a,4,6a-四氮杂戊塔烯(TACOT)、DATB、3,3'-二氨基-2,2'4,4',6,6'-六硝基联苯(DIPAM)、九硝基间三苯(NONA)、3-苦氨基-1,2,4-三唑(PATO)等。几种典型的耐热单质炸药主要性能数据见表 2-5。

表 2-5　典型耐热单质炸药的性能对比

项目	TATB	LLM-105	HNS	PYX	PCS	TACOT
密度/(g·cm^{-3})	1.938	1.913	1.74	1.77	1.83	1.76
撞击感度	>320cm	117cm	76%	62cm	100%	94cm
摩擦感度	>350N·m	>350N·m	100%	—	94%	69N·m
爆速/(m·s^{-1})	7660(1.847)*	8560(1.913)*	7060(1.661)*	7448(1.77)*	7174(1.671)*	7250(1.64)*
熔点/℃	330(分解)	350(分解)	316	360	345	401

注：①爆速和爆压数据源于《炸药及相关物性能》(董海山，中物院科技丛书，2005)；
　　②*括号内的数据为药柱密度，单位为 g/cm³

1)物理性质

　　LLM-105 常温常压下为黄色或淡黄色粉末状固体，晶体密度为1.913g/cm³，分解温度不低于 350℃，不溶于水和大多有机溶剂，能溶于浓硝酸和二甲基亚砜，且溶解度随着温度的升高而变大。其他物理性质见表 2-6。

表 2-6　LLM-105 其他物理性质

序号	名称	文献值	计算值	实测值
1	分子量	216	216.04	216.02
2	分子式	C$_4$H$_4$O$_5$N$_6$	—	—
3	氧平衡/(g·g^{-1})	—	-0.370	
4	晶体密度/(g·cm^{-3})	1.913	—	
5	爆热/(kJ·mol^{-1})	—	846.9	

（续）

序号	名称	文献值	计算值	实测值
6	爆温/K	—	3389	
7	爆容/(L·kg^{-1})	—	829.5	
8	爆速/(m·s^{-1})	8560	8572(1.9g/cm^3)	8230(1.9g/cm^3)
			8228(1.8g/cm^3)	8050(1.8g/cm^3)
9	爆压/GPa	34	34.2	
10	熔点/℃	350(分解)	—	354(分解)
11	爆发点/℃(5s)	380	—	390

2）热安定性

在升温速率10℃/min 的试验条件下测得 LLM – 105 放热峰为 342℃，而
TATB 和 HNS –Ⅳ 的 DSC 放热峰分别是 355℃ 和 320℃，说明 LLM – 105 是一
种热安定性良好的炸药。经真空安定性测试，LLM – 105 的放气量为 0.2mL/g，
安定性良好。

3）爆炸性质

Cutting 等人利用一维热爆炸延滞期试验研究了 LLM – 105 的热感度。研究
结果表明，LLM – 105 的热爆炸延滞期介于 HMX 和 TATB 之间，优于 HNS –
Ⅳ，与 TNT 相当。与 HMX 和 RDX 相比，LLM – 105 的所有反应都非常温
和。在 HMX 的临界温度没有观察到 LLM – 105 的爆炸反应，预计 LLM – 105
的临界温度比 HMX 高 15℃ 左右，在 190～214℃。LLM – 105 晶体密度下的理
论爆速是 8560m/s，Cutting 等人测试了 RX – 55 – AA 相对密度为 93%时的爆
速为 7980m/s。

4）毒性和生理作用

LLM – 105 主要中毒途径为消化道和呼吸道，急性中毒表现为恶心、呕吐，
眩晕，慢性中毒表现为头痛、消化不良等，因此应避免身体长期裸露与 LLM –
105 接触，并定期进行医学检查。

2. LLM – 105 的合成工艺及机理

1）合成工艺

1995 年，美国劳伦斯·利弗莫尔国家实验室的 Pagoria 等人首次报道了在
室温条件下用三氟乙酸对 2,6 –二氨基 3,5 –二硝基吡嗪（ANPZ）进行氧化可以
合成出 LLM – 105。合成 LLM – 105 的重要中间体 ANPZ 是由杜邦公司的

Donald 首次报道的。ANPZ 的合成包括二氨基马来腈与二亚氨基丁二腈在三氟乙酸中的缩合反应得到四氰吡嗪，四氰吡嗪与氨水反应可得到 2,6-二氨基-3,5-二氰吡嗪。将此产物在二羧酸中水解，然后利用硝硫混酸硝化脱羧得到 ANPZ。

1996 年，Pagoria 等人把 LLM-105 的合成试验放大到了 20g 的量级，同时开展了 0.5kg 级的放大试验。试验过程中发现，要利用最初合成 ANPZ 的方法放大到 0.5kg 非常困难，因此进行了新的合成途径的研究。研究出的新的合成方法对环境的污染更小，与原来的方法相比反应步骤更短，并且成功地合成出了 LLM-105。具体反应步骤如下：

(1)2,6-二甲氧基吡嗪(DMP)的合成：甲醇钠与 2,6-二氯吡嗪在回流的甲醇中反应 6h，待反应混合物冷却后，加入过量的冰水，抽滤，立即收集得到的沉淀物并冷藏。由于产物的熔点非常接近室温，超过室温时总是变成一种白色的油。另外，2-氯-6-甲氧基吡嗪的蒸气压较高，并且在超过室温放置时会升华。通过将其溶解在少量的乙醚中，经无水硫酸镁干燥和抽真空除去乙醚可得到干燥的 2,6-二甲氧基吡嗪。其纯度大于 95%，可直接用于下一步反应中。

(2)2,6-二甲氧基-3,5-二硝基吡嗪(DMDNP)的合成：2,6-二甲氧基吡嗪与浓度 20% 的发烟硫酸和浓度 98%～100% 的硝酸混合物反应可合成出 2,6-二甲氧基-3,5-二硝基吡嗪。反应开始时在 35～40℃ 条件下加热 1h，然后在 75～80℃ 条件下加热 3h。反应冷却结束后，加入冰水，抽滤，收集沉淀物，并用冷水冲洗，得到黄色粉末，得率为 48%～55%，可直接用于下一步反应。

(3)2,6-二氨基-3,5-二硝基吡嗪(ANPZ)的合成：60℃ 时，在乙腈中用氨水处理 2-氯-6-甲氧基-3,5-二硝基吡嗪 1h 可得到黄色沉淀物 2,6-氨基-3,5-二硝基吡嗪，得率为 80%，也可直接用于下一步反应中。

(4)LLM-105 的合成：2,6 二-氨基-3,5-二硝基吡嗪的氧化需要三氟乙酸和浓度 30% 的过氧化氢混合物在室温下处理一整夜。用水冲洗即可得到亮黄色的粉体 LLM-105，得率为 93%。将 LLM-105 溶解在热的 DMF/DMSO 混合溶剂中重结晶可除去其中的酸等杂质，加入等量的热水可得到细的针状 LLM-105。总的得率约为 36%。

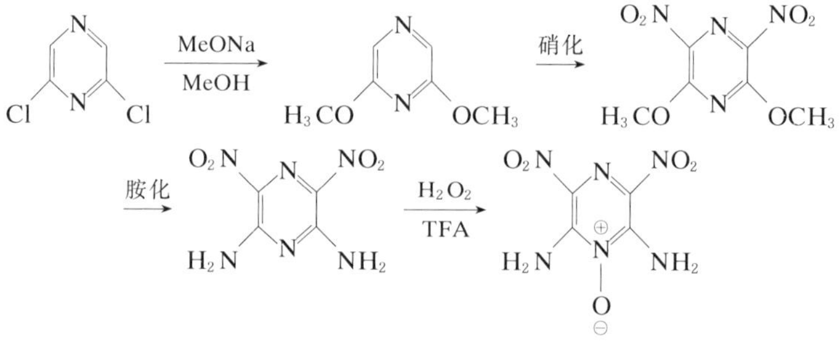

美国劳伦斯·利弗莫尔国家实验室的 Tran 等人对上述合成方法进行了改进，仍利用 2,6 -二氯吡嗪为原材料研究出了一条新的合成途径。改进的步骤为：第一步，通过使用过量的甲醇钠与 2,6 -二氯吡嗪反应将两个氯全部取代合成出 2,6 -二甲氧基吡嗪；第二步，在室温下使用浓度 100% 的浓硫酸和浓度 98% 的硝酸对 2,6 -二甲氧基吡嗪硝化制得 2,6 -二甲氧基 -3,5 -二硝基吡嗪（DMDNP）；第三步，在乙腈中用氨水处理 DMDNP 制得 ANPZ，得率为 80%；第四步，使用浓度 30% 的过氧化氢与三氟乙酸的混合物对 ANPZ 进行氧化，最终制备出黄色立方体状的目标化合物 LLM - 105，整个反应的得率为 50%。

自从美国劳伦斯·利弗莫尔国家实验室于 1995 年首次合成 LLM - 105 以来，当前合成 LLM - 105 的主流方法是以 ANPZ 为反应中间体，其主要方法是以甲醇钠、二氯吡嗪为主要原料，经取代、硝化、氨化、氧化生成 LLM - 105。该方法已实现了工业化生产，经过多年来不断的完善和优化，由 2,6 -二氯吡嗪或 2,6 -二甲氧基吡嗪合成 LLM - 105 的总得率已达到 65%，但仍然有许多不尽如人意的地方，主要问题有以下几点：①原料 2,6 -二氯吡嗪和三氟乙酸价格较高，导致 LLM - 105 的原料成本较高；②反应步骤多、反应路线长，使得目标产物的总收率低，产品成本高；③CF_3COOH 的毒性大，挥发性强，对操作人员的健康危害很大；三氟乙酸为强酸，腐蚀性强，对生产设备有特别高的要求；④氧化反应过程中形成的 LLM - 105 颗粒必然会包覆少量 CF_3COOH，这一部分酸即使经过重结晶不能有效去除，这对产品的性能将产生严重的负面影响；⑤2,6 -二氨基-3,5 -二氨基吡嗪分子内和分子间都存在氢键，在常规溶剂中溶解度很小，即使在三氟乙酸中溶解度也不高。因此，2,6 -二氨基-3,5 -二氨基吡嗪氮氧化过程为固液两相反应，从而使得 2,6 -二氨基-3,5 -二氨基吡嗪极难转化完全，未经重结晶的 LLM - 105 样品纯度一般低于 95%。

针对以上问题，南京理工大学刘祖亮、中北大学刘玉存等人采用氨基二乙腈为原料，通过亚硝化、环化、硝化三步反应合成 LLM - 105。与传统方法相比，此法原料廉价易得、条件温和、步骤更加简单、中间体易于保存和使用、收率较高；产物纯度高，不含 ANPZ，消除了使用三氟乙酸对环境的影响。LLM - 105 新法合成路线如下：

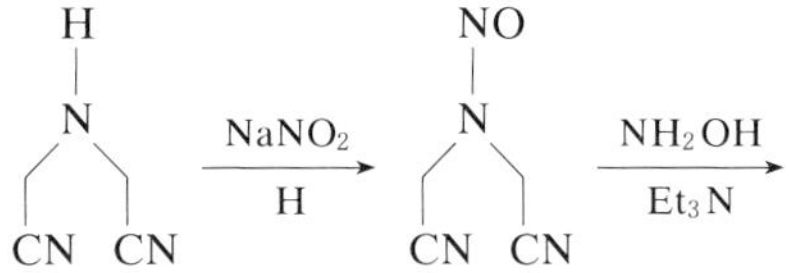

(1)

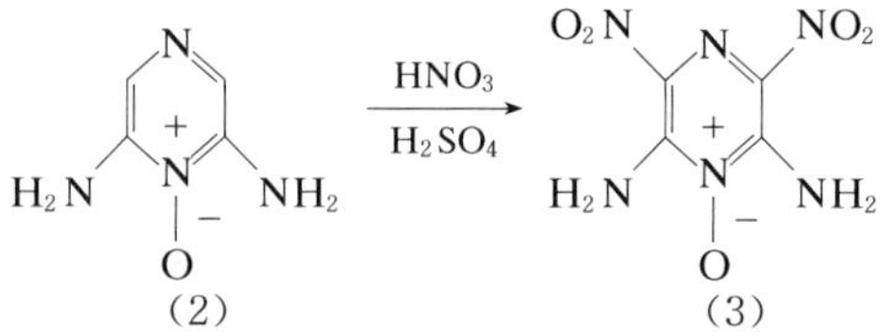

（2） → （3）

2）合成机理

（1）DAPO 的合成机理。

结合 Harrington 等人对 2 -氨基- 6 -甲氧基吡嗪成环机理的研究，推测化合物 DAPO 的合成机理如下：

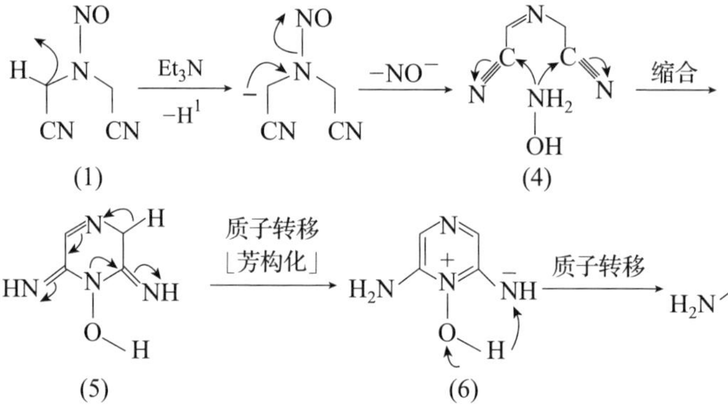

首先，在三乙胺碱性条件催化下，化合物（1）［N -亚硝基二（氰甲基）胺］脱去 HNO［即 H⁺ + NO⁻］，得化合物（4），（4）与羟胺缩合得环合中间体（5），（5）经分子内质子转移（实为芳构化）得中间体（6），最后，再经质子转移，即转化为终产物（2），即 2,6 -二氨基吡嗪- 1 -氧化物。

（2）LLM - 105 的合成机理。

由于氮原子的电负性较强，吡嗪环上的电子云密度不像苯环完全平均化，氮原子附近电子云密度较高，环上碳原子的电子云密度有所降低，α 位的硝化等亲电取代反应较苯困难。LLM - 105 分子中含有给电子的氧原子，环上碳原子的电子云密度增大，亲电的硝化反应也更容易进行。氨基属于给电子基团，属于邻、对位定位基团，而引入的氨基恰好在进攻试剂的邻对位，有利于反应进行，使吡嗪环的硝化反应明显活化，室温下即可顺利地完成硝化反应。合成机理如下：

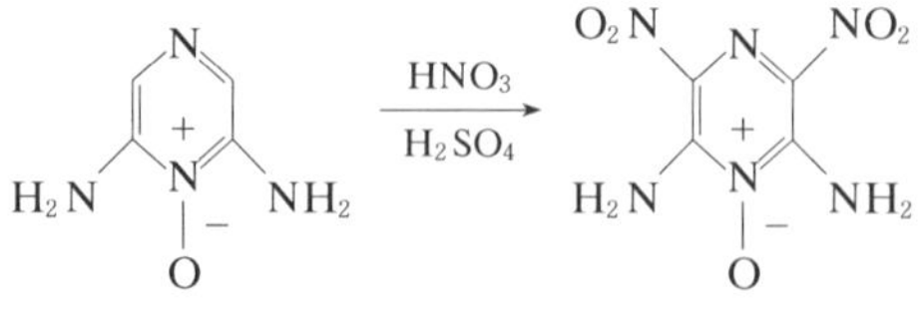

大量的实验室研究证明了新合成路线的可行性和不可多得的技术优势：①反应步骤少，原料廉价易得，大幅度降低了原料成本；②反应过程不存在剧毒和强腐蚀性物质，不但消除了对操作人员健康的危害，而且能够实现节能减排、绿色环保的基本目标；③2,6-氨基吡嗪-1-氧化物易溶于酸性体系，硝化产物LLM-105 中不会掺杂未反应原料，LLM-105 一次产品的纯度就在 98% 以上。目前，该方法已成功应用于工业化生产当中。

参考文献

[1] 欧育湘.高能量密度化合物研究进展[C]// .未来 20 年火炸药技术发展战略研讨会论文集,2001,4-6.

[2] 欧育湘.含能材料的新组分——含能材料能量与易损性之间的平衡[C]// . 2020年前火炸药技术发展战略研究论文汇编,2003,399-407.

[3] 张杏芬.国外火炸药原材料性能手册[M].北京:兵器工业出版社,1991.

[4] GATTRELL M, LOUIE B. Adiabatic nitration for mononitrotoluene（MNT）production[M]. Chemistry, Process Design, and Safety for the Nitration Industry. American Chemical Society, 2013.

[5] GATTRELL M. Process for adiabatic production of mononitrotoluene: U. S. Patent 8,907,144[P]. 2014.

[6] VERETENNIKOV E A, TSELINSKII I V, VERETENNIKOVA M V. Effect of Industrial Detonation Nanodiamonds on the Ratio of Mononitrotoluene Isomers in Nitration of Toluene with a Sulfuric-Nitric Acid Mixture[J]. Russian Journal of Applied Chemistry, 2018, 91(2): 220-224.

[7] 许雪记,韩永忠.一硝基甲苯生产废水处理研究进展[J].工业水处理,2004,24(5): 13-16.

[8] 王阳,裴世红,郭瓦力,等.静态混合管式绝热硝化制备一硝基甲苯工艺研究[J].精细石油化工,2014,31(1): 33-38.

[9] RUSLI R, SHARIFF A M. Qualitative assessment for inherently safer design （QAISD） at preliminary design stage[J]. Journal of Loss Prevention in the Process Industries, 2010, 23(1): 157-165.

[10] LAGOVIYER O S, KRISHTOPA L, SCHOENITZ M, et al. Mechanochemical nitration of aromatic compounds[J]. Journal of Energetic Materials, 2018, 36(2): 191-201.

[11] JALOVY Z, MAREŎEK P, DUDEK K, et al. Synthesis and Properties of 1,1-diamino-2,2-dinitroethylene, New Trends in Research of Energetic Materials

Proceedings of the Ⅳ. Seminar[C]// Pardubice，Czech Republic，2001，151 - 161.

[12] BUETTNER J，MACKENROTH W，HERMANN H，et al. Method for producing dinitrotoluene：U.S. Patent 7，851，661[P]. 2010.

[13] MARION P. Method for preparing dinitrotoluene：U.S. Patent 8，410，322[P]. 2013.

[14] 李汉帆,陈炎磐.双(2,2-二硝基丙基)甲缩醛与双(2,2 二硝基丙基)乙缩醛联合毒性的研究[J].武汉医学院学报，1983(6)：149 - 153.

[15] OH S Y，KANG S G，CHIU P C. Degradation of 2,4-dinitrotoluene by persulfate activated with zero - valent iron[J]. Science of the Total Environment，2010，408(16)：3464 - 3468.

[16] 甄忠启，钱华，刘大斌，等. N_2O_5/HNO_3 硝化甲苯制备二硝基甲苯[J]. 含能材料，2014，22(3)：350 - 352.

[17] 郭俊玲，曹端林，王建龙，等. 硝基吡唑类化合物的合成研究进展[J]. 含能材料，2014，22(6)：872 - 879.

[18] 黄士林，王翠华，唐峰华，等. 6 种硝基苯化合物对海洋生物的急性毒性研究[J]. 生态毒理学报，2010，5(3)：388 - 393.

[19] O'SULLIVAN D W，DENZEL J R，PRAK D J L. Photolysis of 2，4 - dinitrotoluene and 2，6 - dinitrotoluene in seawater[J]. Aquatic Geochemistry，2010，16(3)：491 - 505.

[20] 陈利平，陈网桦，彭金华，等. 二硝基甲苯硝化反应的热危险性分析[J]. 含能材料，2010，18(6)：706 - 710.

[21] ZHU S N，LIU G，YE Z，et al. Reduction of dinitrotoluene sulfonates in TNT red water using nanoscale zerovalent iron particles[J]. Environmental Science and Pollution Research，2012，19(6)：2372 - 2380.

[22] SALONI J，DASARY S S R，ANJANEYULU Y，et al. Molecularly imprinted polymers for detection of explosives：computational study on molecular interactions of 2，6 - dinitrotoluene and methacrylic acid complex [J]. Structural Chemistry，2010，21(6)：1171 - 1184.

[23] HAN S，MUKHERJI S T，Rice A，et al. Determination of 2，4 - and 2，6 - dinitrotoluene biodegradation limits[J]. Chemosphere，2011，85(5)：848 - 853.

[24] GUO C X，LU Z S，LEI Y，et al. Ionic liquid-graphene composite for ultratrace explosive trinitrotoluene detection [J]. Electrochemistry Communications，2010，12(9)：1237 - 1240.

[25] 向彩红，董玉莲，黄天笑. GC - ECD 测定水中 10 种痕量硝基苯类化合物[J].

分析仪器，2014（2）：38−42.

[26] 刘学梅，邓洪权，蒋琪英. 三硝基甲苯（TNT）废水连续光催化降解分析[J]. 西南科技大学学报，2014，29（4）：24−28.

[27] KAPLAN R B，SHECHTER H. A new general reaction for preparing gemdinitro compounds：Oxidative nitration[J]. Journal of the American Chemical Society，1961，83（16）：3535−3536.

[28] HAMEL E E，DEHN J S，LOVE J A，et. al. Synthesis of 2，2−dinitropropanol [J]. Industrial & Engineering Chemistry Research，1962，1（2）：108−116.

[29] 王幸，钱萍. 1，3，5−三硝基苯在高岭石表面吸附的理论研究[J]. 高等学校化学学报，2013，34（11）：2601−2608.

[30] 郑厦蓉，李永祥. 2，4−二氯−1，3，5−三硝基苯的制备及表征[J]. 化工技术与开发，2014（6）：22−24.

[31] BODDU V M，VISWANATH D S，GHOSH T K，et al. 2，4，6−Triamino−1，3，5−trinitrobenzene（TATB）and TATB−based formulations — A review[J]. Journal of hazardous materials，2010，181（1−3）：1−8.

[32] 封跃鹏，杨刚，徐鹏，等. 1，3，5−三硝基苯纯度测定方法研究[J]. 化学试剂，2013，35（12）：1111−1113.

[33] BODDU V M，VISWANATH D S，GHOSH T K，et al. 2，4，6−Triamino−1，3，5−trinitrobenzene（TATB）and TATB−based formulations — A review[J]. Journal of Hazardous Materials，2010，181（1−3）：1−8.

[34] CHIAVARINO B，CRESTONI M E，MAÎTRE P，et al. Halide adducts of 1，3，5−trinitrobenzene：Vibrational signatures and role of anion-π interactions [J]. International Journal of Mass Spectrometry，2013，354：62−69.

[35] 张朝阳. 含能材料能量——安全性间矛盾及低感高能材料发展策略[J]. 含能材料，2018，26（1）：2−10.

[36] 王文鹏. 高压下含能材料结构稳定性的原位拉曼散射实验与第一性原理计算研究[D]. 成都：西南交通大学，2017.

[37] KOHNO Y，MORI K，HIYOSHI R I，et al. Molecular dynamics and first-principles studies of structural change in 1，3，5−triamino−2，4，6−trinitrobenzene（TATB）in crystalline state under high pressure：Comparison of hydrogen bond systems of TATB versus 1，3−diamino−2，4，6−trinitrobenzene（DATB）[J]. Chemical Physics，2016，472：163−172.

[38] MANAA M R，FRIED L E. Nearly equivalent inter-and intramolecular hydrogen bonding in 1，3，5−triamino−2，4，6−trinitrobenzene at high pressure

　　　　［J］. The Journal of Physical Chemistry C，2011,116(3):2116-2122.

[39] SUN J，KANG B，XUE C，et al. Crystal state of 1,3,5-triamino-2,4,6-trinitrobenzene（TATB）undergoing thermal cycling process［J］. Journal of Energetic Materials，2010，28(3):189-201.

[40] 敖银勇，陈捷，宋宏涛，等. 1,3,5-三氨基-2,4,6-三硝基苯伽马辐照下变色机制［J］. 含能材料，2017，24(7)：540-545.

[41] 张建英. 有机笼状化合物的分子设计与性质研究［D］. 南京:南京理工大学，2013.

[42] 杨镇，何远航. 八硝基立方烷高温热分解分子动力学模拟［J］. 物理化学学报，2016，32(4)：921-928.

[43] TAYLOR D C E，ROB F，RICE B M，et al. A molecular dynamics study of 1,1-diamino-2,2-dinitroethylene（FOX-7）crystal using a symmetry adapted perturbation theory-based intermolecular force field［J］. Physical Chemistry Chemical Physics，2011,13(37):16629-16636.

[44] 龙宗昆. 1,1-二氨基-2,2-二硝基乙烯的合成研究进展［J］. 广州化学，2013，38(4)：71-78.

[45] BISHOP M M，CHELLAPPA R S，PRAVICA M，et al. 1,1-diamino-2,2-dinitroethylene under High Pressure-Temperature［J］. The Journal of chemical physics，2012，137(17):174304.

[46] 周芙蓉. 六硝基芪的合成工艺研究进展［J］. 化工中间体，2013(8)：4-7.

[47] 曹晓华. 绿色氧化制备六硝基芪的工艺研究［D］. 南京:南京理工大学，2015.

[48] 刘长波，朱天兵，马英华，等. BDNPF/A增塑剂的性能及其应用［J］. 化学推进剂与高分子材料，2010(1)：23-27.

[49] JANGID S K，SINGH M K，SOLANKI V J，et al. Experimental studies on a high energy sheet explosive based on RDX and bis（2,2-dinitropropyl）formal/acetal（BDNPF/A）［J］. Central European Journal of Energetic Materials，2016，13(3)：557-566.

[50] LIN H，ZHU S G，LI H Z，et al. Structure and detonation performance of a novel HMX/LLM-105 cocrystal explosive［J］. Journal of Physical Organic Chemistry，2013，26(11)：898-907.

[51] XU W，AN C，WANG J，et al. Preparation and properties of an insensitive booster explosive based on LLM-105［J］. Propellants，Explosives，Pyrotechnics，2013，38(1)：136-141.

[52] 史胜斌，范桂娟，李金山，等. 棱烷的研究进展［J］. 化学推进剂与高分子材料，2013,11(06):12-19.

[53] 周诚，李祥志，王伯周，等. FOX-7高安全性合成研究［J］. 化学推进剂与高分子

材料,2015,13(05):56-58.

[54] 张艳,林志文,张东平.超临界反溶剂法细化 HNS 的工艺研究[J].广东化工,2019,46(24):59-60.

[55] 孟力,逄万亭,曾贵玉.HNS-Ⅱ的重结晶法制备技术改进研究[J].兵器装备工程学报,2019,40(07):217-220.

[56] 霍欢,轩春雷,毕福强,等.不敏感含能化合物合成最新研究进展[J].火炸药学报,2019,42(01):6-16.

[57] 邵闪,蔺向阳,潘仁明.提高工艺安全性的 FOX-7 合成方法[J].爆破器材,2016,45(06):21-25.

[58] 常佩,王锡杰,胡建建,等.LLM-105 合成新方法反应热分析[J].化学推进剂与高分子材料,2020,18(02):33-37.

[59] 郭凯歌,宋小兰,王毅,等.亚微米 LLM-105 与 LLM-105/GO 复合含能材料的制备及表征[J].火工品,2019(05):33-37.

第3章
硝胺化合物

3.1 概述

硝胺炸药是化合物结构中含有 N–硝基的一类含能化合物，代表性的如黑索今（RDX）、奥克托今（HMX）、六硝基六氮杂异伍兹烷（HNIW，又称 CL–20）等。第一个硝胺炸药——特屈儿在 1877 年就已合成得到，但直到 20 世纪初才开始少量用于炸药（主要为传爆药）。实际上，硝胺炸药是在第二次世界大战期间才崛起的一类炸药，最初以黑索今为主要代表。第二次世界大战以来，一批硝胺炸药，如黑索今、奥克托今、特屈儿、硝基胍等都进行了工业化生产，并广泛用于弹药炸药装药，或作为发射药和火箭推进剂的重要组分。

有一些硝胺炸药除了 N–硝基外，还含有其他类的爆炸集团。如特屈儿的结构是

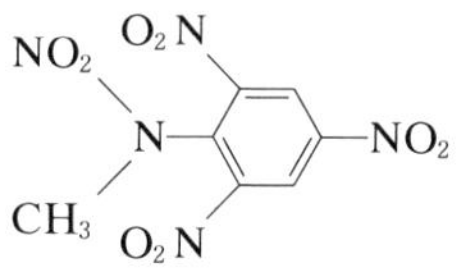

$$NO_2 \quad O_2N$$

它既有 N–硝基，又有连接在芳核碳上的 C–硝基。如吉纳的结构是

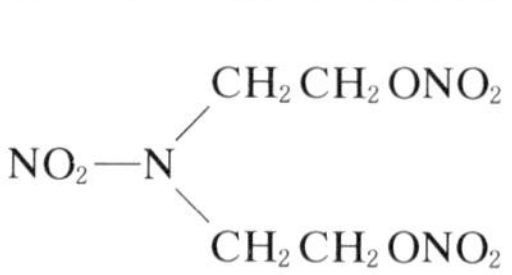

$$NO_2-N \quad CH_2CH_2ONO_2$$
$$CH_2CH_2ONO_2$$

它既有 N–硝基，又有硝酸酯基，即 O–硝基。现在习惯上都把这些炸药划分到硝胺炸药类中。

物质结构和状态与其性能密切相关，带有 N–硝基的硝胺炸药也表现出一些它们共有的属性。从一些已经开发应用的硝胺炸药来看，它们大多数具有比较高的爆炸能量。炸药爆炸时的爆炸产物组分和气态产物量是确定炸药爆轰性

能参数的重要依据。C-硝基、N-硝基、O-硝基三类炸药中的典型代表为梯恩梯、黑索今和太安，按理想的 H_2O-CO_2 形式写出它们的爆炸变化方程式：

梯恩梯

$$C_7H_5O_6N_3 \rightarrow 2.5H_2O + 1.75CO_2 + 5.25C + 1.5N_2$$

黑索今

$$C_3H_6O_6N_6 \rightarrow 3H_2O + 1.5CO_2 + 1.5C + 3N_2$$

太安

$$C_5H_8O_{12}N_4 \rightarrow 4H_2O + 4CO_2 + C + 2N_2$$

由此计算出每千克炸药爆炸产生的气体分别为：梯恩梯 25mol，黑索今 34mol，太安 32mol。作为硝胺炸药的黑索今具有较高的做功能力。三大类（硝基芳烃化合物、硝基胺类化合物和硝酸酯类化合物）含能化合物典型代表的性能对比见表 3-1。

表 3-1　三类典型含能化合物性能比较表

性　能	梯恩梯(C-硝基)	黑索今(N-硝基)	太安(O-硝基)
密度/$(g \cdot cm^{-3})$	1.663	1.816	1.77
熔点/℃	80.9	203	141~142
爆速/$(m \cdot s^{-1})$	7000 ($\rho=1.6g/cm^3$)	8400 ($\rho=1.7g/cm^3$)	8350 ($\rho=1.7g/cm^3$)
撞击感度/%	4~8	70~80	100
摩擦感度/%	4~6	76±8	92
威力：铅墙扩张值/mL	285	470	490
热安定性：5g 样品加热 40h/mL(100℃)	0.1	0.7	0.5
热安定性：5g 样品加热 40h/mL(120℃)	0.4	0.9	11
热安定性：5g 样品加热 40h/mL(150℃)	0.7	2.5	—

从表 3-1 综合性能来衡量，可以认为硝胺类炸药比现有常用的硝基芳烃炸药或硝酸酯类炸药都要好。第二次世界大战前，军用炸药主要是梯恩梯和以梯恩梯为主的混合炸药，第二次世界大战以后，这种情况发生了明显变化。为了提高单位容积弹药装药的威力和加强破甲作用，就需要用更高密度、更高爆速、更大威力的炸药，以黑索今为代表的硝胺类炸药，显然更符合于新的要求，因而在弹体装药中越来越多地代替了梯恩梯组分。

随着导弹武器的发展，导弹战斗部的非核装药往往采用比黑索今密度更大、爆速更高的奥克托今和六硝基六氮杂异伍兹烷。这类硝胺炸药不仅因为它们具有优良的性能，还在于它们可以几乎不受地区天然资源限制地大规模生产。随着合成化学工业的发展和进步，硝胺炸药的制造也越来越便宜，其发展前景不可限量。

3.2 黑索今(RDX)

3.2.1 黑索今的性质

1. 物理性质

黑索今是无臭无味的白色粉状结晶。晶体属于斜方晶系，各晶轴方向的折射率是：$n_\alpha = 1.5775$，$n_\beta = 1.5966$，$n_\gamma = 1.6015$。晶体密度为 $1.816 \mathrm{g/cm^3}$，堆积密度 $0.8 \sim 0.9 \mathrm{g/cm^3}$。相对分子质量为 222.13。元素组成：C 16.3%，H 2.7%，O 43.2%，N 37.8%。纯黑索今的熔点为 204.5～205℃。直接硝解法生产的黑索今熔点在 202～193℃，醋酐法生产的黑索今因含有少量奥克托今，故熔点较低，一般在 192～193℃。黑索今在熔化时，伴随有分解现象。

黑索今的热力学数据为：生成焓 71.48kJ/mol；燃烧热 9644.096J/g；结晶热 89.03kJ/mol；不同温度下的比热容如表 3-2 所示。

表 3-2　黑索今不同温度下的比热容

温度/℃	20	40	60	80	100	120	140
比热容/$(\mathrm{J \cdot (g \cdot ℃)^{-1}})$	1.25	1.38	1.50	1.61	1.70	1.78	1.86

黑索今不同温度下的蒸气压如表 3-3 所示。

表 3-3　黑索今不同温度下的蒸气压

温度/℃	111.0	121.0	131.4	138.5
蒸气压/cmHg	4.08×10^{-5}	1.04×10^{-4}	2.57×10^{-4}	4.00×10^{-4}

蒸气压与温度的关系可用下式表达：

$$\log P = 10.87 - 5850 \frac{1}{T}$$

式中，P 为蒸气压(cmHg)；T 为绝对温度(K)。

黑索今在 $20 \sim 100℃$ 的体积膨胀系数是 $0.0025cm^3 \cdot (g \cdot ℃)^{-1}$。导热系数：密度为 $1.263g/cm^3$ 时为 $28.88 \times 10^{-4}J \cdot (s \cdot cm \cdot ℃)^{-1}$，密度为 $1.533g/cm^3$ 时为 $29.18 \times 10^{-4}J \cdot (s \cdot cm \cdot ℃)^{-1}$。黑索今不吸湿。

2. 溶解度

由于物质的纯度、状态不同、测定溶解度的方法不同，不同学者给出的溶解度数据不尽相同。表 3-4 列举的数据可供参考。

表 3-4　黑索今在不同溶剂中的溶解度($gRDX \cdot (100g)^{-1}$溶液)

溶剂	0℃	20℃	30℃	40℃	60℃	80℃	100℃
醋酸(50%)	—	—	0.12	—	0.50	1.25	—
醋酸(100%)	—	—	0.41	—	1.35	2.60	—
醋酸酐	—	0.40	4.80	6.0	9.30	—	—
乙　腈	—	—	12.0	16.2	24.6	33.0	—
四氯化碳	—	0.0013	0.0022	0.0034	0.007	—	—
氯化苯	0.20	0.33	0.44	0.56	—	—	—
氯　仿	—	0.015	—	—	—	—	—
环己酮	—	12.7(25℃)	—	—	—	—	25(97℃)
环戊酮	—	—	11.5(28℃)	—	—	—	37(90℃)
二甲基甲酰胺	—	25.5	27.3	29.1	33.3	37.7	42.6
水	—	0.005	—	0.025(50℃)	—	—	0.28

3. 化学性质

黑索今是一种中性物质，浓硫酸能使其溶解并发生如下分解：

$$(CH_2NNO_2)_3 + 2H_2SO_4 \longrightarrow 3HCHO + 2SO_2 \Big\langle \begin{array}{l} OH \\ ONO \end{array} + 2N_2 + H_2O$$

因此不能用龙格氮量计测定黑索今的含氮量。

含水的硫酸能加速黑索今的分解，特别是当酸中含水量在 $1\% \sim 15\%$ 范围时，这种加速分解作用更为显著。因此不能用硝硫混酸硝解乌洛托品制取黑索今。

黑索今与稀硫酸共沸时，则按下式水解：

$$(CH_2NNO_2)_3 + 6H_2O \longrightarrow 3HNO_3 + 3HCHO$$

$$(CH_2NNO_2)_2 + 2H_2SO_4 \longrightarrow 3HCHO + ONO-\overset{\displaystyle O}{\underset{\displaystyle O}{\overset{\|}{\underset{\|}{S}}}}-OH + 2N_2 + H_2O$$

低温时，黑索今溶于浓硝酸中而不分解，加水稀释，黑索今又可以重新析出，因而可以在一定条件下用浓硝酸清洗生产黑索今的设备、管路。冷的或热的浓盐酸对黑索今作用很小。碱可以不同程度地分解黑索今。常压下用水煮洗黑索今不发生分解，但在高压釜中，煮洗温度高于 150℃ 时，也发生水解，生成甲醛、氨和硝酸。

黑索今与重金属(如铁或铜)氧化物混合时，生成不稳定的易于分解的化合物，甚至在温度达到 100℃ 时就能因分解而导致着火。日光曝晒对黑索今没有影响。它的热安定性也很好，在 50℃ 可以长期储存而不分解。从真空安定性试验结果来看，黑索今的热安定性与梯恩梯相近。

4. 毒性

黑索今是一种毒性物质。长期吸入微量黑索今粉尘，可发生毒性中毒。慢性中毒的症状为头痛、消化障碍、小便频繁；妇女可能发生闭经现象 6~8 个月，有的长达 1~1.5 年；大多数患者发现贫血。此外，红血球、血红蛋白及网状红血球的数目大为降低，淋巴球及单核球数目增多。如短期内吸入或经消化道摄入大量黑索今，则可发生急性中毒。少数人还能引起过敏性斑疹的药物反应。

对于黑索今中毒，目前尚无特效的解毒剂。对急性中毒的病人，可采取洗胃、导泄、吸氧气、维生素 C 加葡萄糖静脉注射、服用镇静剂等治疗方法。

5. 爆炸性质

黑索今爆速、猛度、威力比梯恩梯、特屈儿等典型的军用猛炸药都大，机械感度也大。

(1)爆速：装药密度 1.796g/cm³ 时，黑索今的爆速是 8741m·s。

(2)爆压：密度 1.773g/cm³ 时为(337.0±6.3)kPa。

(3)威力：铅墙扩张值 475mL(梯恩梯为 285mL)。

(4)猛度：密度 1g/cm³ 时，铅柱压缩值为 24.9mm(梯恩梯为 19.9mm)。

(5)爆炸气体产物：黑索今爆炸时按下式分解：

$$(CH_2NNO_2)_3 \longrightarrow 2CO + CO_2 + 2H_2O + H_2 + 3N_2$$

但是，爆炸气体产物的组成与炸药密度是有关系的，当黑索今装药密度为 1.10g/cm³ 时，其爆炸分解反应式为

$$(CH_2NNO_2)_3 \longrightarrow 2.01CO + 0.93CO_2 + 2.13H_2O + 0.75H_2 + 3N_2 + 0.06CH_4$$

黑索今爆炸气体产物在 0℃ 和 760mmHg 压力时为 908L/kg。

(6)爆热：定容，水为液体时为 5726.6J/g；梯恩梯的相应值为 3657.5J/g。

(7)爆发点：黑索今和其他猛炸药一样，少量样品在非密闭状态下加热一般是不会爆炸的，只是着火冒烟或者爆燃。5s 延滞期的爆发点为 230℃。相关文献报导了黑索今在不同延滞期的爆发点，如表 3 - 5 所示。

表 3 - 5　黑索今在不同延滞期的爆发点

延滞期/s	0.1(不带封盖)	1	5(分解)	10	15
爆发点/℃	405	316	260	240	235

B 型黑索今(用醋酐法生产的黑索今，其中含有少量奥克托今，熔点约为 191℃)，5s 延滞期的爆发点为 280℃。

(8)撞击感度：10kg 落锤、25cm 落高，爆炸百分率为 (80 ± 8)%(梯恩梯的相应值为 8%)。另有文献作者认为黑索今在撞击感度上稍高于特屈儿而稍低于太安。当炸药粒度减小，落高增大，即撞击感度降低。

(9)摩擦感度：(76 ± 8)%(摆角 90°，压力 50 工程大气压，梯恩梯的相应值为 4%~6%，太安的相应值为 92%)。

(10)静电起爆感度：在 0.0003mF 下，使黑索今(粉状或晶体)产生局部着火的最小当量为 14950 V。

(11)起爆感度：对于起爆 0.4g 黑索今基本装药的最小起爆量：80%雷汞 + 20%氯酸钾混合起爆药 0.15g；雷汞 0.19g；氮化铅 0.05g。

3.2.2　黑索今的合成机理

1. 直接硝解法的合成机理

最早对硝解法进行研究的 Hale 指出，将乌洛托品加到浓硝酸中，有下列 3 种反应发生：

$$(CH_2)_6N_4 + 3HNO_3 \longrightarrow (CH_2NNO_2)_3 + 3CH_2O + NH_3 \tag{3-1}$$

$$(CH_2)_6N_4 + 6H_2O \xrightarrow{(酸)} 6CH_2O + 4NH_4 \tag{3-2}$$

$$(CH_2)_6N_4 + 2HNO_3 \longrightarrow (CH_2)_6N_4 \cdot 2HNO_3 \tag{3-3}$$

Hale 认为，硝酸浓度在 70% 以下，反应主要为水解(3 - 2)；浓度较高达 80%~85% 时，同时产生了水解反应(3 - 2)和成盐反应(3 - 3)；当浓度为 95%~100% 时，主要为硝解生成黑索今的反应(3 - 1)。对 Hale 的阐述还应作以下补充：实际上，水解反应只有在加热的情况下才能明显发生。如温度在

20℃以下，即使加入浓度70%以下的硝酸，发生的主要仍是成盐反应，而不发生明显水解。后来有人研究，浓度为88%的硝酸，只要有足够的备用量，也能将乌洛托品硝解成黑索今并得到较高的得率。

根据硝酸的浓度不同，参与乌洛托品硝解的活性硝化剂可能是硝酰离子或硝酸合氢离子。

关于乌洛托品生成黑索今的反应历程，目前还没有确切的结论。从部分试验结果基础上进行了分析，较为可能的历程如下：

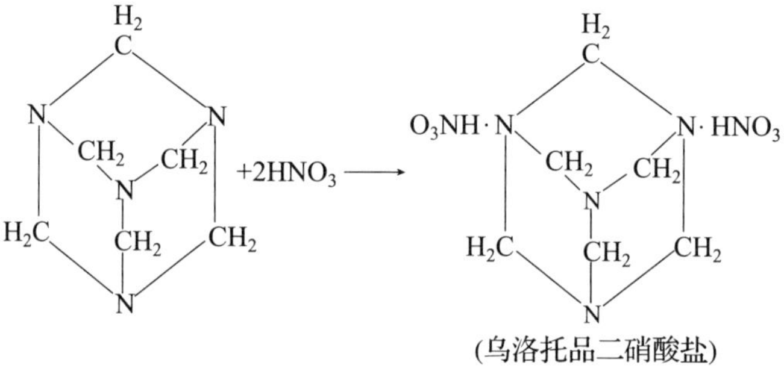

（乌洛托品二硝酸盐）   （1）

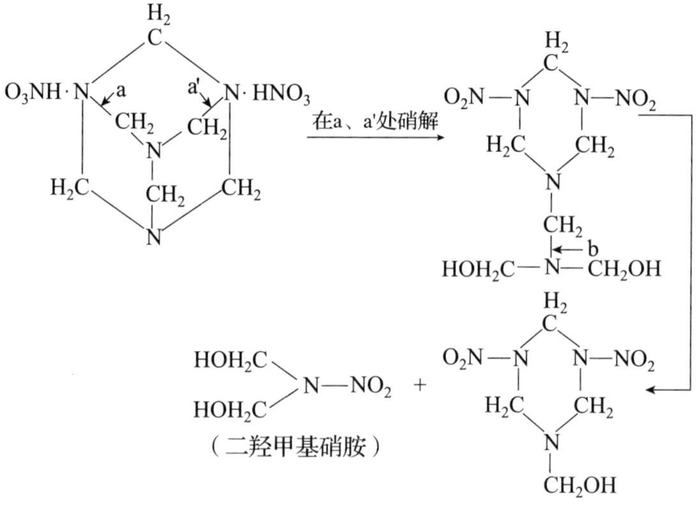

（二羟甲基硝胺）   （2）

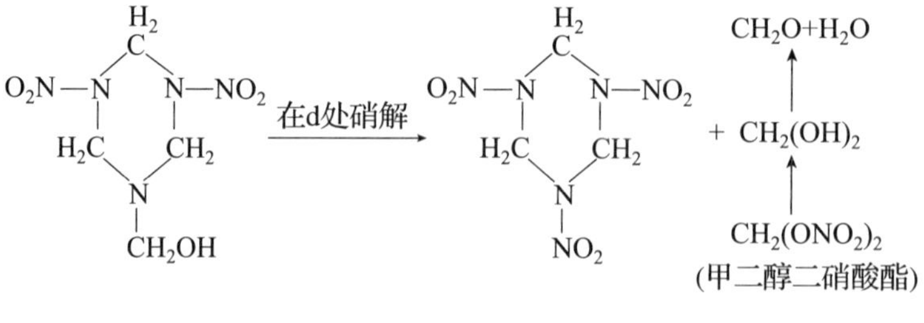

（甲二醇二硝酸酯）   （3）

$$O_3NH \cdot N \underset{e\ e'}{\overset{CH_2}{\longrightarrow}} N \cdot HNO_3 \xrightarrow{\text{在e、e'处硝解}} CH_2O + H_2O + \text{(DPT)} \tag{4}$$

$$\text{(HMX 结构)} \xrightarrow{\text{在f、f'处硝解}} O_2N-N \cdots N-NO_2 + CH_2O + H_2O \quad \text{(HMX)} \tag{5}$$

$$\xrightarrow{\text{在g处硝解}} \quad \xrightarrow[\text{硝解}]{\text{在h处}} \quad HOH_2C-\underset{NO_2}{N}-C\underset{H_2}{}-\underset{NO_2}{N}-C\underset{H_2}{}-\underset{NO_2}{N}-C\underset{H_2}{}-\underset{NO_2}{N}-CH_2OH$$

(1,9-二羟基-2,4,6,8-四硝基-2,4,6,8-四氮杂壬烷) (6)

$$HOH_2C-\underset{NO_2}{N}-\underset{H_2}{C}-\underset{NO_2}{N}-\underset{H_2}{C}-\underset{NO_2}{N}-\underset{H_2}{C}-\underset{NO_2}{N}-CH_2OH \xrightarrow[-CH_2O]{\text{脱羟甲基}}$$

$$H-\underset{NO_2}{N}-\underset{H_2}{C}-\underset{NO_2}{N}-\underset{H_2}{C}-\underset{NO_2}{N}-\underset{H_2}{C}-\underset{NO_2}{N}-CH_2OH \xrightarrow[-N_2O]{\text{伯硝胺分解}}$$

$$HOH_2C-\underset{NO_2}{N}-\underset{H_2}{C}-\underset{NO_2}{N}-\underset{H_2}{C}-\underset{NO_2}{N}-CH_2OH \xrightarrow{-CH_2O}$$

$$HN-\underset{NO_2}{C}-\underset{H_2}{N}-\underset{NO_2}{C}-\underset{H_2}{N}-\underset{NO_2}{}-CH_2OH \xrightarrow{-N_2O} HOH_2C-\underset{NO_2}{N}-\underset{H_2}{C}-\underset{NO_2}{N}-CH_2OH$$

$$\xrightarrow{-CH_2O} HN-\underset{NO_2}{C}-\underset{H_2}{N}-CH_2OH \xrightarrow{-N_2O} HOH_2C-\underset{NO_2}{N}-CH_2OH \tag{7}$$

2. 硝酸-硝酸铵法的合成机理

这是从直接硝解法衍生出来的一种方法，它的主要反应分两步进行。

第一步：

$$(CH_2)_6N_4 + 4HNO_3 \longrightarrow (CH_2NNO_2)_3 + NH_4NO_3 + 3CH_2O \qquad (3-4)$$

第二步：

$$3CH_2O + 3NH_4NO_3 \longrightarrow (CH_2NNO_2)_3 + 6H_2O \qquad (3-5)$$

以上两式相加，得

$$(CH_2)_6N_4 + 4HNO_3 + 2NH_4NO_3 \longrightarrow 2(CH_2NNO_2)_3 + 6H_2O \qquad (3-6)$$

和直接硝解法相比，硝酸-硝酸铵法的主要特点是提高乌洛托品的利用率（即提高甲醛利用率），前者按理论一分子乌洛托品可产生一分子黑索今，而后者按理论一分子乌洛托品可产生两分子黑索今。

根据操作方法上的差别，产生了所谓的一段 K 法和两段 K 法。

先将乌洛托品和硝酸铵按一定比例混合，然后将固体混合物在 $15\sim20℃$ 时加入浓硝酸中，加料后，升温至 $80℃$ 保温，称为一段 K 法。如果将乌洛托品先在浓硝酸中硝解（如前述直接硝解法），然后将硝酸铵的硝酸溶液加入此硝解液中，再升温、保温，则称为二段 K 法。

不论是一段 K 法还是二段 K 法，反应总是分成低温和高温两个阶段进行。亦即大体上可以认为：在低温时进行硝解产生第一个黑索今分子，在高温进行缩合而形成第二个黑索今分子。

3. 醋酐法(KA 法或 Bachman 法)的合成机理

醋酐法就是乌洛托品与硝酸、硝酸铵、醋酸酐在醋酸介质中进行硝解反应而得到黑索今的一种方法。乌洛托品在硝酸中的反应为

$$(CH_2)_6N_4 + 4HNO_3 \longrightarrow (CH_2NNO_2)_3 + NH_4NO_3 + 3CH_2O \qquad (3-7)$$

罗斯反应：

$$3CH_2O + 3NH_4NO_3 + 6(CH_3CO)_2O \longrightarrow (CH_2NNO_2)_3 + 12CH_3COOH \qquad (3-8)$$

Bachman 反应则是以上两反应之和：

$$(CH_2)_6N_4 + 4HNO_3 + 2NH_4NO_3 + 6(CH_3CO)_2 \longrightarrow 2(CH_2NNO_2)_3 + 12CH_3COOH$$
$$(3-9)$$

由此可见醋酐法的优越性。即在醋酸酐的作用下，补充以两分子的硝酸铵，

就能够使一分子乌洛托品硝解得到两分子黑索今，得率比直接硝解法提高了一倍。虽然 K 法在理论上的得率也比直接硝解法提高了一倍，但是没有醋酸酐作为脱水剂，因而不得不采用非常大量的硝酸，从而造成了生产上的不经济；同时，由于 K 法既缺乏强有力的脱水剂，反应液中又含有大量降低活性硝化剂浓度的硝酸铵，故其实际得率远低于理论量，而比醋酐法低得多。

3.2.3 黑索今的合成工艺

黑索今的合成工艺包括直接硝解法、硝酸-硝酸铵法、醋酐法、白盐法等。多数炸药合成类著作中均有较详细的介绍，此处仅以应用较多的直接硝解法和醋酐法为例做简要介绍。

1. 直接硝解法的合成工艺

如前所述，乌洛托品硝解得到黑索今的化学反应是十分复杂的。但是，用直接硝解法制造黑索今的工艺过程却并不复杂。根据生产规模及工厂实际条件，可以采取间断的、半连续或连续的生产方法。直接硝解法问世几十年来，其基本方法至今没有本质的变化，随着工业技术的发展，只是在用于生产的某些化工单元设备和化工自控方面有所改进。现仅就连续硝化工艺举例介绍于后。流程见图 3-1。

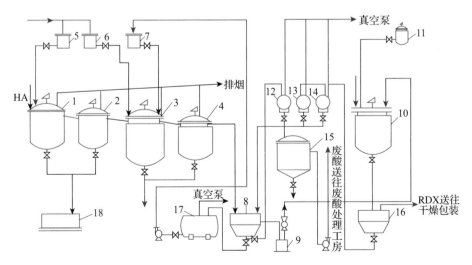

图 3-1　直接硝解法制造黑索今流程图

1-硝化机；2-成熟机；3-结晶机；4-冷却机；5、6-硝酸高位槽；7-酸水高位槽；

8-酸性过滤器；9-积聚槽；10-煮洗机；11-熔合机；12-废酸接受槽；13-废水接受槽；

14-钝化废水接受槽；15-废酸沉淀槽；16-中性过滤器；17-酸水接受槽；18-安全槽。

1）原料乌洛托品的准备

由于乌洛托品容易吸潮结块，故在投入硝化前必须进行处理。对结块的乌洛托品，应当先行粉碎、过筛和干燥。一般是采用热空气进行干燥；比较好的方法是将乌洛托品粉末在热空气内形成流态化的方式进行气流干燥，这样既能提高干燥效率，又能将干燥与乌洛托品输送结合起来。乌洛托品在空气中加热时，如空气温度过高，会有少量挥发，并伴随微量的分解，所以要控制热风温度，以不超过120℃为宜。乌洛托品的水分含量高了会影响硝解结果，降低得率，因此水分必须控制在0.3%以下。乌洛托品的粉末应尽量均匀，以保证加料均匀。同时，原料中不允许有金属屑等机械杂质，否则将影响黑索今产品质量，这就需要认真过筛和采取其他措施。

2）硝化

一般在工业生产上习惯把硝解称为硝化。硝化工序是生产过程中的关键工序。乌洛托品硝解生成黑索今的反应进行得较快，如用釜式连续反应器，一般两台（即一台作为主要硝解机，一台作为成熟硝解机）已足够。反应主要在第一台（主要硝化机）进行。在主要硝化机中，同时按比例地加入乌洛托品和浓度98%以上的浓硫酸。乌洛托品和硝酸的质量比为1∶10.5～12。硝化机温度控制在10～20℃。由于乌洛托品在直接硝解法中硝解生成黑索今时放热大（每千克乌洛托品约放热2299kJ），故需用冷冻盐水控制温度。硝化液中的硝酸含量要控制在一定范围（不低于72%）。应该说明，此处的硝化液是指包括溶解在硝酸中的黑索今等硝化物在内的溶液，实际此时的硝酸含量仍在90%以上。硝化液在主要硝化机中平均停留时间为20～40min，然后流入成熟硝化机进行补充反应，成熟硝化机的反应温度与主要硝化机相同，硝化液中的硝酸含量稍低于主要硝化机，停留时间为15～30min。成熟硝化的硝化液连续排入下一步的结晶机。

乌洛托品和浓硝酸的反应很剧烈，并大量放热，有时可以引起着火。所以反应过程中必须进行有效的强烈搅拌，以免局部过热。同时还应注意将乌洛托品和硝酸都均匀地加到反应液中，勿使浓硝酸与乌洛托品粉末在硝化液外接触，否则也会导致着火。由于反应分解放出大量气体，所以硝化机必须有排烟系统以排烟，排出的氧化氮气体经硝烟吸收塔用水喷淋循环吸收成稀硝酸进行回收。

只要控制好乌洛托品和浓硝酸料比、加料速度、反应温度、排烟负压并保持机内搅拌正常，一般硝化反应还是平稳安全的。但为了应对偶然事故发生（如温度急剧升高），在硝化机和成熟机下部设有安全水槽，以备事故时放料用。

3）氧化结晶

经过硝化、成熟硝化生成的黑索今，在硝化温度（10～20℃）情况下溶于硝解液内。硝解液内还溶有大量不安定的副产物，即各种非环状的硝基胺和酯化物等。

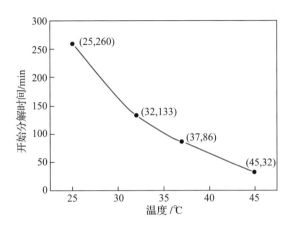

图 3 - 2　硝化液温度和开始分解时间的关系

如果直接稀释以析出黑索今，则大量不安定的副产物留在废酸内将造成废酸储存和处理过程的危险。硝化液在室温下存放几小时即有明显分解，温度升高，分解反应急剧加快如图 3 - 2 所示。从硝化液分解试验结果可看出，硝化液在稍高于室温的温度下相当不安定。从黑索今在硝酸中的溶解度可知，在 10～20℃ 范围，如将硝酸稀释到 50％，则黑索今溶解度降至 0.1％ 左右，可以认为黑索今此时基本上都以晶体析出了。在 50％ 的稀硝酸中，如将温度升到 60℃ 以上，绝大部分不安定的副产物均可经水解、氧化而分解成为二氧化碳及氧化氮等气体而被排出，此时剩下的废酸就相对地安定得多了。因此，在氧化结晶工序中，将硝化液作如下处理：

在成熟硝化机的硝化液连续排入结晶机的同时，向结晶机内加入一定量的水或稀酸水（由后续的酸性过滤工序所回收的洗涤水），将硝化液稀释到硝酸浓度的 50％ 左右。由于大量的稀释热和分解反应热使硝化液温度升高，用冷却水将结晶机内温度控制在 70℃ 左右。此时不安定的副产物分解，大量氧化氮红烟由排烟管排出，而黑索今产物则大部析出。

黑索今与废酸的悬浮液从结晶机连续溢流至冷却机，降温到 30℃，然后排到酸性过滤器。氧化结晶的放热量很大，其反应放热为硝化反应时放热的 4 倍多（生产 1kg 黑索今的传热量硝化为 1839.2kJ，氧化结晶为 8360kJ）。因此，结晶机需要足够的冷却传热和有效的搅拌。

4)煮洗

经高温稀释氧化的硝解悬浮液，在冷却机冷却到32℃以下后，黑索今基本上全部析出，通过过滤设备将黑索今与废酸分开，并用水洗涤黑索今，此即酸性过滤。洗涤的稀酸水可用于氧化结晶时稀释硝化液。排出的50%的稀废酸仍含有少量挟带出来的黑索今等硝化物，经过沉淀塔将游离硝化物沉淀析出后的废酸送往废酸处理。

驱酸水洗后的黑索今，在晶体表面和晶体间仍含有一定数量的残酸和某些未分解净的不溶于水的副产物（如三硝基二氨基二甲胺等），为此要通过煮洗，除去晶体残酸并将残存的不安定的副产物进一步予以加热水解。过滤出的黑索今，用水冲至积聚槽，然后用蒸气喷射输出至煮洗机用热水进行煮洗，煮洗温度为90~98℃，直至煮洗后黑索今酸值低于0.05%。酸值合格后，降温，经湿筛排入中性过滤器过滤，并用冷水洗涤。过滤后湿黑索今水分最好在10%以下，这样可以减少干燥的负荷。

5)钝化处理

钝化处理，就是在炸药药粒表面包覆一层极薄的塑性薄膜。一种常用的钝化剂组成是：地蜡约60%，硬脂酸接近40%，其他有少量的油溶黄等染料。地蜡是形成蜡膜的主体；硬脂酸在钝化过程中起乳化剂的作用，同时它本身又能与地蜡混在一起构成药粒的蜡膜；油溶黄是一种油溶性染料，使蜡膜着色，用以鉴别钝化的均匀性，并区别黑索今是否已经过钝化处理。将地蜡与硬脂酸按一定比例加入熔合机内，待全部熔化后（温度95~125℃），加入油溶黄，搅拌均匀后，即为配制好的钝感剂。

钝化操作按下述方法进行：黑索今煮洗合格后，以25%NaOH溶液中和残酸，在90~100℃下加入一定量的钝感剂（其量为钝化黑索今的5%~6%），并加入相当量的NaOH溶液使硬脂酸发生皂化反应（此时25%NaOH溶液的加入量大约为钝感剂加入量的10%）。通过皂化反应和搅拌，形成乳浊液，使黑索今充分悬浮，以利于钝感剂均匀包覆于其颗粒上。皂化过程保温搅拌30~40min，然后加入一定量50%的稀硝酸（其量为25%NaOH量的1.2%~1.4%），搅拌10~15min，以破坏乳状悬浮液（使皂化后的硬脂酸钠仍恢复成为硬脂酸），这样就完成了钝感剂包覆在药粒表面上的作用。然后降温至50℃以下，并进行中性过滤。

6)干燥

对于炸药的干燥，通常认为比较安全的方法是采用真空干燥，即在铝盘内铺放一层黑索今，将若干铝盘放于真空干燥柜内，在真空度大于400mmHg、温度 70～80℃（干燥钝化黑索今时为 50～65℃）下干燥 7～8h（干燥钝化黑索今为 18～20h），直到水分含量达到 0.1% 以下时，降温至室温出料。但是此种方法劳动强度大，效率低，工房存药量大，从技安观点来看也是有严重缺点的。采用沸腾床干燥或其他流态化干燥方法，可大大提高劳动生产效率，但其前提是要解决干燥过程中的静电危害。

2. 醋酐法合成工艺

醋酐法制造黑索今一般分为两步法和一步法两种。所谓两步法，就是先用稀硝酸与乌洛托品反应得到乌洛托品二硝酸盐（HADN），它是一种可溶于水的白色结晶固体，熔点约 165℃。将 HADN 分离出来经干燥后再投入硝酸、硝酸铵、醋酸酐和醋酸混合液中进行下一步的硝解以生成黑索今。一步法就是将乌洛托品直接投入醋酐法的硝解液中进行反应而生成黑索今，不经过制造 HADN 这一步骤。

两步法工艺流程如图 3-3 所示。该图表示两步法的一般工艺流程，对加料方法和黑索今从废酸中析出的方法可以做不同的处理。

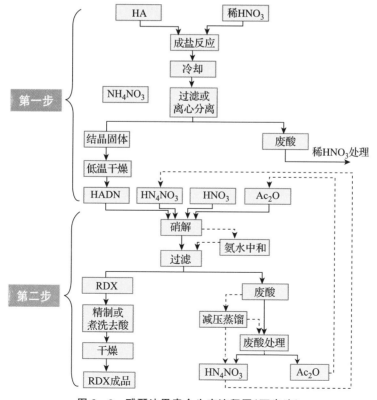

图 3-3　醋酐法黑索今生产流程图（两步法）

　　以 Bachman 的实验室制备方法为例，分为中间体 HADN 和终产物 RDX 两步。

　　HADN 制备：将 40g HA 溶于 70mL 水中配成溶液，将此溶液置于冰盐浴中冷却。在搅拌情况下，将此溶液中滴加 43.5mL 70% 硝酸。维持反应温度不超过 15℃。加完料将反应混合物冷却到 5℃，15min 后，用过滤或离心分离的方法收集 HADN。在 30℃ 以下进行干燥，得到 69.8g HADN（得率 92%）。如果将滤液一直保持在 15℃ 以下，则可以重复使用。

　　RDX 制备：将 192g HADN 和 114.0g 经粉碎、干燥（于 80℃ 干燥）的硝酸铵的均匀混合物分成 75 份，每份 4.0～4.1g（放入试管中盖好）。将 78mL 98% 硝酸在冷却（5～15℃）和搅拌情况下慢慢滴入 480mL 醋酸酐中，配制成 $Ac_2O - HNO_3$ 混合液，该混合液要随用随配。将 20～25mL $Ac_2O - HNO_3$ 混合液放入 2 L 的四颈圆底烧瓶内，并在搅拌下和 1.0g 固体混合物混合（这是为了当温度升高时阻止酸酐和硝酸之间因起反应而发生具有危险性的冒烟）。将烧瓶很快升温到 70～75℃，此时立即缓慢按比例加入固体混合物和 $Ac_2O - HNO_3$ 混合液，加料比是每 4.0g 固体混合物加 7mL 混合液。反应温度维持在 73～78℃。几乎从反应一开始，就有 RDX 从反应混合物中析出，当停止搅拌时，RDX 晶体像细沙一样地沉降在瓶底。反应完成后，采用离析的方法，将所得 RDX 产物提取出来。

　　一步法工艺流程如图 3-4 所示。对一步法工艺举例介绍如下：

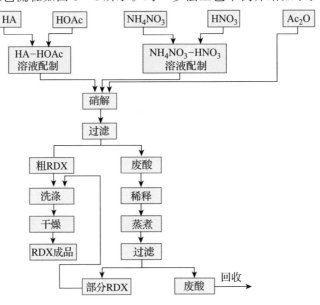

图 3-4　醋酐法黑索今生产流程图（一步法）

以实验室制备方法为例，将 20.0g 乌洛托品溶于 35.7mL 冰醋酸中配制成 HA-HOAc 溶液，装于刻度加料管内。将 37.4g 硝酸铵溶于 29mL 98% 硝酸中配制成 NH_4NO_3-HNO_3 溶液装于另一刻度加料管内。在反应开始前，将 124mL 醋酸酐全部放入烧杯内，升温到 60～65℃，在此温度下，一边搅拌一边将两种溶液自加料管中于 15min 内同时均匀地加入烧杯中，加料自始至终需保持硝酸铵溶液过量。由于硝酸铵不溶于醋酸酐，因此当 NH_4NO_3-HNO_3 溶液开始加入时，反应液中所呈现的白色沉淀为析出的 NH_4NO_3，不久即溶解消失，再次呈现出乳状溶液，才是 RDX 生成。加料完毕，继续保温 15min，然后降温至 20℃。反应溶液最后呈浆状。将 RDX 过滤、洗涤，第一次得到的产品熔点较高，约 190℃。将废酸稀释到 30%～50%，其中含有约 3% 的硝化物被沉淀出来，熔点为 140℃，如再将稀释废液在水浴上于 95℃ 加热 1h，可回收 1% 的产品，第二次得到的产品熔点约 185℃。总得率一般可达 70%～75%，最高达 80% 或稍多一些。也可将反应混合物在 60℃ 用热水一次稀释，由此得到质量良好的全部产品。按此过程的投料比如表 3-6 所示。

表 3-6 一步法制备 RDX 的投料比

	质量比	摩尔比
乌洛托品	1	1
硝酸	2.18	4.83
硝酸铵	1.87	3.25
醋酸酐	6.7	9.15
醋酸	1.88	4.37

醋酐法黑索今的精制：在醋酐法反应液中硝解制得的 RDX，其中含有 HMX 及 BSX(1,7-二乙酰氧基-2,4,6-三硝基-2,4,6-三氮杂庚烷)等反应副产物。硝解完毕后，将反应液升温(到 95% 左右)蒸煮一定时间，BSX 等直链副产物即可分解而被破坏，少量 HMX 不能除去。产物过滤后再用水煮洗，就可以得到含有少量奥克托今的黑索今。对此种含有少量奥克托今的黑索今，有人又称之为 RDX(B)，而将直接硝解法生产的不含奥克托今的黑索今称为 RDX(A)，以示区别。黑索今中含有少量奥克托今一般可以不用除去而直接使用。但黑索今的晶间残酸不易洗去，所以往往还要经过一次精制处理(特别是用于雷管装药的黑索今需要精制，以除去醋酸，这是为了防止醋酸和雷管中使用的叠氮化铅发生反应而影响雷管质量)。精制一般采用溶剂萃取法。所用溶剂有丙酮、硝基甲烷、丁酮、醋酸甲酯等。

3.3 奥克托今(HMX)

3.3.1 奥克托今的性质

1. 物理性质

奥克托今为白色结晶，相对分子质量为296.17。元素组成：C(16.3%)，H(2.7%)，O(43.2%)，N(37.8%)。奥克托今的熔点为278℃。由于测定熔点的方法和操作不同，相关文献还报导了一些其他的熔点数据。

在室温和其熔点之间，HMX以4种晶型存在，即α-HMX、β-HMX、γ-HMX、δ-HMX。其中β晶型在室温下是稳定的，α和γ晶型是亚稳定的，δ晶型是不稳定的。由于β晶型在室温下稳定而且其机械感度较其他晶型小，所以在工业上只有β-HMX才符合要求。在生产中一般出现的是α和β两种晶型，因为在150℃以下，其他晶型都不是稳定的。

HMX的各种晶型可以通过将HMX加热到不同温度而得到。例如，β晶型密度为1.91g/cm³，加热到102℃转为α晶型，密度1.82g/cm³；α晶型加热到160℃以上得到γ晶型，密度1.76g/cm³；γ晶型亚稳至164℃，温度升高到熔点时则得到δ晶型，密度1.80g/cm³。

常温下，α、γ、δ三种晶型在一定的溶剂内经过一定时间后可以转化为β-HMX。25℃时在不同溶剂中HMX晶型转化所需时间如表3-7所示。

表3-7　HMX的晶型转变条件

晶型转变	溶　剂				
	硝基甲烷	丙酮	50%丙酮	50%醋酸	水
α→β	60min	3h	8h	48h 无变化	100h 无变化
γ→β	10min	3min	2h	56h	100h
δ→β	30 s	5 s	4min	1h	2h
δ→γ	10min	—	—	10h 无变化	—

奥克托今4种晶型的晶系、外观和晶体密度如表3-8所示。

表3-8　HMX不同晶型的晶体参数

	α-HMX	β-HMX	γ-HMX	δ-HMX
晶系	斜方晶系	单斜晶系	单斜晶系	六方晶系
外观	针状结晶	六角短棒宝石状棱晶	三角形板状结晶	细针状结晶
密度/(g·cm⁻³)	1.82	1.91	1.76	1.80

2. 溶解度

文献给出的各种溶剂中奥克托今的溶解度如表 3-9 所列。

表 3-9 奥克托今溶解度

溶剂	温度/℃	g HMX/100g 溶剂	溶剂	温度/℃	g HMX/100g 溶剂
二甲基甲酰胺	25	4.4	醋酸乙酯	25	0.02
硝基苯	25	0.129	溴乙烷	25	0.02
1,2-二氯乙烷	70	0.125	丁酮	25	0.46
醋酸	25	0.0375	硝基乙烷	25	0.172
丙酮	25	0.96	硝基甲烷	25	0.778
乙腈	25	1.98	三乙基磷酸酯	25	1.75
环己酮	25	2.11			

3. 化学性质

奥克托今在化学上是比较稳定的物质，光照下实际不起变化。在水、2%的硝酸或硫酸溶液中煮沸 6h 也不发生可以察觉的分解。与黑索今相比较，奥克托今受浓硫酸的分解作用要缓慢一些，其分解速度随温度升高而加快。硫酸对奥克托今的分解反应和对黑索今相似，可能按下式进行：

$$(CH_2NNO_2)_4 + 2nH^+ \xrightarrow{nH_2O} 4CH_2O + (4-n)N_2O + nNO + nNH_4$$

分解反应历程可能如下：

$$
\begin{array}{c}
\underset{\overset{|}{\text{C}}}{\overset{H_2}{|}}\text{—N—NO}_2 \xrightleftharpoons{(H_2SO_4)} \underset{(\text{II})}{\overset{H_2}{\text{C—NH}_2^+ \text{HSO}_4^-}} + NO_2^+ \\
(\text{I}) \quad\quad\quad\quad\quad\quad\quad\quad\quad\quad\quad\quad\downarrow \\
\downarrow \\
N_2O + CH_2O \quad\quad\quad\quad N_2C=NH_2^+ HSO_4^- \rightarrow CH_2O + NH_4^+ + HSO_4^-
\end{array}
$$

浓硫酸可以从奥克托今（Ⅰ）释出硝酰离子，并由此而得到环四甲撑四胺硫酸盐（Ⅱ），此物进一步水解成为甲醛和铵的硫酸盐。同时，从（Ⅰ）也可以经分解而得到氧化亚氮和甲醛。

奥克托今的碱性水解比酸性水解快，在 1%碱溶液中长时间煮沸可使奥克托今完全分解。用碱在含水丙酮中的溶液处理奥克托今可使其水解，但水解速度要比在同样条件下黑索今的水解慢些。黑索今的水解活化能为 58.52kJ/mol，而奥克托今的水解活化能却大得多，为 104.5kJ/mol。可以利用黑索今、奥克托今水解速度的差别来进行混合物成分的分析。奥克托今的碱性水解与黑索今的水解相似，也是按下式反应：

$$(CH_2NNO_2)_4 + 8 H_2O \longrightarrow 4 CH_2O + 4 NH_4NO_3$$

基于奥克托今能在碱中水解，生产奥克托今的工房检修前可用稀苛性碱溶液清洗设备，以除去爆炸危险物。

4. 热安定性和爆炸性质

奥克托今具有较高的热安定性，比其同系物黑索今的热安定性高，其真空安定性与梯恩梯接近，见表 3-10。

表 3-10   几种炸药的真空热安定性（5.0g 样品加热 40h 后逸出气体量，mL）

炸药品种	120℃	150℃
奥克托今	0.4	0.6
黑索今	0.9	2.5
梯恩梯	0.4	0.7

奥克托今的爆炸性质列述如下。

（1）爆速：奥克托今的爆速在不同文献的数值稍有差别。

$$\rho = 1.85g/cm^3，D = 8917m/s$$

（2）爆压：393kPa。

（3）威力：铅墙扩张值 486mL。

（4）撞击感度：10kg 落锤，25cm 落高，爆炸率 100%（黑索今的相应值为 80%，梯恩梯的相应值为 8%）。应该特别指出的是，不同晶型的奥克托今的机械感度有很大差别，其中以 β-HMX 的感度最低。

（5）摩擦感度：100%（TNT 7%～8%，RDX 76%）。

（6）爆发点：在敞口情况下，

爆发点（℃）	306	327	380
延滞期（s）	10	5	0.1

（7）起爆感度：极限起爆药量为叠氮化铅 0.3g。

3.3.2   奥克托今的合成机理

从小量制备到大量工业化生产奥克托今，目前常用的工艺方法是 Bachman 法，即醋酐法。下面将较详细地就此方法进行讨论。

通过 Bachman 反应制造黑索今和制造奥克托今，其反应方程式基本相似，即

$$(CH_2)_6N_4 + 4HNO_3 + 2NH_4NO_3 + 6(CH_3CO)_2O \longrightarrow 1\frac{1}{2}(CH_2NNO_2)_4 + 12CH_3COOH$$

类似的反应方程式有

$$2[C_6H_{12}N_4 \cdot 2CH_3COOH] + 4[NH_4NO_3 \cdot 2HNO_3] + 12(CH_3CO)_2O \longrightarrow$$
$$28CH_3COOH + 3(CH_2NNO_2)_4[或\ 4(CH_2NNO_2)_3]$$

从反应实际情况来看,奥克托今和黑索今是同时作为产物存在于反应体系中的,Bachman 反应不可能生成不含黑索今的纯奥克托今。

与乌洛托品在浓硝酸中的硝解反应相比,在醋酐法的硝解液中,反应系统有了变化,硝解剂和直接硝解法的硝解剂有了很大的不同。在这里,浓硝酸的用量相对少得多,只略多于反应式的化学计算量;同时,又引入了相当数量的硝酸铵和大量的醋酐和醋酸。因此,硝解环境较缓和,硝解过程的副反应却比直接硝解法更为复杂。

1. 乌洛托品在硝解反应中先生成硝酸盐

根据 Bachman 等人的研究,在反应开始阶段,硝酸根离子(从硝酸和硝酸铵来的)的消失速度大大高于黑索今等环状硝胺的生成速度。在 45℃ 时,1min 内消耗了 50% 的硝酸根离子,而只生成了不大于总生成量 5% 的黑索今。这说明相当多的硝酸在很短时间内可能和乌洛托品结合形成了乌洛托品的硝酸盐(因为成盐反应极快)。这种硝酸盐经 Willams 和 Gilpin 等人的研究,认为在此情况下生成的硝酸盐主要是乌洛托品一硝酸盐(HAMN)而非乌洛托品二硝酸盐(HADN)。

Willams 等人在 Bachman 反应液中,将 HA、HAMN 和 HADN 于不同温度下(在 20~40℃ 范围内,每间隔 5℃ 进行一次)硝解以制取黑索今,测定其反应速度,然后以 Arrhenius 公式计算出反应活化能,求得反应活化能数据如下:

$$HA \longrightarrow RDX, E_a = 45.98kJ/mol$$
$$HAMN \longrightarrow RDX, E_a = 52.25kJ/mol$$
$$HADN \longrightarrow RDX, E_a = 68.97kJ/mol$$

从而得出结论,就活化能的数值来看,在 35℃ 时用 Bachman 法制备黑索今的反应过程中,HADN 不像是中间产物,而从 HAMN 出发的反应活化能则能与从 HA 出发的反应活化能相近,看来 HAMN 作为中间产物的可能性更大一些。

Gilpin 通过黑索今制备反应的热化学研究,论证了在直接硝解法中,中间产物主要是乌洛托品的二硝酸盐,而在醋酐法中,中间产物主要是乌洛托品的一硝酸盐。

2. 乌洛托品硝酸盐的硝解

乌洛托品的分子结构是比较稳定匀称的，其中 4 个氨基氮原子和 6 个甲撑基碳原子都是按照完全一样的方式结合着，12 个 C—N 键都是相同的。此时，如果某一个或两个氨基氮上结合了硝酸而成盐，就有可能使 C—N 键强度有所改变而导致断键产生硝解反应。

1)一硝酸盐硝解

乌洛托品一硝酸盐的硝解反应，大致按下述历程进行：

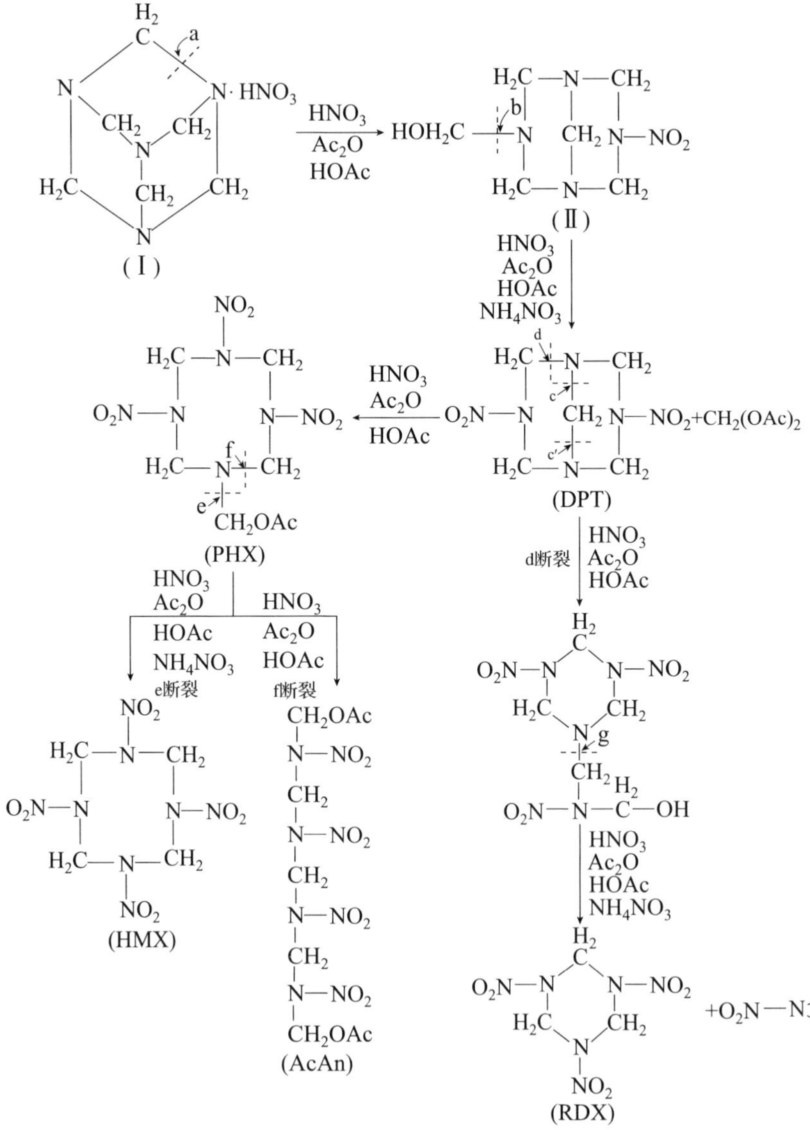

Bachman 认为，乌洛托品在 HNO_3、Ac_2O 介质中硝解，任何一个键的断裂都能得到（Ⅱ），它将乌洛托品的三环打开形成了两环化合物，即形成了 DPT 的前身（Ⅱ）。此时，如果侧链上的羟甲基被酯化，则进一步断裂将在环上进行，并按照以下历程逐步形成直链的硝胺化合物：

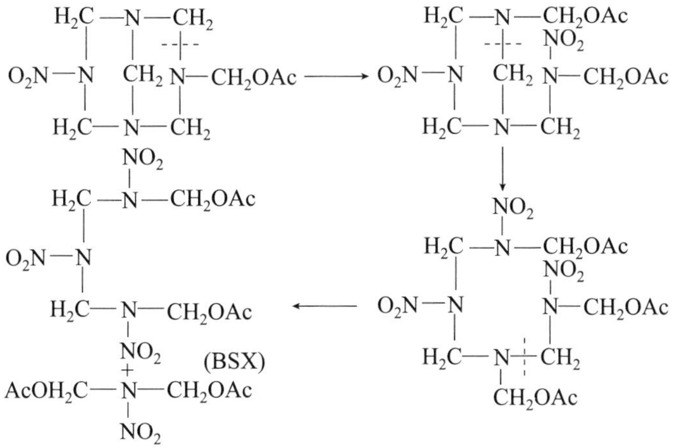

$$
\begin{array}{l}
\text{H}_2\text{C}\!-\!\text{N}\!-\!\text{CH}_2 \\
\text{O}_2\text{N}\!-\!\text{N}\quad\text{CH}_2\ \text{N}\!-\!\text{CH}_2\text{OAc} \\
\text{H}_2\text{C}\!-\!\text{N}\!-\!\text{CH}_2 \\
\qquad\qquad\quad\text{NO}_2
\end{array}
\longrightarrow
\begin{array}{l}
\text{H}_2\text{C}\!-\!\text{N}\!-\!\text{CH}_2\text{OAc} \\
\qquad\qquad\quad\text{NO}_2 \\
\text{O}_2\text{N}\!-\!\text{N}\quad\text{CH}_2\ \text{N}\!-\!\text{CH}_2\text{OAc} \\
\text{H}_2\text{C}\!-\!\text{N}\!-\!\text{CH}_2 \\
\qquad\qquad\quad\text{NO}_2
\end{array}
$$

（BSX）

$$
\begin{array}{l}
\text{H}_2\text{C}\!-\!\text{N}\!-\!\text{CH}_2\text{OAc} \\
\text{O}_2\text{N}\!-\!\text{N} \\
\text{H}_2\text{C}\!-\!\text{N}\!-\!\text{CH}_2\text{OAc} \\
\qquad\quad\text{NO}_2 \\
\text{AcOH}_2\text{C}\!-\!\text{N}\!-\!\text{CH}_2\text{OAc} \\
\qquad\qquad\quad\text{NO}_2
\end{array}
\longleftarrow
\begin{array}{l}
\text{H}_2\text{C}\!-\!\text{N}\!-\!\text{CH}_2\text{OAc} \\
\qquad\qquad\quad\text{NO}_2 \\
\text{O}_2\text{N}\!-\!\text{N}\quad\text{N}\!-\!\text{CH}_2\text{OAc} \\
\text{H}_2\text{C}\!-\!\text{N}\!-\!\text{CH}_2 \\
\qquad\qquad\quad\text{CH}_2\text{OAc}
\end{array}
$$

一系列的解离按照这样的规律进行，即解离发生在远离硝胺基团，而最靠近与乙酰氧基甲撑基相连的氮原子。由于硝酸铵在反应系统中有去羟甲基和抑制酯化的作用，在保持一定温度的情况下（温度过低，硝酸铵在硝解介质中溶解度小，将使其作用大大减小），可以将（Ⅱ）在 b 处进一步硝解而得到 DPT。

由此可见，在 Bachman 反应体系中，乌洛托品一硝酸盐的硝解，其主要的中间产物是 DPT。而由于硝解介质中硝酸、硝酸铵、醋酸酐、醋酸料比的不同和反应温度的差异，可以得到 3 种或 4 种在硝解废酸中比较稳定的产物，即环状的和直链的甲撑基硝胺：①环四甲撑四硝胺（HMX）；②环三甲撑三硝胺（RDX）；③1,9 -二乙酰氧基-2,4,6,8 -四硝基-2,4,6,8 -四氮杂壬烷（AcAn）；④1,7 -二乙酰氧基-2,4,6 -三硝基-2,4,6 -三氮杂庚烷（BSX）。

2）二硝酸盐硝解

在 Bachman 体系中硝解乌洛托品时，可能也会有一部分乌洛托品二硝酸盐生成，其数量和硝解条件有关。乌洛托品二硝酸盐硝解过程的可能情况如图 3 -5 所示。

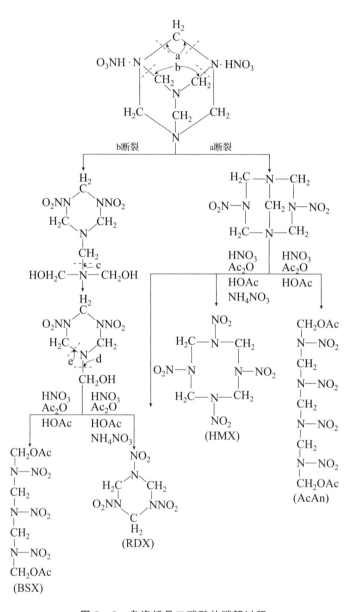

图 3 - 5   乌洛托品二硝酸盐硝解过程

乌洛托品二硝酸盐有两种断键的可能,其一是从 a 处断裂,去掉一个甲撑基而生成 DPT,然后由 DPT 进一步硝解而生成 HMX、RDX 及 AcAn 等;其二是从 b 处断裂成为带侧链的六元环,根据硝解条件不同进一步硝解成 RDX 和 BSX 等。

从以上的探讨,可以总结出 Bachman 反应的特征:

(1)在反应的第一阶段是生成乌洛托品的硝酸盐。在醋酐法中和在直接硝解法中由于反应介质的不同,所生成的硝酸盐也是不同的,前者主要为一硝酸盐(其中可能存在着少量二硝酸盐),而后者基本上就是二硝酸盐。

(2)醋酐法硝解过程中主要的中间产物是 DPT,同时也可能存在少量的六元环母体。

(3)在醋酐法中可以有几种途径生成 RDX,而 HMX 只能在一定适当条件下通过 DPT 的硝解而部分地生成。这就说明了醋酐法硝解乌洛托品制造 RDX 是比较容易的,而且得率较高,而通过此法制造 HMX 的途径较前者狭窄,工艺条件不易控制,产品得率也必然较低。

在探讨醋酐法制造奥克托今的理论时,必须分析这种工艺方法中的各种矛盾,弄清了矛盾和矛盾转化的条件,才有助于更好地控制生产工艺过程。

3.3.3 奥克托今的合成工艺

1. 两步法合成奥克托今

1)DPT 合成

先准备两种溶液:将 201.6g 乌洛托品溶于 330.0g 醋酸;在冰水浴下将 120mL98% 硝酸缓慢加到 360mL 醋酸酐中,保持温度在 15℃ 以下配成溶液。

在 3L 三颈烧瓶中先放入 60mL 醋酸,在搅拌下将上述两种溶液同时按比例地慢慢加入烧瓶,加料时间为 60min,温度保持在 25~30℃。加料完毕,继续在此温度下搅拌 30min。然后加入 800mL 热水(65℃),搅拌约 3min 后,将晶体 DPT 从热混合物中滤出,水洗,干燥,得到 150.0g DPT(得率48%),熔点为 198℃。(注:当反应温度为 65℃ 时,得率减半,产物熔点为 200℃。当将 HA - HOAc 溶液先全部置入烧杯,再向其中加入 HNO_3 - Ac_2O 混合物时,DPT 得率小于 20%。)

2)从 DPT 合成奥克托今

将 44.0g 硝酸铵溶于 47mL98% 硝酸中。在 2L 三颈烧瓶内,放入 100.0g DPT 和 46mL 醋酸酐,将此浆状物加热到 60℃,然后在 10min 内加入硝酸-硝酸铵溶液,反应温度保持在 60~65℃。前 5min 反应剧烈,放热多,后 5min 反应较为缓和。当加料到一半时,混合物成为澄清溶液,然后溶液又复混浊。加料完毕,将混合物在 60~65℃ 搅拌 1h,在 3min 时就有 HMX 晶体出现。1h 后,在搅拌下快速加入 450mL 冷水,反应混合物冷却至 50℃(此时加水速度不能慢,如只加少量水将使温度急剧上升)。将温度降至 40℃,然后再升到 90℃ 或稍高一些,混合物在蒸气浴上加热 12h。在煮沸过程中会冒出一些烟,其中也有甲醛放出，然后将烧瓶在冷水浴上晃动以冷却之。从混合物中滤出粗HMX 102.0g，熔点272～276℃，其中HMX占84%。用丙酮重结晶后得产物80.0g，熔点278～280℃。

2. 一步两段法合成奥克托今

这是现在采用的典型方法。其方法是以醋酸为底液（有时在其中加入少量醋酸酐、聚甲醛和硝酸铵等），将HA溶于HOAc配成HA－HOAc溶液，将NH_4NO_3溶于HNO_3配成NH_4NO_3－HNO_3溶液。图3－6是间断操作工艺的流程图。

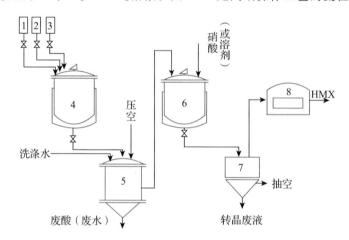

图3-6　HMX制造流程图

1－HA－HOAc高位槽；2－NH_4NO_3－HNO_3高位槽；3－Ac_2O高位槽；4－硝化器；

5－压滤器；6－转晶锅；7－抽滤器；8－烘箱。

第一段加料是在44℃左右向底液内同时加入三种液料，即HA－HOAc溶液之全部、NH_4NO_3－HNO_3溶液的一小半（总量的35%～40%）和Ac_2O的一小半（总量的40%～45%），加料时间30min。加料完毕保温约30min，然后进行第二段加料，即将剩余之NH_4NO_3－HNO_3溶液和Ac_2O加入，加料温度仍为44℃左右，加料时间30min。加料完毕在此温度再保温1h左右，然后升温到110℃左右以热解副产物，热解完毕再降温过滤驱酸，将产物进行水洗，即得到奥克托今的粗产品。粗产品再进行转晶精制而成奥克托今成品。按此方法的投料比如表3－11所列。

表3-11　一步两段法制备奥克托今的投料比

原料	HA	HNO_3	NH_4NO_3	Ac_2O	HOAc
摩尔比	1	5～5.5	3.7～4.5	11～12	16～23

其中，HA‐HOAc 溶液中 HA 含量为 10%～30%（质量百分数）；NH₄NO₃‐HNO₃溶液中质量比 0.9～1∶1。除配 HA‐HOAc 所用醋酸外的全部醋酸作为底液。间断法生产 HMX 得率可达 60% 以上。

3. 连续硝解工艺合成奥克托今

连续硝解工艺制备奥克托今的工艺流程如图 3‐7 所示。连续法粗制奥克托今的工艺过程为：

首先配制溶液。在配料机内，按计算量将经过干燥的乌洛托品加入已计量好的冰醋酸中，经过一定时间的搅拌，配成 10% 左右的 HA‐HOAc 溶液，打入高位槽备用。在另一配料机内，将计算量的硝酸铵慢慢加到 98% 以上的浓硝酸中，配成 1∶1 的硝酸铵‐硝酸溶液，打入高位槽备用。连续投料开始前，在 1、2、3、4 号机内加入一定量的冰醋酸底液，使能覆盖住下层搅拌桨叶，底液中还加入冰醋酸量 4% 左右的醋酸酐。

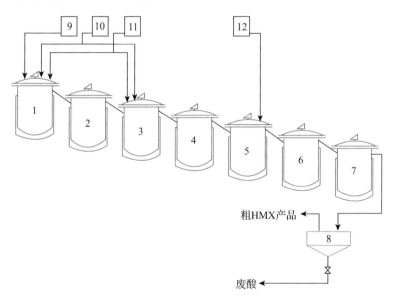

图 3‐7 HMX 连续硝解工艺流程

1——一段硝解机；2——一段成熟机；3——二段硝化机；4——二段成熟机；5——热解机；6——热解机；
7——冷却机；8——过滤器；9——HA‐HOAc 高位槽；10——NH₄NO₃‐HNO₃高位槽；
11——Ac₂O 高位槽；12——水（或酸水）高位槽。

连续硝化时，在一段硝化机连续、按比例地投入三种原料，即 HA‐HOAc 溶液、NH₄NO₃‐HNO₃溶液和 Ac₂O。硝化机要具有有效的机械搅拌装置和冷却面积，以控制反应正常进行。一段硝化反应物连续溢流至一段成熟机，进行成熟反应，然后再溢流入二段硝化机。在二段硝化机补加入 NH_4NO_3 - HNO_3 溶液和 Ac_2O，进行进一步的硝解反应后溢流入二段成熟硝化机（即 4 号机）。4 号机溢流出来的硝化液在 5 号机内加入一定量（HA 的 2~3 倍）的水（或回收洗涤酸水），并升温以热解副产物。经 5 号、6 号机内热解后溢流入 7 号机进行冷却，然后将反应物过滤、洗涤，即得到粗制奥克托今，熔点为 265~270℃。加料速度及反应温度应严格控制。硝化机温度一般控制在（44 ± 2）℃，热解温度可控制在 100~110℃，冷却机控制在 40℃ 以下。投料的料比范围如表 3 - 12 所示。

表 3 - 12　硝化反应体系各原料的投料比范围

原料	HA	HNO_3	NH_4NO_3	Ac_2O	HOAc
摩尔比	1	5~5.6	4~4.5	12~14	20~24

HA - HOAc 溶液全部在第一段硝化投入，NH_4NO_3 - HNO_3 溶液和 Ac_2O 两种液料一段投入全量的 40%，二段投入 60%。粗 HMX 经精制后的产品得率在 50% 以上。

4. 其他方法

在合成奥克托今工艺改进的研究中，常采用添加稳定剂和催化剂的方法，以提高反应得率。如醋酐法中，采用了加入多聚甲醛作为稳定剂，加入三氟化硼作为催化剂的方法，使奥克托今得率显著提高。关于加入多聚甲醛可以提高 HMX 得率的解释是：往反应混合物中加入多聚甲醛，可以稳定重要的中间产物 DPT，并使 DPT 转化成 HMX 的过程得到强化。因为 DPT 是一种较不安定的化合物，它能缓慢分解放出甲醛，增加了反应系统中甲醛的浓度，就抑制了 DPT 的分解，因而对 DPT 产生了"稳定"作用。

三氟化硼能与有机物生成中间络合物，此中间络合物具有活化特性，从而使硝化反应更容易进行。据报导，在典型的醋酐法制奥克托今反应条件下，对每 10.0g 乌洛托品投料加入 1.0g 三氟化硼醋酸络盐和 1.7g 多聚甲醛，HMX 得率可以从 51.7% 提高到 69.3%。

北京理工大学陈树森、金韶华等人通过理论计算与试验研究相结合的方法研究了乌洛托品制备 HMX 的反应机理，确定了制备 HMX 过程中一段硝化和二段硝化的反应主通道；在原有工艺的基础上，发明了动态料比技术并提出了间断法制造工艺。通过优化工艺，降低 Ac_2O 用量 30%，适量降低硝酸、硝酸铵用量，抑制了副反应的发生，有效地提高了原材料利用率，大大提高了 HMX 得率，并提高了 HMX 生产的本质化安全程度，HMX 得率在 200L 放大规模上达到 65% 以上。

5. 奥克托今的精制

奥克托今的精制，包括奥克托今的提纯和转晶。醋酐法制造出的粗制奥克托今，其中含有的直链硝胺副产物经过热解工序基本上除去了，而作为杂质的 RDX 大部分和 HMX 一起从废酸中析出。奥克托今中含有 RDX，就会降低它的性能（如熔点、密度、热安定性、爆炸性能等），所以必须把 RDX 从粗制奥克托今中清除出去，这就是奥克托今的提纯。如前所述，奥克托金有 α、β、γ、δ 四种晶型，作为炸药，只需要 β-HMX，不希望产物中含有其他晶型。在醋酐法硝解得到的粗产物中，一般都是几种晶型的混合物，并且主要的晶型是 α 晶型。所以必须将 α 晶型为主的这些晶体完全转变成为 β 晶型，这一步骤称为转晶。

1）提纯

粗制奥克托今基本上是 HMX 和 RDX 的混合物。要得到纯净的 HMX，就须除去混在其中的 RDX。有两种途径：①将 HMX 中的少量 RDX 破坏掉，或者用溶剂洗去；②当其中的 RDX 含量较大而又希望回收 RDX 时，则要设法将 RDX 从混合物中分离出来。

用稀碱液破坏在粗奥克托今中的少量 RDX 的方法，是早期用以提纯 HMX 的一种方法。在碱-丙酮水溶液中，RDX 的水解反应比 HMX 快，因而可以在一定条件下，用稀碱液处理含有少量 RDX 的粗制奥克托今，借水解除去 RDX，提高 HMX 的纯度。由于 HMX 在碱性溶液中也可以水解，所以采取此法要控制一定的条件（如碱液浓度、反应温度、反应时间等），相关文献提出的方法是：在 2.0g 干燥的粗制奥克托今中，加入 50mL 碱液，在一定温度下回流一定时间后过滤。文献指出，最适当的条件是：回流温度 100℃，时间 0.5～1h，Na_2CO_3 浓度 0.5%，Na_2CO_3 浓度不能过高，高于 1.5% 则对 HMX 的精制得率和纯度都不利。从经济上看，这种办法提纯 HMX 并不可取，因为在碱解 RDX 过程中，HMX 也有损失，特别是粗奥克托今中 RDX 含量大时，在提纯过程中损失的 HMX 就更多。

用碱破坏 RDX 以提纯 HMX 的方法一般在实验室里采用，以下介绍一种实验室用的方法：将粗制品放入四硼酸钠十水化物的水溶液中（1025.0g 粗 HMX 用 15.0g 四硼酸钠十水化物和 5L 水），一面搅拌，一面沸腾，然后缓缓滴入 5N 的 NaOH 溶液。当溶液 pH 值由 8.7 急剧上升至 9.7 时，表明 RDX 已全部分解。所得产物熔点为 279.5～280.5℃。以硝基甲烷重结晶后可得到熔点为 281～282℃ 的纯 HMX。由于 HMX 在溶剂中的溶解度一般都较 RDX 的溶解度小，所以如果粗 HMX 中只含少量 RDX 时，也可用溶剂将 RDX 洗去（当然，同时也会损失少量的 HMX），用丙酮加对称二甲基脲作为溶剂，可以有较好地分离 RDX 效果。

2）转晶

为了保证奥克托今的使用安全和良好的产品质量，必须使产品为 β 晶型。虽然相关文献指出，通过精确控制加料、反应温度、在连续反应中加强搅拌，就可直接生产出 β - HMX。但一般来说，硝解得到的粗制奥克托今都是几种晶型的混合物，其中主要是 α 晶型。所以，生产过程中必须有将 α 晶型转为 β 晶型的转晶这一步骤。

β - HMX 是在常温下的稳定晶型，一般而言，将粗 HMX（含有各种晶型的）溶于溶剂中加热一定时间，然后缓慢冷却到常温结晶，往往可以使其转为 β 晶型。常用的几种转晶方法，包括溶剂转晶、硝酸转晶、废酸转晶等。其中，废酸转晶的优点是在转晶前不须先将 α - HMX 从废酸中分出，转晶成 β - HMX 后，晶体变得粗短并且颗粒增大，平均直径大约为 $150\mu m$，它易于过滤。且经过大量废酸处理后，如 RDX 在粗制奥克托今中含量不大时，也可以基本上被清除（RDX 溶在大量废酸中）。同时，这种方法不需要另外的溶剂，因而也节省了溶剂回收的费用。

北京理工大学李燕月、金韶华等人通过对 RDX、HMX 结晶特性形成机理、控制原理与控制技术、RDX 结晶特性与安全性能的关系等研究，突破了高品质硝胺炸药的概念设计、结晶特性的控制技术、测试技术等关键技术，制备出了具有球形化、低感度的高品质 RDX、HMX 样品。

3.4　六硝基六氮杂异伍兹烷（CL－20）

3.4.1　CL－20 的性质

1. 物理性质

1987 年美国海军武器中心的 Nielsen 首次合成出六硝基六氮杂异伍兹烷（CL－20，学名：2,4,6,8,10,12 -六硝基- 2,4,6,8,10,12 -六氮杂四环 $[5.5.0.0^{5.9}.0^{3.11}]$ 十二烷），成为高能量密度材料领域的一个重大突破。CL－20 的分子式为 $C_6H_6N_{12}O_{12}$，氧平衡为 -11%，分子结构中含有 1 个六元环、2 个五元环和 2 个七元环，母体环中的 6 个氮原子均处于桥中间而不在桥头。整个分子为三维立体结构，堆积紧密，密度较大。母体环还具有很大的张力，进一步增加了其能量。完美的对称结构，使其具有良好的稳定性。

CL-20 分子中 6 个硝基相对于氮杂五元环和六元环平面取向不同（即环平面内、外之别）和分子在晶格中的不同堆积方式及晶胞内分子数的区别，决定了 CL-20 存在多种晶型。根据 6 个硝基的空间取向，并考虑到空间位阻，CL-20 可能有 13 种晶型。目前已发现并分离出在常温下稳定的 α、β、γ 和 ε 四种晶型，另外还存在 ζ 和 δ 晶型。ζ 晶型在高压（大于 0.7GPa）下制得，δ 晶型出现在 CL-20 的分解温度附近（约 203℃）。α 和 γ 晶型的分子构象相同，差别在于晶格的堆积方式。CL-20 常见 4 种晶型的热力学稳定顺序为 ε-CL-20＞γ-CL-20＞α-CL-20（含水）＞β-CL-20，四种晶型可以在一定条件下互相转化。ε 晶型的分子对称性最高，在常温下最稳定，密度最大，最具应用价值。

CL-20 四种晶型最简便的鉴别方法是利用 FTIR。α、β、γ、ε 四种晶型的 CL-20 的红外光谱在指纹区均有特征吸收。如 ε-CL-20 在 740cm^{-1} 附近有明显的中等强度的四重峰，四种晶型 CL-20 在 1200～700cm^{-1} 范围内的特征吸收峰各有差异。

2. 溶解度

对 ε-CL-20 溶解性最好的溶剂是乙酸乙酯及丙酮，其次是 NG/TA（75/25）、EDNP、NP、TMGDN、TEGDN 及乙二醇，在 FM-1、乙醇及 FEFO 中的溶解度相当小，而在二氯甲烷及水中则基本不溶。

3. 热分解、燃烧及爆炸性能

Patil 等人在研究 β-CL-20 的热分解时发现，β-CL-20 在受热时先转变为 γ-CL-20，然后才分解释放出 NO_2、NO 等气体；Pesse-Rodriguez 等研究了 ε-CL-20 及以 ε-CL-20 为基的推进剂的热分解，他们以热分解-气相色谱-傅里叶变换红外（P-GC-FTIR）为手段，研究发现 CL-20 和 RDX、HMX 的热分解规律有许多相似之处，但 CL-20 所产生的 CO_2 约为 RDX 和 HMX 的 2 倍，产生的 NO_2 则仅为 RDX、HMX 的 1/2。由此可见，以 CL-20 为基的推进剂非常适合美国政府所倡导的"绿色"导弹计划。

对 CL-20 的燃烧试验结果表明，CL-20 的燃烧速度明显高于 HMX。在燃烧初始温度为 223K、298K、373K 时燃烧速度分别为 HMX 的 1.5～2.1 倍、1.6～2.1 倍和 1.8～2.0 倍；以 CL-20 为基的推进剂配方比相应 HMX 配方的燃速高 45%，以 CL-20/TAGN 为基的推进剂配方比相应 HMX 配方的燃速高 56%。

CL‐20 的燃速压力指数略高于 HMX，当压力超过 4.8 MPa 时，二者的压力指数基本相同；推进剂配方的压力指数测定结果则不同，CL‐20 配方的压力指数为 0.54，CL‐20/TAGN 配方的压力指数为 0.46，均低于相应 HMX 配方的 0.66。

通常情况下，CL‐20 的撞击感度高于 HMX，与 PETN 相当，而以 CL‐20 为基的混合炸药的感度则接近或低于以 HMX 为基的混合炸药。CL‐20 的能量密度比 HMX 高 9%，在爆炸产物进行小体积膨胀条件下，以 ε‐CL‐20 为基的塑料黏结炸药的输出能量比以 HMX 为基的塑料黏结炸药高 14%。未球形化 CL‐20 的撞击感度高于 HMX，与 PETN 相当；球形 CL‐20 的感度低于带有尖锐棱角的多晶 CL‐20，也低于 HMX；小粒度 CL‐20 的撞击感度低于大粒度 CL‐20 的撞击感度。

采用 Ornellas 方法测量爆热数据表明，ε‐CL‐20 的爆热比 HMX 高(分别为 6.23MJ/kg，6.19MJ/kg)⇒，是人类合成的爆热仅次于六硝基苯的高能炸药。Bircher 等的研究结果表明，ε‐CL‐20 的爆热比 HMX 高 9.57%，达到 6090J/g(HMX 爆热为 5558J/g)。CL‐20 具有适中感度和优异的爆炸、燃烧性能，大量试验数据表明，CL‐20 的广泛应用将使传统武器性能发生重大改善。

以 CL‐20 为基的高能固体推进剂可使助推装置的总冲提高 17%。用于防空导弹可增加射程 37km，用于反舰导弹可增加射程 90km，用于潜射巡航导弹可增加射程 50%；可大幅度降低目标特征信号；可提高射速和有效载荷，增加突袭因素并增加杀伤能力；用于发射药可使坦克炮射程增加 1.2km。

3.4.2　CL‐20 的合成机理

目前各国采用的 CL‐20 合成路线可分为以下 4 步：①苄胺与乙二醛缩合为六苄基六氮杂异伍兹烷(HBIW)；②HBIW 的脱苄，即将 HBIW 上的 6 个苄基部分或全部转化为易硝化的官能团，如乙酰基；③脱苄产物的硝解；④CL‐20 的转晶，即将硝解生成的 CL‐20(因硝化条件的不同可以是 α 型，或 γ 型)转晶为最稳定、密度最大的 ε 晶型。

1. HBIW 的合成

HBIW 是合成 CL‐20 的前体，它为笼状多胺化合物，其分子式为 $C_{48}H_{48}N_6$，结构式如下：

$$
\begin{array}{c}
\text{C}_2\text{H}_5\text{H}_2\text{C}-\overset{8}{\text{N}}\quad\overset{6}{\text{N}}-\text{CH}_2\text{C}_6\text{H}_5\\
\text{C}_6\text{H}_5\text{H}_2\text{C}-\text{N}\qquad\text{N}-\text{CH}_2\text{C}_6\text{H}_5\\
\overset{}{\underset{10}{\text{C}_6\text{H}_5\text{H}_2\text{C}-\overset{12}{\text{N}}}}\qquad\overset{2}{\text{N}}\\
\text{N}\qquad\overset{4}{\text{N}}-\text{CH}_2\text{C}_6\text{H}_5
\end{array}
$$

1990 年，Nielsen 发表了 HBIW 的合成方法及产品结构鉴定数据，即以乙腈-水恒沸液为溶剂，以甲酸为催化剂，经苄胺与乙二醛缩合制得，反应过程中控制苄胺过量 10%，产品收率达 75%～80%。粗品经乙腈重结晶（重结晶收率 90%）后可用于合成 CL-20 的多种中间体。对于此反应来讲，只有苄胺或某些苯环上带取代基的苄胺才能与乙二醛反应生成六氮杂异伍兹烷(a)，见反应式(3-10)。

$$6\text{ArCH}_2\text{NH}_2+3(\text{CHO})_2\xrightarrow[\text{CH}_2\text{CN}]{\text{H}^+}
\begin{array}{l}
\text{ArH}_2\text{C}-\text{N}\quad\text{N}-\text{CH}_2\text{Ar}\\
\text{ArH}_2\text{C}-\text{N}\quad\text{N}-\text{CH}_2\text{Ar}\\
\text{ArH}_2\text{C}-\text{N}\quad\text{N}-\text{CH}_2\text{Ar}
\end{array}\qquad(3-10)$$

(a)

（a）：$Ar=C_6H_5$，$4-CH_3C_6H_4$，$4-(i-C_3H_7)C_6H_4$，$4-CH_3OC_6H_4$，$3,4-(CH_3O)_2C_6H_3$，$2-ClC_6H_4$，$4-ClC_6H_4$。

脂肪族伯胺和苄胺只能生成联羟甲基胺(b)或二亚胺(c)，见反应式(3-11)。

$$2\text{RNH}_2+(\text{CHO})_2\longrightarrow\text{RNHCH(OH)CH(OH)NHR}\xrightarrow{-2\text{H}_2\text{O}}\text{RN}=\text{CHCH}=\text{NR}$$

(3-11)
(b)\qquad\qquad\qquad(c)

Nielsen 在合成 HBIW 时采用了两条工艺路线，路线 A 为以乙腈-水恒沸液为溶剂，乙二醛滴入苄胺溶液中反应 16～18h；路线 B 为以甲醇为溶剂，反应物立即混合，反应 5～11 天。研究发现，采用甲醇作溶剂时，反应时间长，需几天时间，产品得率及质量均较乙腈-水恒为沸液溶剂时差，粗品得率低 11%～16%。用乙醇作溶剂时，HBIW 得率和质量介于乙腈-水恒沸液和甲醇作溶剂之间。

若按路线 A 制备 HBIW，小试粗品得率虽然在 75%～80%，但在 Thiokol 公司、Aerojet 公司及 NAWC 的中试规模的生产中，HBIW 的得率只有 55%～65%。另外，Thiokol 公司在中试生产 HBIW 时，比较过多种溶剂，发现除乙腈-水恒沸液外，其他溶剂均造成产品得率低、反应时间长、产品纯度差等缺点，不宜采用。

为了进一步提高 HBIW 缩合产品的收率，各国研究者对不同的酸催化剂进行了研究。1993 年，Crampton 等人报道了分别以 HNO_3、H_2SO_4、$HClO_4$、HCl、HCOOH、CH_3COOH 作酸催化剂合成 HBIW 的得率。1997—1998 年，

Thiokol 公司的 Cannizzo 等人报道了无机酸催化合成 HBIW 的最新结果，研究发现 4 种常见无机酸与 88% 甲酸催化效果从好到坏的顺序为：$HClO_4 >$ $HNO_3 > HCl \approx HCOOH > H_2SO_4$。北京理工大学的欧育湘教授采用过一系列的有机酸为催化剂合成 HBIW，其中对甲苯磺酸为催化剂时 HBIW 得率最高（82%），粗品 HBIW 的熔点为 153～155℃。

比较几种工艺路线，以乙腈-水恒沸液为溶剂时，所得粗品色泽较白，黏性副产物少，易于精制，且溶液可以循环多次使用；也可以通过简单的蒸馏进行回收，回收率达到 85%。

2. HBIW 的脱苄

HBIW 在酸性介质中不稳定，极易破环。HBIW 与等摩尔质子生成的络合物可稳定存在数小时，与 2 倍摩尔质子生成的络合物仅可存在 1h；HBIW 在中性的有机溶剂中放置，也可能导致破环。如果对 HBIW 直接进行硝解反应，由于苄基中苯环的硝化反应会与 N -苄基的脱苄硝解反应发生竞争，HBIW 的直接硝解不能生成相应的硝胺，仅得到难以分离提纯的黄色黏稠物，因而一般不采用直接硝解 HBIW 的方法合成 CL - 20，而是先将 HBIW 上的苄基全部或部分取代为其他在硝解条件下使笼形结构稳定、且易被硝基取代的基团，如 $COOCH_2CH_2Si(CH_3)_3$—$COCH_3$、—C_2H_5、—H、—CHO 以及—COC_6H_5 等。由此可见，HBIW 脱苄反应对整个 CL - 20 的合成工艺至关重要。

HBIW 的脱苄实际上是 N，N -二取代苄胺的脱苄反应，这类化合物的脱苄主要有催化氢解、氯甲酸酯取代、氧化等方法。关于 HBIW 氯甲酸酯取代脱苄的方法，1994 年儿玉保进行了较详细的报道，见反应式(3 - 12)。在 - 80～40℃ 将氯甲酸三甲基硅基乙酯滴入 HBIW 的四氢呋喃或乙醚溶液中，使反应体系温度保持在 10～40℃，反应时间 20～200h，反应在氮气或氩气保护下进行，可制得六取代六氮杂异伍兹烷(d)，化合物(d)再经亚硝化、硝化制得 CL - 20。该方法反应条件苛刻，反应时间长，原料氯甲酸三甲基硅基乙酯成本高，无工业化价值。

$$R=CHCH_2Si(CH_3)_3 \qquad (3-12)$$

北京理工大学的于永忠教授提出了"氧化法合成 CL - 20"的研究方向，采用氧化脱苄的方法来取代氢解脱苄，并以廉价的氧化剂来代替氢解用钯催化剂。1998 年，邱文革采用 CrO_3/Ac_2O 作氧化剂，成功地制得了六苯甲酰基六氮杂异伍兹烷（HBzIW）。2000 年，陈树森也采用氧化法，使用改进的氧化剂，大大提高了 HBzIW 的得率。2003 年，刘江强首次选用单电子氧化剂 CAN 对 HBIW 进行了氧化脱苄乙酰化反应，合成出 TADBIW。虽然氧化脱苄的工艺路线可行，但最终产品收率较低，不易工业化生产。

最常用的 N,N-二取代苄胺的脱苄方法是催化氢解脱苄，该反应具有反应条件温和（常温、常压）、选择性好、得率高等特点，是目前较成熟并已工业化生产的 HBIW 的脱苄方法。在 HBIW 的氢解脱苄反应中，其笼形结构上的 6 个苄基并不能一次性脱除，将脱除五元环上 4 个苄基的反应称为 HBIW 的一次氢解脱苄反应，而将脱除笼形结构六元环上剩余的 2 个苄基的反应称为二次氢解反应。

3. HBIW 的一次氢解脱苄反应

1995 年 Bellamy 详细报道了 HBIW 催化氢解脱苄的方法，并制备了 HBIW 一次氢解脱苄产品 2,6,8,12-四乙酰基-4,10-二苄基-2,4,6,8,10,12-六氮杂异伍兹烷（TADBIW），见反应式（3-13）。

$$C_6H_5H_2C-N \quad N-CH_2C_6H_5 \xrightarrow[(CH_3CO)_2O]{H_2, Pd(OH)_2/C} CH_3OC-N \quad N-COCH_3 \quad (3-13)$$

HBIW 的催化氢解反应时，以乙酸酐为反应介质，乙酸酐既是溶剂又是酰化试剂；分别采用干燥的 Degussa 型催化剂（10% Pd/C）、干燥的 Pearlman 催化剂（20% Pd(OH)$_2$/C）和湿的 Pearlman 催化剂（含水 50%）；反应温度为 20～45℃；反应时间为 8h；氢气压力为 0.7～1.0 MPa；催化剂用量 360～720mg/mmol HBIW。产品 TADBIW 的熔点为 290～317℃，纯度大于 80%。研究发现，催化剂催化效果顺序依次为湿的 Pearlman 催化剂大于干的 Pearlman 催化剂＞干的 Degussa 型催化剂。在上述试验条件下，TADBIW 得率较低，反应条件控制不好时，只能得到油状物。

1997 年美国 Thiokol 公司的 Wardle 等人发表了 HBIW 氢解脱苄的最新研究结果。他们在 HBIW 氢解体系中加入共溶剂和溴源以提高产品得率、降低催化剂用量。共溶剂可选用 N,N-二甲基甲酰胺（DMF）、N-甲基吡咯烷酮、1,2-二甲氧基乙烷等，也可用其他的溶剂。合适的溴源包括分子中含有活泼溴的化合物，如溴苯、乙酰溴、气态溴等，溴源的加入顺序在此工艺中并不重要。主要的氢解用催化剂包括 Pd(OH)$_2$、Pd、Pd(OH)$_2$/C、Pd/C。采用该方法氢解 HBIW 可使催化剂用量大幅度降低，如果以 Pd 计，最低用量可达 1.5mg/g HBIW，TADBIW 的得率可高达 80%～90%，钯催化剂在 CL‐20 生产中所占成本由 Nielsen 最初报道的每磅 CL‐20 200 美元，降至 10 美元。

此外，Wardle 还发现，HBIW 在氢解时，存在极少量的 N‐苄基乙酰胺，且已经 HNMR 确认，它的存在会使催化剂中毒。N‐苄基乙酰胺是在氢解酰化反应条件下，由 HBIW 部分水解为苄胺，然后酰化所得，它使催化剂中毒的最低浓度是 N‐苄基乙酰胺占 HBIW 总量的 6.8‰。因此，为了避免 N‐苄基乙酰胺的生成，氢解反应的加料顺序至关重要，一般情况下应在通入氢气后再加入乙酰酐进行反应。

4. HBIW 的二次氢解脱苄反应

HBIW 经一次氢解脱苄反应后，得到了 TADBIW 产品，该产品可在不同反应条件下继续进行脱苄反应，以使笼形结构上剩余的另 2 个苄基也被其他基团所取代，钯系催化剂存在进行的二次氢解脱苄反应的产品同样是合成 CL‐20 的重要硝化前体。

1995 年，Bellamy 在发表的论文中提出，HBIW 的一次氢解产物 TADBIW 在 10% 或 20% 的乙酸‐乙酸酐溶剂中，或乙酸酐‐水的介质中继续氢解，可得到二次氢解产品 2,6,8,12‐四乙酰基‐4,10‐二乙基‐2,4,6,8,10,12‐六氮杂异伍兹烷（TADEIW），见反应式(3‐14)。

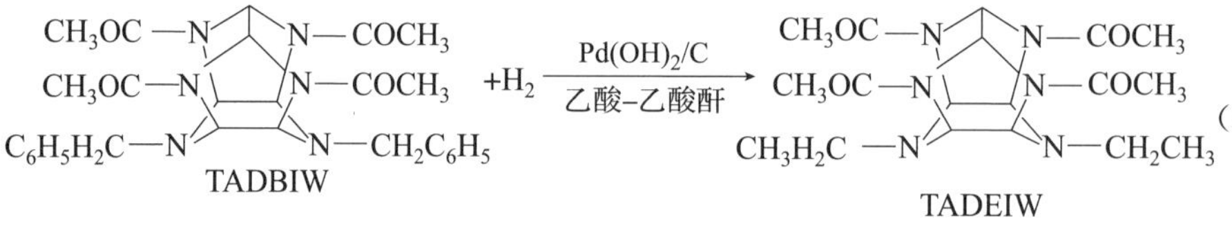

$$(3-14)$$

TADBIW 在乙酸酐‐乙酸混合溶液中的反应条件为：催化剂用量 360mg/mmol TADBIW，氢气压力为 0.7 MPa，反应温度 0～45℃，反应时间 17h。产品 TADEIW（m. p. 255～259℃），纯度大于 97%，得率大于 90%。反应时间不足（8h 以内）时，有苄基不完全取代物（e）出现，说明此反应的速控步骤为脱苄‐乙酰化，乙酰基还原为乙基为快速反应。4,10‐位的乙酰基之所以被还原为乙基是因为六元环上氮原子的 3 个键更容易处于同一平面，使氮原子与羰基碳原子趋于形成双键，氢化反应更容易在羰基碳上进行。

(e)

Wardle 等人指出，HBIW 一次氢解产品 TADBIW 经过滤后，在不补加催化剂的情况下可直接用于二次氢解反应，反应介质为 88% 的甲酸溶液，所得产品为 2,6,8,12-四乙酰基-4,10-二甲酰基-2,4,6,8,10,12-六氮杂异伍兹烷[TADFIW，见反应式(3-15)]，得率为 75%～80%。

$$CH_3OC-N\underset{N}{\overset{N}{\bigwedge}}N-COCH_3 \atop CH_3OC-N\quad N-COCH_3 \atop C_6H_5H_2C-N\quad N-CH_2C_6H_5 \xrightarrow[88\%HCOOH]{H_2, [Pd/C]} CH_3OC-N\underset{N}{\overset{N}{\bigwedge}}N-COCH_3 \atop CH_3OC-N\quad N-COCH_3 \atop OHC-N\quad N-CHO \quad (3-15)$$

TADBIW　　　　　　　　　　　　TADFIW

1998 年，日本人报道了 HBIW 在 N,N-二甲基乙酰胺中进行催化氢解反应，制得了五乙酰基六氮杂异伍兹烷(PAIW)和六乙酰基六氮杂异伍兹烷(HAIW)。1999 年 Wardle 等人报道了 TADBIW 的催化氢解反应和相应的六氮杂异伍兹烷衍生物合成的最新研究结果，这些衍生物同样也是合成 CL-20 的重要中间体。Wardle 分别采用甲酸-甲醇、甲酸-水、甲酸为溶剂，以 Pd/C 为催化剂对 TADBIW 进行氢解脱苄反应，分别得到了四乙酰基六氮杂异伍兹烷(TAIW)、四乙酰基一甲酰基六氮杂异伍兹烷(f)及 TADFIW 三种衍生物，具体反应结果见反应式(3-16)。

$$(3-16)$$

TAIW 在乙酸酐或酰氯介质中，以吡啶为碱催化剂，可以制得 HAIW，见反应式(3-17)。

$$CH_3OC-N\underset{N}{\overset{N}{\bigwedge}}N-COCH_3 \atop CH_3OC-N\quad N-COCH_3 \atop H-N\quad N-H \xrightarrow[\text{吡啶（碱催化剂）}]{\text{乙酐或酰氯}} CH_3OC-N\underset{N}{\overset{N}{\bigwedge}}N-COCH_3 \atop CH_3OC-N\quad N-COCH_3 \atop CH_3OC-N\quad N-COCH_3 \quad (3-17)$$

TAIW　　　　　　　　　　　　HAIW

5. 脱苄产物的硝解

CL-20 可由多种 HBIW 的脱苄产物如 TADBIW、HAIW、TAIW、TADFIW、TADEIW 及氧化产物 HBzIW 制得。

1）TADBIW 的硝解

TADBIW 分子的五元环上有 4 个乙酰基，六元环上有 2 个苄基，由它制备 CL-20 时，包括将六元环上的苄基先亚硝解脱苄为亚硝基再氧化为硝基，以及将五元环上的 4 个乙酰基硝解为硝基两步，称为两步法；这两步也可以同时进行，即不必分离出亚硝解产物，而在同一反应器中继续硝解，称为一步法。

1997 年，Nielsen 在四氟化硼亚硝𨦡盐/环丁砜体系中采用亚硝解、硝解一步法合成 CL-20，产品得率 97%。两步法系先用 $NO^+BF_4^-$ 或 N_2O_4 将 TADBIW 亚硝解为 2,6,8,12-四乙酰基-4,10-二亚硝基-2,4,6,8,10,12-六氮杂异伍兹烷（TADNIW），并将此亚硝解产物分离，再用混酸将其硝解为 CL-20。

无论一步法还是两步法，由于亚硝解试剂耗量大，又不便处理，而且反应时间长，因此需对此法进行改进。欧育湘、陈博仁等人采用了一种新型的复合亚硝解试剂，使亚硝解反应时间大为缩短，而且亚硝解效率高，产物不必分离，可以直接向反应体系中加入硝解剂（硝硫混酸）进行硝解反应，总得率达 90%，产品纯度达 98%～99%。

2）TAIW 和 HAIW 的硝解

赵信歧等采用 HNO_3/H_2SO_4 硝解 TAIW 得到了 CL-20。欧育湘、陈博仁等采用 HNO_3/H_2SO_4 或 $KNO_3-H_2SO_4$ 超酸体系硝解 HAIW 制备了 CL-20，同时在 HNO_3/H_2SO_4 硝解体系中，也由 TADEIW 制备出 CL-20。

3）TADFIW 的硝解

Wardle 用 HNO_3/H_2SO_4 将 TADFIW 硝解为 CL-20。但是，2000 年 6 月底在德国召开的国际含能材料第 31 届 ICT 年会上，Wardle 指出，采用 HNO_3/H_2SO_4 体系对 TADFIW 进行硝解时，甲酰基比乙酰基难以硝解离去，需要强烈的硝化条件并延长硝解时间才行。在一般的硝化条件下，通常约有 2% 的一甲酰基五硝基产物，硝化反应不完全，而且这种杂质不能用重结晶的方法除去，它的存在会对 CL-20 产品质量产生很大的影响。

6. 水解硝化

为了更好地解决 TADFIW 硝解中存在的问题，北京理工大学陈树森教授提出了水解硝化。TADFIW 分子中有 4 个乙酰胺基团和 2 个甲酰胺基团。在氮硝化催化剂的作用下，在浓硝酸中，TADFIW 上的 2 个甲酰基首先发生水解反应，生成相应的二级胺，二级胺生成后，在硝酸的作用下，迅速被硝化成硝胺。然后剩余 4 个乙酰胺基团逐次发生上述反应，最后生成目标化合物 HNIW。反应历程如下：

$$
\begin{array}{ccc}
\text{Ac}-\text{N} \quad \text{N}-\text{Ac} & \text{Ac}-\text{N} \quad \text{N}-\text{Ac} & \text{Ac}-\text{N} \quad \text{N}-\text{Ac} \\
\text{Ac}-\text{N} \quad \text{N}-\text{Ac} \longrightarrow & \text{Ac}-\text{N} \quad \text{N}-\text{Ac} \longrightarrow & \text{Ac}-\text{N} \quad \text{N}-\text{Ac} \longrightarrow \\
\text{OHC}-\text{N} \quad \text{N}-\text{CHO} & \text{H}-\text{N} \quad \text{N}-\text{CHO} & \text{O}_2\text{H}-\text{N} \quad \text{N}-\text{CHO}
\end{array}
$$

$$
\begin{array}{ccc}
\text{Ac}-\text{N} \quad \text{N}-\text{Ac} & \text{Ac}-\text{N} \quad \text{N}-\text{Ac} & \\
\longrightarrow \quad \text{Ac}-\text{N} \quad \text{N}-\text{Ac} \longrightarrow & \text{Ac}-\text{N} \quad \text{N}-\text{Ac} \longrightarrow & \\
\text{O}_2\text{N}-\text{N} \quad \text{N}-\text{H} & \text{O}_2\text{N}-\text{N} \quad \text{N}-\text{NO}_2 &
\end{array}
$$

$$
\begin{array}{cc}
\text{O}_2\text{N}-\text{N} \quad \text{N}-\text{NO}_2 & \text{O}_2\text{N}-\text{N} \quad \text{N}-\text{NO}_2 \\
\longrightarrow \quad \text{O}_2\text{N}-\text{N} \quad \text{N}-\text{NO}_2 \quad + & \text{O}_2\text{N}-\text{N} \quad \text{N}-\text{NO}_2 \\
\text{O}_2\text{N}-\text{N} \quad \text{N}-\text{CHO} & \text{O}_2\text{N}-\text{N} \quad \text{N}-\text{NO}_2
\end{array}
$$

为提高 TADFIW 硝解产物的纯度，北京理工大学陈树森、束庆海等采用浓硝酸为硝解剂，在氮硝化催化剂的作用下对 TADFIW 进行水解硝化，详细研究了硝酸浓度、硝酸的用量、反应温度以及反应前期升温速率对水解硝化得率和 HNIW 纯度的影响，找到了一条较优的工艺路线，能使得反应得率达到 90% 以上，纯度达到 99.7% 以上，并将 TADFIW 水解硝化优化后的工艺成功放大到千克级以上。

3.4.3 CL‐20 的合成工艺

1. HBIW 的合成工艺

HBIW 最初是由 Nielsen 以乙腈‐水恒沸液为溶剂，以甲酸为催化剂，由苄胺与乙二醛在 10～25℃ 缩合生成的，粗产品经丙酮精制后可用于转化为合成 CL‐20 的多种硝解基质。后来，人们基本上采用 Nielsen 工艺制备 HBIW，不过在溶剂和催化剂上有所改变，如采用乙醇为溶剂，但产品质量及得率均低于以乙腈‐水恒沸液为溶剂者。人们曾尝试了多种无机酸（如高氯酸、盐酸、硝酸等）为催化剂以代替甲酸，其中以高氯酸的效果最佳，所得结果列于表 3‐13 中。

表 3 - 13   不同催化剂对 HBIW 得率的影响(乙腈-水恒沸液为溶剂)

酸催化剂	反应液的 pH 值	得率/%
H_2SO_4		50
$HClO_4$	3～7	68～71
HCOOH	5	61～63
HCl	5	60～66
HNO_3	5	65～67

美国 Thiokol 公司在生产 HBIW 时，曾采用过多种溶剂，但除了乙腈-水恒沸液外，其他溶剂均存在产品得率低、反应时间长、产品纯度差等缺点，故该公司认为均不宜采用。关于乙腈的毒性问题，该公司认为使用防护装置可以解决。研究发现，若采用乙腈-水恒沸液为溶剂，还有利于溶剂的回收再利用，使溶剂消耗量和废水处理量减小，因而可降低 CL - 20 成本。同时，为了提高 HBIW 的纯度和得率，减少或消除聚合副产物，合成 HBIW 的反应温度宜低，加料时间宜稍长。据称，这样制得的 HBIW 不需精制，只需在丙酮或甲醇中简单研磨后即可用于下一步的脱苄反应。合成 HBIW 的溶剂，已采用过的有乙腈、95%乙醇及甲醇。实验室合成 HBIW 的操作程序如下。

1)乙腈法

(1)缩合。在容量为 2000mL 三口瓶中，加入乙腈 1100mL，蒸馏水 100mL，苄胺 118.0g(1.10mol)，甲酸(88%) 5.8g(含甲酸 0.11mol)。搅拌 20min 后，由滴液漏斗往瓶中加 72.5g 40%乙二醛水溶液(含乙二醛 0.5mol)。滴加乙二醛过程中，以自来水冷却反应瓶，滴加速度应控制使反应液温度不超过 25℃。乙二醛滴入 1/3 左右时，即出现白色固体，并逐渐增多。一般可于 1.5h 内加完。滴液漏斗以 15mL 水洗涤，洗涤水也加入反应瓶中。加料完毕，将反应物料继续搅拌 15min。然后令其在室温下(不超过 30℃)停留 20h，但每隔数小时，应搅拌 10min 左右。最后过滤反应物，并用 150mL 冷乙腈分两次洗涤滤饼，晾干，得稍带淡黄色的粗品 HBIW 93.0～95.0g(多次结果)，得率为 79%～80.5%，粗品熔点为 149～151℃。

(2)精制。在容量为 1000mL 烧瓶中，加入 50.0g 上步合成所得的粗制 HBIW 及 600mL 丙酮母液(即上批精制 HBIW 所得丙酮母液，可重复使用多次)，将瓶置于 55～62℃的水浴中，搅拌。约 40min 后，HBIW 全部溶解。冷却至室温，再静置 24h。过滤，滤饼用 25mL 乙腈洗涤，晾干，得白色针状结晶 43.0～44.0g(多次结果)，精制得率为 86%～88%。精品熔点为 155～156℃。

2)95%乙醇法

(1)缩合。操作程序与乙腈法相同，差别仅在于：①反应溶液中不需要加水；②反应物用冰-水浴冷却，并控制加料温度不超过 10～15℃，所以加料时间稍长；③也可将 40%乙二醛水溶液先用 95%乙醇稀释，然后往反应瓶中滴加此稀释液，这样可减缓反应的释热速度；④乙二醛加毕，反应物在室温下(不超过 30℃)停留 2～3 天；⑤粗制 HBIW 用 95%乙醇而不是用乙腈洗涤。95%乙醇法所得 HBIW 一般为淡黄色粉末，熔点为 148～151℃，得率一般为 60%左右(最高一次为 63.2%)。

(2)精制。与乙腈法完全相同，所得精制 HBIW 用冷丙酮洗涤，精制得率一般为 70%～80%(最高一次为 83.2%)。精品熔点为 154～156℃。

3)甲醇法

在反应器中加入 112.0g(1.045mol)苯胺、750mL 甲醇、40mL 水及 5.5g(0.105mol) 88% 甲酸，往形成的混合液中，于 20℃ 及 8h 内，滴加 72.5g(0.50mol)40%乙二醛，令反应物在 25℃ 下静置 11 天(绝大部分产物在 5 天内已沉淀析出)。过滤，用冷甲醇洗涤滤饼，得粗制 HBIW，得率为 64%，熔点 150～152℃。粗制 HBIW 用乙腈(或丙酮)重结晶精制后，熔点升至 153～157℃。精制得率 90%，总得率可达 57%左右。

4)乙腈法与乙醇法及甲醇法比较

乙腈法的精制 HBIW 的总得率可稳定在 68%～70%，波动范围小，重现性好。乙醇法和甲醇法的相应值为 50%左右，波动范围较大。即乙腈法的得率可为乙醇法或甲醇法的 1.4 倍左右，所以前者的原材料(苯胺及乙二醛)消耗量较后两者可大幅度降低。当然乙腈的价格高于 95%乙醇或甲醇，但溶剂是可以回收并循环使用的，所以这方面增加的生产成本比节省原材料降低的生产成本远少。在所有合成 CL‐20 的原材料中，除了催化剂外，苄胺是最昂贵的，所以在脱苄氢解催化剂回收问题解决后，提高 HBIW 的收率，降低苄胺的消耗，将是降低 CL‐20 价格最有效和最必须考虑的途径之一。

乙腈法所得粗制 HBIW 质量优于 95%乙醇法及甲醇法，颜色较白，带结晶光泽，所以精制得率高，精品 HBIW 质量有保证。乙腈法对反应条件(特别是加料温度)不如 95%乙醇法或甲醇法苛刻，可采用的温度范围比较宽，但不影响产品质量及得率，聚合副反应较少。以乙腈为溶剂时，醛胺缩合生成 HBIW 的速率比以乙醇或甲醇为溶剂者要快。按文献报道，在乙腈中，92%的二亚胺可于 30min 内转化为 HBIW，17h 内反应可全部完成。所以乙腈法的反应液，在滴加完乙二醛后，只需放置 20h，即可过滤出 HBIW，而 95% 乙醇法或甲醇法的反应液一般需放置 2～3 天。

2. HBIW 的脱苄工艺

目前工业上采用的 HBIW 的脱苄工艺主要是催化氢解法，主要有两种工艺，均须通过使用钯碳催化剂经两次氢解完成，但反应的介质体系有所不同。

1）工艺 I

第一次氢解系采用二甲基甲酰胺（DMF）与醋酐组成的混合溶剂（醋酸酐也是反应物），同时加入溴化物，用钯催化剂（用量为 1.5mg/kg HBIW）使 HBIW 氢解脱苄生成 TADBIW（氢气压力为 0.35～0.42 MPa），最高得率可达 80%。氢解所生成的 TADBIW 不溶于所用溶剂，与催化剂共同析出，过滤后可直接在甲酸中再第二次氢解（不需再加催化剂），制得 TADFIW 得率达 75%～80%。

HBIW 氢解为 TADBIW 及将 TADBIW 氢解为 TADFIW 的反应条件列于表 3‑14。钯催化剂类型和用量对由 HBIW 制备 TADBIW 得率的影响见表 3‑14。

表 3‑14　氢解脱苄条件

反应	HBIW→TADBIW	TADBIW→TADFIW
催化剂类型	E101NE/W[①]	
催化剂用量[②]/(mg·g^{-1})	1.5 ～5	0
溶剂及用量/(g·g^{-1})	DMF 3	0
脱苄试剂及用量/(g·g^{-1})	醋酐 1.6	甲酸 2.6
溴化物及用量/(g·g^{-1})	溴苯 0.028	0
氢气压力/MPa	0.35 ～0.42	0.35 ～0.42
反应温度及时间	20 ～50℃，24h	20 ～30℃，20h
产品得率/%	74 ～82	78
实际吸氢量/(m³·kg^{-1})	0.155	0.089
理论吸氢量/(m³·kg^{-1})	0.126	0.087

注：① Pd(OH)$_2$/C，含水约 50%，使用前用 DMF 洗涤以除水；② 以 Pd 计

由表 3‑14 可得较佳反应条件为：HBIW 量 50.0g，DMF 量 125mL，醋酐量 75mL，溴苯 1mL，反应时间 24h，温度 20～50℃。

2）工艺 II

第一次氢解系在乙酐中，以 Pd/C 或 Pd(OH)$_2$/C 为催化剂将 HBIW 转变

成 TADBIW。反应温度为 20～45℃，反应时间为 8h，氢气压力为 0.7～1.0MPa，催化剂用量为 360～720mg/mmol HBIW。产品熔点为 290～317℃，其组成中 80% 以上为 TADBIW。第一次氢解制得的 TADBIW 再在乙酸酐-乙酸混合溶剂中进行第二次氢解，当催化剂用量为 360mg/mmol TADBIW，氢气压力为 0.7 MPa，反应温度为 45℃，反应时间为 17h 时，可得到熔点为 225～259℃、纯度为 91% 以上的 TADEIW，得率可达 90% 以上。

3. 脱苄产物的合成方法

1）TADBIW 的合成

①实验室常压法。首先将 HBIW 加入反应器中，再依次分别加入 DMF、溴化物及含 Pd(OH)$_2$ 的催化剂。加料完后，通入氮气置换反应器中的空气，反复多次，直至基本驱尽反应器中的空气为止。最后迅速向反应器加入酸酐。密封反应系统，通入氢气，搅拌，开始反应，随时观察反应情况并记录吸氢量。前 2h 反应温度不宜太高，以 20～50℃ 为宜。反应 2h 后，将温度升到（50±5）℃，继续反应 6～10h。反应完毕，关闭氢气源，通入氮气，用氮气排去反应系统中的氢气。打开反应系统，过滤产物，用乙醇及丙酮洗涤、干燥。这样得到的产物含有催化剂，用乙酸将其溶解，滤出催化剂，减压蒸馏滤液，得淡黄色固体。用少量丙酮洗涤，得白色固体，此为纯度 98% 以上的 TADBIW。

②工业加压法。在 400 L 不锈钢高压反应器中，加入 122.0kg DMF、70.0kg 乙酸酐、43.2kg（61mol）HBIW、0.781kg 溴苯及 4.63kg Pd(OH)$_2$/C 催化剂（含水 55.3%，干催化剂量为 2.07kg，其中含钯 10%）。用氮气冲洗反应器 4 次。在冲洗过程中，反应器内物料温度由 21.3℃ 升至 25.2℃。令反应器内氢气压力达 0.35 MPa，搅拌物料，在 30min 内令物料温度升至 51.4℃。此时需向反应器夹套通入冷水，以导走反应放出的热量而保持适当的反应温度。在此 30min 内反应吸氢量约达 140mol（由供氢槽的压力降测知）。在随后的 1.5h 内，反应又吸氢 120mol。且在此期间内，物料温度下降至 43.1℃。当物料温度降至 35℃ 以下时，停止往夹套通冷水。继续搅拌反应物 21h，反应再吸氢 40mol。这样，反应的总吸氢量达 300mol，而理论吸氢量应为 250mol。反应完毕，用氮气冲洗反应器 3 次，再将反应物放出过滤，滤饼用约 130 L 乙醇洗涤，所得产品为显灰白色的含催化剂及少量 DMF 的 TADBIW，得率为 82%～85%。

2）TADFIW 的合成

（1）实验室常压法。将 30.0g（58.2mmol）TADBIW（此 TADBIW 系由

HBIW 氢解制得，其中所含的已用过的催化剂不必分离除去）、90mL 88% 的甲酸加入反应瓶中，先在室温下用氮气冲洗反应瓶数分钟，也可先将反应瓶抽空，再充入氮气，再抽空。如此重复 3～4 次，可更好地除去反应瓶中所含氧。并检验瓶中氧含量很低后，通入常压氢气氢解，最初 3h 内的温度不超过 30℃，随后升温至 36～40℃，继续氢解 8h。当系统不再吸氢时，停止反应。再用氮气冲洗反应瓶数分钟后，将反应物过滤以除去催化剂。在 60℃ 以下减压浓缩滤液，得淡黄色黏稠物，冷却，加入 25mL 无水乙醇，沉淀出固体，过滤，用 10mL 丙酮洗涤，得 TADFIW，得率为 73%。此法可直接用于硝解制备 CL‑20。

（2）工业加压法。

在 400 L 不锈钢高压釜中，加入由工业加压法制得的 85.0kg（约 150mol）TADBIW 与已用催化剂的混合物，200.0kg 甲酸。用氮气冲洗反应器 5 次，然后通入氢气氢解，在前 4h 大约吸氢 110mol，物料温度由 16.1℃ 升至 25.8℃。在随后的 16h 内又吸氢 220mol，物料温度由 25.8℃ 升至 30.4℃。反应完毕，用氮气冲洗反应器 3 次。过滤反应物，分离出催化剂，而产物则溶于滤液中。用 200 L 水洗涤催化剂，并将此洗涤水与上述滤液合并。采用薄膜蒸发器减压浓缩（压力 2.6 kPa，温度 50℃）滤液，得产品。用 40 L 水和 20 L 乙醇洗涤反应器及蒸发器，洗涤液加入产品中。减压干燥（压力低于 2.0 kPa，温度 50℃）产品，得 57.0kg TADFIW，含水 0.46%，DMF 1.1%，甲酸 9.28%，按 TADBIW 计，TADFIW 的得率为 86%。

3）TAIW 的合成

将所得 3.67g TADBIW、1.6g Pd(OAc)$_2$ 和 150mL 醋酸置于帕尔反应器中，先用氮气冲洗反应器，然后令器内氢气压力增至 0.35MPa，反应 15h。将反应物过滤，浓缩滤液，析出固体，后者再用 100mL 乙酸乙酯洗涤，即得 TAIW。

4）HAIW 的合成

（1）甲酸法。

①由 TADBIW 合成 TAIW·2HCOOH。将 10.0g TADBIW 加入 200mL 甲酸中，形成浆状物。在搅拌下，往此浆状物中加入 10.0g Pd/C（含钯 5%），在室温下反应 18h。过滤反应物以除去催化剂，滤液在低压下浓缩，得 8.78g TAIW·2HCOOH。

②由 TAIW·2HCOOH 合成 HAIW。往 500mg TAIW·2HCOOH 中加入 2.4mL NaOH 水溶液（浓度 1mol/L），减压蒸馏，所得剩余物溶于 20mL 醋酸，再加入 5mL 吡啶，将所得溶液加热至 60℃，反应 18h。减压蒸除挥发物，剩余

物溶于 10mL 乙酸乙酯，过滤溶液，浓缩滤液，得粗制 HAIW，用硅胶提纯所得固体产物（以丙酮为提洗液），得 HAIW。

（2）乙酸法。

将 20.0g TADBIW 及 1.0g Pd(OH)₂/C 催化剂（含钯 20%）加入反应器中的 100mL 乙酸中，将反应器抽空，充氮，再抽空。如此重复 3~4 次。将反应瓶与常压氢气源相连，剧烈搅拌物料，在 20~40℃下氢解 7h。断开氢气源，再用氮气将反应瓶中的氢气置换出去。过滤分离出催化剂，将乙酸溶液重新置于反应瓶中，于 20℃下加入 20mL 乙酰氯，再升温至 48~55℃，反应 20~30min，减压蒸除溶剂，往剩余物中加入 40mL 无水乙醇，过滤，得 HAIW，熔点 284~292℃，得率为 82%。此法可直接用于硝解制备 CL-20。

5）TADEIW 的合成（实验室常压法）

将 80mL 乙酸酐及 15mL 水加入氢解器中，搅拌使之成为均相后加入 2.0g TADBIW 及 0.7g 25% Pd(OH)₂/C。氢解操作及后处理程序同制备 TADBIW（实验室常压法）的合成。反应先在 5~10℃下进行 5~6h，再在室温下反应 24h。得 1.3g TADEIW，得率 85%，熔点 274~276℃。

4. CL-20 的合成工艺

前已指出，有几种脱苄产物均可硝解为 CL-20。例如，硝解 TADBIW 制备 CL-20 时，可分二步进行，也可采用一锅法一步完成。二步法系先将 TADBIW 硝解为四乙酰基二亚硝基六氮杂异伍兹烷，再将后者硝解为 CL-20。

由 CL-20 的第二次氢解产物 TADFIW、TADEIW、TAIW 或 HAIW 硝解合成 CL-20 时，比由 TADBIW 简单，一般是在反应瓶中先加入大过量的硝解剂，再在室温下往硝解剂中分批加入硝解前体，加完后逐步升至硝解温度，并保持一定时间，CL-20 即从硝解液中逐渐析出。

1）由 TADBIW 合成 CL-20

（1）Nielsen 的一步法。在反应瓶中加入 15.49g（0.03mol）TADBIW、1.08g（0.06mol）H₂O 及 300mL 环丁砜，在 25℃以下 30min 内，加入 14.02g（0.12mol）或 10.5g（0.09mol）NO⁺BF₄⁻。将物料在 25℃及 55~60℃下各搅拌 1h，得到清亮的橙黄色溶液。将物料冷却至 25℃后快速加入 47.8g（0.3mol）NO₂⁺BF₄⁻，在 25℃及 55~60℃下各搅拌 2h 后冷却至 10℃，再缓慢加入 4.5L H₂O，加水时温度不高于 25℃，时间为 3~18h。过滤，水洗，得 12.78g（得率 97%）CL-20（含<1%的水合水），纯度大于 99%。将所得 CL-20 溶于 40mL 乙酸乙酯并用短硅胶柱过滤，再将溶液倾入 500mLCH₃Cl 中，得 11.9g（精制

得率 93%，总得率 90%）不含水的纯 β - CL - 20。

（2）瑞典和英国的两步法。瑞典和英国研发的用两步法由 TADBIW 制备 CL - 20 时，第一步可在醋酸中用 N_2O_4 将 TADBIW 亚硝解为四乙酰基二亚硝基六氮杂异伍兹烷（TADNIW），并将此亚硝基化合物分离，再用混酸将其硝化为 CL - 20。就最后产品的纯度而言，两步法优于一步法。

①由 TADBIW 合成 TADNIW。往由 400～450mL 醋酸、240mL N_2O_4 及 20mL 水组成的混合液中，在剧烈搅拌下加入 400.0gTADBIW，加料时间为 20min，加料温度为 20～25℃。加完 TADBIW 后，令反应物在此温度下继续反应，用薄层色谱（TLC）跟踪反应，当 TLC 板上比移值（R_f）为 0.50 的点的含量估计达 90% 时，停止反应。此时产物主要为 TADNIW，但也含有少量三乙酰基三亚硝基六氮杂异伍兹烷（TATNIW，R_f = 0.61），后者也可在第二步反应中转化为 CL - 20。反应完成后，将反应混合物中剩余的 N_2O_4 除去后，再往其中加入 3L 乙醇，并剧烈搅拌，以使生成物沉淀。过滤，滤饼用 3×300mL 乙醇洗涤，以除去其中含有的痕量苯甲醛。将滤饼在 50℃下干燥 24h，得 250g 微黄色粉末，即为 TADNIW，不需进一步纯制，即可用于下一步的硝解。

曾按下述程序进行过小型的亚硝化：将 5.16g TADBIW 溶于 50mL 醋酸中，再往其中加入 3.8mL N_2O_4。搅拌物料 24h 后，再加入 4.0mL N_2O_4。当 TLC 分析表示反应完成后，减压蒸出反应中的醋酸，再按上述方法分离出产物 TADNIW。

②由 TADNIW 合成 CL - 20。将 500.0g TADNIW 溶于 6L 浓度为 99% 的硝酸中，再在 5min 内，向形成的溶液中加入 750mL 浓度为 96% 的硫酸。将所形成的反应混合物加热至 75～80℃，并在此温度下反应 2h。然后在剧烈搅拌下将所得产物倾入 30.0kg 冰水中，并保持稀释液温度不高于 35℃。将沉淀出的产物过滤，水洗滤饼至洗水呈中性，再在 40℃下干燥至恒重。所得 HNIW 为 α -晶型（含水合水），纯度为 99.0%（HPLC 法测定），得率为 93%。

如将反应时间由 2h 改为 20min（反应温度仍为 75～80℃），即将反应物倾入冰水中，测定出产物为 CL - 20、五硝基一乙酰基六氮杂异伍兹烷（PNMAIW）及 TNDAIW 三者的混合物。

（3）瑞典和英国的一步法。由 TADBIW 以一步法合成 CL - 20 时，不分离亚硝基中间产物。操作程序如下：

将 57.0g TADBIW 加入由 240mLN_2O_4 和 9.6mL 水组成的液体中，加料时间为 10min，加料温度为 0℃。加料完毕，搅拌物料 1h，且维持物料温度为 0℃。随后令物料升温至 20～25℃，静置 20h 后，再冷却至低于 5℃。搅拌物

料,在 1.5～2h 加入 90%硝酸 960mL,加料温度不高于 5℃。加完硝酸后,在
10min 内加入 98%硫酸 240mL。加硫酸时,不必外部冷却,而使物料温度升至
35℃。将所形成的反应溶液缓慢加热至 80℃,此时有 N_2O_4 及 HNO_3 蒸出,形成
的冷凝液(可循环使用)分成两层,上层为含 94.5%的 N_2O_4 及 5.5%的 HNO_3,
下层为含 56.5%的 N_2O_4 和 43.5%的 HNO_3。令反应物在 80℃下反应 2～2.5h,
然后冷却,再将其倾入 4.0kg 冰水中,过滤出固体,用水洗涤后减压干燥,得
产品 47.0g。

(4)改进的一步法。上述英国及瑞典的以一步法或两步法由 TADBIW 制备
CL-20 的方法,操作繁复,亚硝解试剂不便处理,且耗量大,加上亚硝解时间
过长,所以不便于工业化生产。改进后采用了一种新型的复合亚硝解试剂,此
试剂价廉,易处理,用量低,亚硝解效率好,使亚硝解在 20～25℃下于 2～3h
内完成,且亚硝解极其平稳。另外,亚硝解完成后,产物不需分离,直接往反
应物中加入硝解剂(硝硫混酸),升温至 85～90℃,反应 3h,即得 γ-CL-20,
纯度达 98%～99%(HPLC 法测定),总得率达 90%左右。

2)由 TADFIW 合成 CL-20

(1)硝酸法。TADFIW 用浓度 98%以上的硝酸在 115℃下可硝解为 γ-CL-
20。具体操作如下:在装有冷凝器、干燥管、温度计以及搅拌器的三口圆底烧
瓶中加入 15mL 98% HNO_3,在搅拌下分批加入 5.0g TADFIW,加料速度以维
持反应物温度为 20～25℃为宜。TADFIW 可溶于 HNO_3 中,形成清亮溶液。将
烧瓶内物料加热至 115℃,此时外部加热油浴的温度相应为 125℃。反应一定时
间后,反应液中开始析出白色固体。随着反应的进行,白色固体增多。总反应
时间需 4.5h。反应完毕,令反应混合物冷至室温,再将其倾入碎冰中,过滤出
白色固体,用净水洗涤 3 次,干燥,得流散性粉末。FTIR 证明为 γ-CL-20,
得率 90%～99%。

上述以 HNO_3 硝解 TADFIW 合成 CL-20 的工艺,硝酸用量、硝酸浓度、
反应温度及反应时间对 γ-CL-20 得率的影响见表 3-15。

表 3-15　硝解工艺条件对产物纯度的影响

TADFIW 量 /g	HNO_3 量 /mL	HNO_3 质量分数 /%	反应温度 /℃	反应时间 /h	产物中 CL-20 质量分数/%
0.3	1	98	80	4	30
0.3	1	98	115	4	98
1.0	1.5	98	115	4	80[①]
1.0	2.0	98	115	4	80[①]

（续）

TADFIW 量 /g	HNO₃ 量 /mL	HNO₃ 质量分数 /%	反应温度 /℃	反应时间 /h	产物中 CL‑20 质量分数/%
1.0	3.0	98	115	4	98
0.3	3.0	98	115	12～15	98
0.3	1.0	95	115	4	95～97
0.3	3.0②	98	70	10～15	无产物生成
0.3	3.0②	98	75	10～15	60
0.3	3.0②	98	80	10～15	80
0.3	3.0②	98	100	10～15	95
0.3	3.0②	98	115	10～15	99

注：① 副产物中含一氧及二氧杂异伍兹烷，说明部分 CL‑20 水解；
　　② 另加有 1.3g 磺酸树脂

（2）硝硫混酸法。在反应瓶中加入 20mL 98% 硝酸，冷却至 10℃ 以下，往其中逐份加入 5.0g TADFIW，加料时间约 10min，保持加料温度不超过 20℃。随后再于 30min 内及不高于 30℃ 下加入 20mL 98% 的硫酸。加毕，将物料温度缓慢升至 75℃，反应 2h；再升温至 90℃，反应 3h。冷却，过滤，洗涤，干燥，得 γ‑CL‑20。得率 82%，纯度 97%。

北京理工大学施瑞研究了 TADFIW 的选择性硝解技术，合成并提纯了由 TADFIW 制备 HNIW 的副产物 PNMFIW，研究了 PNMFIW 对 HNIW 性能的影响，对 HNIW 制备工艺优化，以及研究 HNIW 的储存、应用具有重要的价值和理论意义。

3）由 TAIW 合成 CL‑20

（1）硝硫混酸法（连续法）。美国专利 USP 6391 130B1（2002 年）报道了一种将 TAIW 以连续法硝解为 CL‑20 的方法，该法采用由发烟硝酸与浓硫酸配成的硝硫混酸为硝化剂，硝酸与硫酸体积比为（6∶4）～（8∶2），混酸与被硝化前体的质量比为（7∶1）～（8∶1），硝解温度为 85℃，硝解时间不大于 20min，产物得率可达 99%。图 3‑8 是连续法合成 CL‑20 的设备流程图，具体操作过程如下。

TAIW 通过螺旋加料器 11 加入第一个冷却器 12 中，冷却至 0～20℃。硝解用混酸也通过导管 6 加入 12 中，且导管 6 内装有一冷凝器 7。在 2～3min 内，TAIW 溶于混酸中，形成溶液。此溶液再从冷却器 12 中通过导管 8 溢流至反应器 9 中，反应器 9 上装有冷凝器 3。物料在 9 内的温度维持在 85℃，并在此停留约 10min 以硝解为 CL‑20。反应器 9 中的物料(含有 CL‑20 的混酸)通过导管 4 进入第二冷却器 5,在此被冷却至 0～20℃。通过导管 1 往第二冷却器 5 中加入冰,其量与由 9 进入 5 中的物料量相等(体积比)。由第二冷却器中流出的物料送往过滤,得到 CL‑20。

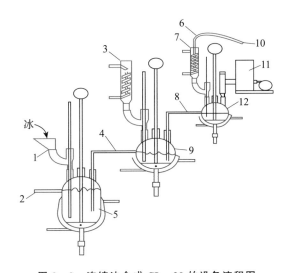

图 3‑8 连续法合成 CL‑20 的设备流程图

1,4,6,8—导管;2—接过滤器;3,7—冷凝器;5,12—冷却器;
9—反应器;10—混酸入口;11—螺旋加料器。

(2)硝酸法。在反应器中加 98% 硝酸,再在 15～30℃ 下逐份加入 TAIW。硝酸用量为 TAIW 的 15 倍(以质量计)。待 TAIW 全部溶于硝酸后,将反应液缓慢升温至 85～90℃,继续反应 18～20h。反应完毕,将反应物冷却至 10℃ 左右,再倾入适量冰水中稀释。过滤出固体,水洗至中性,在减压下 80℃ 左右干燥至恒重,得 γ‑CL‑20,得率为 93%～94%。

(3)硝硫混酸法。10g TAIW 溶于 100mL 硝硫混酸中,将反应液迅速加热至回流温度 85℃,用 HNMR 跟踪反应,当反应完成后,将反应物冷至室温,再小心地倾入 2 倍体积的冰水中。过滤出固体,用水洗至中性,干燥即得纯度达 98%～99% 的 CL‑20(HPLC 法测定),得率可达 90%～94%。

4)由 TADEIW 合成 CL‑20

在反应瓶中加入 20mL 复合氧化‑硝解剂,冷却至 10℃ 以下,往其中逐份加入 5.0g TADEIW,加料时间约 10min,保持加料温度不超过 20℃。加毕将物料温度缓慢升至 75%,反应 2h 再升至 90℃ 下继续反应 3h。冷却,过滤,洗涤,干燥。得率 99%,纯度 99%。

5）由 HAIW 合成 CL‐20

以硝硫混酸硝解法制备，其操作程序与由 TAIW 合成 CL‐20 的方法完全一致。

5. CL‐20 的转晶工艺

CL‐20 的晶体结构在常温下存在 4 种形态，即 α、β、γ、ε 晶型，而通常硝解得到是 α‐CL‐20 或 γ‐CL‐20 或 α‐CL‐20 与 γ‐CL‐20 的混合物，但实用的是 ε‐CL‐20，因此 CL‐20 的制备还包括转晶过程。CL‐20 的这 4 种晶型在不同溶剂中或在不同温度下能相互转化，转晶的主要方法有降温法、稀释沉淀法、溶剂挥发法、混合溶剂法等。

1）转晶的影响因素

转晶是晶体溶解与析出过程，实际上是重结晶的过程。温度直接影响着整个结晶过程。晶核的生成和长大必须在一定的温度条件下进行。不同温度对晶型转变的影响显著。如 α‐CL‐20 在高于 70℃ 的乙酸乙酯与石油醚（90～120℃）的混合溶液中（体积比为 1∶1）结晶会得到 γ‐CL‐20，而在低于 60℃ 的上述溶液中结晶会得到 ε‐CL‐20 和 β‐CL‐20。

溶液浓度（过饱和度）与晶核的生长速度和晶体生长速率的关系密切，因而对于结晶产品的粒度和粒度分布有着重要影响。在较低的过饱和度饱和溶液中，晶体生长速率高于晶核的生成速率，结晶速度慢，所得的晶体较大，晶体形状较完整；当溶液过饱和度较高时，晶体生长速率小于晶核生成速率，所得晶体较小，结晶速率快，晶体形状不规则。

搅拌是调整结晶产品粒度分布的重要手段。增加搅拌速度，使亚稳区的宽度变窄，溶质分子间的碰撞增加，溶液中晶粒个数增加，粒度向小粒径方向移动。一般来说，搅拌速度应该与溶液过饱和度相匹配。如制备粒度较大的结晶时，要控制溶液过饱和度较低，搅拌速度也较低；若要制备较小粒度的晶粒时，应控制较高的过饱和度，搅拌速度也应该较快。溶液黏度和重力也会影响晶体的生长，通过搅拌，一般能够消除它们的影响。

2）转晶的工艺条件

研究表明，较佳的工艺条件为：硝酸浓度为 79%～83%，硝酸∶非 ε 型 CL‐20∶ε 型晶种 ＝10mL∶1.0g∶0.1g，让 γ‐CL‐20 在硝酸中升温到 85℃，至非 ε 型 CL‐20 充分溶解后自然降温，当有少量混浊出现时加入 ε 型晶种，室温下（20℃左右）搅拌 12h 后滴加蒸馏水，蒸馏数∶非 ε 型 CL‐20 ＝10mL∶1.0g。水滴加完再继续搅拌 1h，过滤，洗涤至溶液呈中性，烘干，称重。平均转晶得率和转晶后 CL - 20 的纯度分别为 98.62% 和 99.54%。

3)CL - 20 在浓硝酸中转晶的放大试验

将一定量的 80% 的浓硝酸加入烧瓶中，在搅拌下加入纯度为 98.26% 的非 ε 晶型的 CL - 20，缓慢升温至 85℃ 后停止加热。缓慢降温至 64℃，加入 ε - CL - 20 晶体作为晶种，比例为浓硝酸∶非 ε - CL - 20∶晶种 = 1500mL∶100.0g∶10.0g，进行 3 次试验。在 20℃ 下搅拌 12h，加入 1 L 的水使CL - 20 沉淀完全，再搅拌 1h，过滤，烘干，称重。3 次实验结果在显微镜下晶体的外观见图 3 - 9。

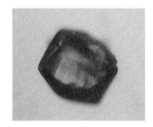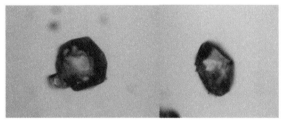

图 3 - 9　硝酸中转晶放大实验后晶体在显微镜中的外观

用一锅法合成 ε 晶型 CL - 20，即先对六氮杂异伍兹烷衍生物进行水解硝化，然后直接在硝化体系中加入 ε 晶型 CL - 20 作为晶种进行直接转晶。较佳工艺条件为：硝酸浓度为 86% ~ 89%，浓硝酸∶氮硝化催化剂∶TADFIW = 15mL∶0.7g∶1.0g，缓慢升温至 97℃，保温 6h 后，自然冷却，当有少量混浊出现时，投入 ε 型晶种，ε 型晶种∶TADFIW = 1∶10，自然冷却至 20℃ 下搅拌 12h。向溶液中缓慢滴加蒸馏水，蒸馏水∶TADFIW = 10mL∶1.0g，水滴加完再继续搅拌 1h，过滤，洗涤至溶液呈中性，烘干，称重。在优化后的工艺路线下，硝解转晶平均总得率为 93% 以上，平均纯度为 99.4% 以上，产品为白色粉末状晶体。

此方法的优点是省略了硝化后的过滤、CL - 20 的干燥和转晶后含有 CL - 20有机废溶剂的回收等步骤，工艺路线大大简化，对一个 CL - 20 合成工厂可以减少 CL - 20 干燥、转晶和废有机溶剂回收 3 个车间，危险大大降低，污染大大减少，得率比较高。

3.5 硝基胍

硝基胍是一种白色针状的结晶。硝基胍通常作为推进剂和炸药装药的组分，目前，硝基胍作为产气剂组分被广泛应用于机动车辆或飞行器的气袋系统。

3.5.1　硝基胍的性质

硝基胍（NQ）的结构式有两种，式（Ⅰ）为硝胺，式（Ⅱ）为硝亚胺，一般认为在固体状态下是硝亚胺结构，而在溶液中则存在着两种互变异构体之间的平衡。硝基胍分子式为 $CH_4N_4O_2$，相对分子质量 104.07，氧平衡 -30.75%。

$$
\begin{array}{cc}
\overset{\displaystyle NH}{\underset{\displaystyle \parallel}{}} & \overset{\displaystyle NH_2}{\underset{\displaystyle |}{}} \\
H_2N-C-NHNO_2 & C=NNO_2 \\
 & \underset{\displaystyle NH_2}{|}
\end{array}
$$

$$（Ⅰ）\qquad\qquad（Ⅱ）$$

硝基胍系白色结晶，有 α 及 β 两种晶型，α 型是常用的。用硫酸作用于硝酸胍，在水中结晶得 α 型，它是一种长的针状晶体。硝化硫酸胍和硫酸铵的混合物得 β 型，它是一种薄而长的片状晶体。这两种晶型在水中的溶解度不同。硝基胍不吸湿，室温下不挥发，微溶于水，溶于热水、碱液、硫酸及硝酸。在一般有机溶剂中溶解度不大，微溶于甲醇、乙醇、丙酮、乙酸乙酯、苯、甲苯、氯仿、四氯化碳及二硫化碳，溶于吡啶、二甲基亚砜和二甲基甲酰胺。密度 $1.715g/cm^3$，熔点 232℃（分解），爆发点 275℃（5s），密度 $1.58g/cm^3$ 时爆热为 $3.40MJ/kg$（气态水），密度 $1.55g/cm^3$ 时爆速为 $7.65km/s$，爆温约 2400K，爆容 900L/kg，做功能力 $305cm^3$（铅壁扩孔值）或 104%（TNT 当量），猛度 23.7mm（铅柱压缩值）。硝基胍的机械感度极低，撞击感度及摩擦感度均为 0%。100℃下第一个 48h 失重 0.11%。硝基胍由于存在分子内氢键而具有下述分子结构：

$$
\begin{array}{c}
NH_2 \\
| \\
C=N \\
HN\qquad N=O \\
H\cdots O
\end{array}
$$

在硫酸水溶液中加热，硝基胍分解成为硝酰胺和氨基氰，继之又水解放出氧化亚氮、二氧化碳、氨等气体，反应式如下：

$$
H_2N-\underset{\underset{\displaystyle NH}{\parallel}}{C}-NHNO_2 \xrightarrow{H_2SO_4} H_2NNO_2 + NH_2CH
$$
$$
\downarrow\qquad\qquad\downarrow 2H_2O
$$
$$
N_2O+H_2O\quad 2NH_3+CO_2
$$

在浓硫酸的作用下，硝基胍可以释出 NO_2^+，有一定的硝化能力，反应式如下：

$$H_2N-\underset{\underset{NH}{\|}}{C}-NHNO_2 + H_2SO_4 \longrightarrow H_2N-\underset{\underset{NH}{\|}}{C}-NH_2 \cdot HSO_4^- + NO_2^+$$

硝基胍在沸腾的水中是比较稳定的，但长时期煮沸也会按下式反应少量
分解：

$$H_2N-\underset{\underset{NH}{\|}}{C}-NHNO_2 \longrightarrow NH_3 + NCNHNO_2$$

还原硝基胍可得到亚硝基胍，进一步还原得到氨基胍，反应式如下：

$$H_2N-\underset{\underset{NH}{\|}}{C}-NHNO_2 \longrightarrow H_2N-\underset{\underset{NH}{\|}}{C}-NHNO \longrightarrow H_2N-\underset{\underset{NH}{\|}}{C}-NHNH_2$$

3.5.2 硝基胍的合成工艺（硝酸胍法）

用浓硫酸处理硝酸胍即可制得硝基胍。反应式如下：

$$NH=\underset{\underset{NH_2 \cdot HNO_3}{|}}{\overset{\overset{NH_2}{|}}{C}} \xrightarrow{H_2SO_4} HN=\underset{\underset{NHNO_2}{|}}{\overset{\overset{NH_2}{|}}{C}} + H_2O$$

硝酸胍法的工艺流程如图 3-10 所示。

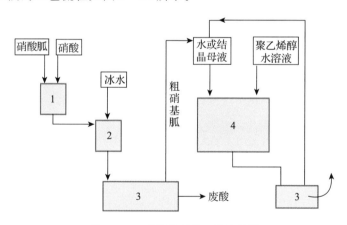

图 3-10 硝基胍制造工艺流程图

1—反应锅；2—稀释锅；3—过滤器；4—溶解结晶锅。

将浓硫酸加入反应器，冷却至 5℃，慢慢加入计算量的硝酸胍，加料温度
5~20℃。硝酸胍加完后，再在 10~20℃反应 0.5h。将反应物加入稀释锅，以
硝酸胍 10 倍量的冰水稀释，搅拌 30min 并冷却到 10℃ 以下过滤，得粗硝基胍，
得率达 80% 以上。也可用浓硝酸处理硝酸胍以制备硝基胍。

粗硝基胍是针状结晶，假密度一般小于 0.3g/cm³，且颗粒黏结，无法装药，须进一步处理，以提高假密度和改善流散性。用聚乙烯醇水溶液将硝基胍重结晶，可得宝石状颗粒型结晶，假密度提高到 0.8～1.0g/cm³，达到使用要求。其方法是将针状硝基胍 1 份和水 13 份放入溶解结晶器，升温至 80℃，加入约为硝基胍量 1∶100～1∶200 的 0.005% 的聚乙烯醇水溶液，待硝基胍完全溶解，加氨水调 pH 值到 8 后即可，降温结晶（以约 10℃/h 速度降温），当温度降低至 50℃时可加快降温速度。室温过滤，得率可达 90%。

参考文献

[1] Kirk-Othmer, Encyclopedia of Chemical TechnologyVol. 8[M]. New Jersey: John Wiley & Sons Inc, 2006.

[2] LEWIS J P, SEWELL T D, EVANS R B, et al. Electronic Structure Calculation of the Structures and Energies of the Three Pure Polymorphic Forms of Crystalline HMX[J]. The Journal of Physical Chemistry B, 2000, 104(5): 1009 - 1013.

[3] CROCKER F H, KARL J, et al. Fredrickson. Biodegradation of the cyclic nitramine explosives RDX, HMX, and CL – 20[J]. Applied Microbiology & Biotechnology, 2006, 73(2):274 - 290.

[4] EPSTEIN S, WINKLER C A. Studies of RDX and Related Compounds: Ⅷ Relation Between RDX And HMX[J]. Canadian Journal of Chemistry, 2011, 30(10):734 - 742.

[5] 于永忠. 合成超级高能量密度材料途径的探索[J]. 中国工程科学, 1999, 1(2): 91 - 94.

[6] FOLTZ M F, COON C L, GARCIA F, et al. The thermal stability of the polymorphs of CL – 20(Part 1)[J]. Propellant, Explosives, Pyrotech, 1994, 19: 19 - 25.

[7] RUSSELL T P, MILLER P J. Pressure/Temperature Phase Diagram of Hexanitro – hexaazaisowurtzitane[J]. Journal of Physical Chemistry C, 1993, 97: 1993 - 1996.

[8] FOLTZ M F. Thermal Stability of ε – Hexanitrohexaazaisowurtzitane in an Estane Formulation[J]. Propellant, Explosives, Pyrotech, 1994, 19: 163 - 171.

[9] HOLTZ E V, ORNELLAS D, FOLTZ M F, et al. The Solubility of ε – CL – 20 in Selected Materials[J]. Propellant, Explosives, Pyrotech, 1994, 19: 206 - 210.

[10] 赵信歧, 倪承志. 六硝基六氮杂异伍兹烷的晶型结构[J]. 科学通报, 1995, 40 (23): 2158 - 2160.

[11] HUANG Y，ZHAO X，WU W. Investigation of Structures and Properties of CL－20[C]// Proceedings of the Third Beijing International Symposium on Pyrotechnics and Explosives，Beijing，1995.

[12] 欧育湘,贾会平,陈博仁,等.六硝基六氮杂异伍兹烷四种晶型的晶体结构[J]. 火炸药学报，1998，21(4)：41.

[13] ELENA A A，TATYANA S P，ALEXANDER V D. Theoretical Modeling of Confor－mational Polymorphism in CL－20(CL－20)[C]// Proceedings of the Twenty－Second International Pyrotechnics Seminar，1996.

[14] SCHMITT R J，BOTTARO J C. Synthesis of Cubane Based Energetic Molecules[R]. Southwest Research Inst Report，1988.

[15] 赵信歧,刘娟.六硝基六氮杂异伍兹烷的分子络合物[J]. 北京理工大学学报，1996，16(5)：494－497.

[16] PATIL D G，BRILL T B. Thermal Decomposition of Energetic Materials 53. Kinetics and Mechanism of Thermolysis of Hexanitrohexaazaisowurtzi－tane [J].Combustion and Flame,1991,37：145－149.

[17] PATIL D G，BRILL T B. Thermal Decomposition of Energetic Materials 59. Characterization of Residue of Hexanitrohexaazaisowurtzitane[J]. Combustion and Flame,1993,92：456－460.

[18] 雷宁译.CL－20及CL－20推进剂的燃烧研究[J]. 固体火箭推进剂技术,1995，18:53.

[19] SIMPSON R L，URTIEW P A，ORNELLAS D L，et al. CL-20 Performance Exceeds that of HMX and its Sensitivity is Moderate [J]. Propellants，Explosives，Pyrotechnics，1997，22(5)：249－255.

[20] BAZAKI H，KAWABE S，MIYA H，et al. Synthesis and Sensitivity of Hexanitrohexaaza-isowurtzitane （HNIW）[J]. Propellants，Explosives，Pyrotechnics，1998，23(6)：333－336.

[21] BIRCHER H R，MAEDER P，MATHIEU J. Properties of CL－20 based High Explosives，Proceedings of the 29th ICT Conference on Propellants[C]// Explosives and Pyrotechnics，1998，C94－1－C94－14.

[22] BOURASSEAU S A. A Systematic Procedure for Estimating the Standard Heats of Formation in the Condensed State of Nonaromatic Polynitro Compounds[J]. Journal of Energy Engineering，1990，8：416－419.

[23] 邱文革.多环多氮杂笼形化合物的反应性研究[D]. 北京：北京理工大学，1998.

[24] QIU W G，CHEN S S，YU Y Z. The crystal structure of hexabenzoyl-hexaazaisowurtztane[J]. Journal of Chemical Crystallography，1998，28（8）：593－596.

[25] NIELSEN A T，NISSAN R A，VANDERAH D J，et al. Polyazapolyclics by condensation of aldehydes with amines. 2. Formation of 2，4，6，8，10，12 – hexabenzyl－2，4，6，8，10，12－hexaazateracycle[5. 5. 0. 05，9. 03，11] dodecanes from glyoxal and benzylamines[J]. J. Org. Chem. ，1990，55：1459－1466.

[26] CHAYKOVSKY M，KOPPES W M，RUSSELL T P. The isolation of a Bis（2，4，6，8－ tetraazabicyclo[3. 3. 0]octane）from the reaction of Glyoxal with benzylamine[J]. J. Org. Chem. ，1992，57：4295－4297.

[27] CANNIZZO L F，EDWARDS W W，WARDLE R B，et al. Synthesis of 2，4，6，8，10，12 –hexabenzyl－2，4，6，8，10，12－ hexaazatetracyclo[5. 5. 0. 05，9. 03，11]dodecane：US，5723604[P]. 1998.

[28] CRAMPTON M R，HAMID J，MILLOR R，et al. Studies of the synthesis，protonation of 2，4，6，8，10，12 – hexabenzyl－2，4，6，8，10，12－ hexaazateracycle －[5. 5. 0. 05，9. 03，11]dodecanes（HBIW）[J]. J. Chem. Soc. ，Perkin trans，1993，2：923－929.

[29] NIELSEN A T，NISSAN R A，CHAFIN A P，et al. Polyazapolycyclics by condensation of aldehydes with amine. 3. Formation of 2，4，6，8－tetraazabicyclo[3. 3. 0]octane from formaldehyde，glyoxal，and benzylamines[J]. J. Org. Chem. ，1992，57：6756－6759.

[30] 欧育湘，徐永江，陈江涛，等. 高张力笼形氮杂环化合物的合成[J]. 高等学校化学学报，1999，20（4）：561－564.

[31] HOLLAND H L，MORGAN C，CHENCHAIAH P C，et al. Removal of O － and N － Benzyl groups by fungal biotrnsformation[J]. Tetrahedron Letters，1988，29（49）：6393－6394.

[32] MARYANOFF B E，MOLINARI A，MCCOMSEY D F，et al. Dealkyation of a Tertiary Amine Group by an Intermolecular Carbamyl Chloride Functionality [J]. J. Org. Chem，1983，48：5074－5080.

[33] RAM S，SPICER L D. Debenzylation of N － benzylamine Derivatives by Catalytic Transfer Hydrogenation with Ammonium Formate[J]. Synthetic Communication，1987，17（4）：415－418.

[34] CAMPBELL A L，PILIPAUSKAS D R，KHANNA I K，et al. The Mild and Selective N-benzylation of Tertiary Alkylamines using β － trimethylsilylethyl

Chloroformate[J]. Tetrahedron Letter,1987,28(21):2331 - 2334.

[35] WILLIAMS R M，KWAST E. Carbanion - mediated Oxidative Deprotection of Nonenolizable Benzylated Amines[J]. Tetrahedron Letters,1989,30(4): 451 -454.

[36] CHAUDHURI N K，SERVANDO O，MARKUS B，et al. Catalytic N - dealkylation of Tertiary Amines - A Biomimetic Oxygenation Reaction[J]. J. Indian Chem. Soc. ,1985,62:899 - 903.

[37] MURAHASHI S，NAOTA T，YONEMURA K. Ruthenium - Catalyzed Cytochrome P - 450 Type Oxidation of Tertiary Amines with Alkyl Hydroperoxides [J]. J Am Chem Soc. , 1988,110:8256 - 8258.

[38] GIGG G，CONANT R. Conversion of the N - benzylacetamido Group into the Acetamido Group by Autoxidation in Potassium t - Butoxide - Dimethyl Sulphoxide[J]. J Chem Soc. ,1983,465 - 466.

[39] 陈树森,邱文革,于永忠,等. 六苄基六氮杂异伍兹烷的氧化脱苄乙酰化[J]. 火炸药学报,2000,23(2): 11 - 15.

[40] 束庆海. 四乙酰基二甲酰基六氮杂异伍兹烷的水解硝化[D].北京:北京理工大学,2006.

[41] BELLAMY J A. Reductive debenzylation of hexabenzylhexaazaisowurtzitane [J]. Tetrahedron, 1995, 51(16):4711 - 4722.

[42] 潘则林.六硝基六氮杂异伍兹烷的合成及性能研究[D]. 北京:北京理工大学, 1998.

[43] HAMILTON R S，SANDERSON A J，WARDLE R B，et al. Studies of the synthesis and crystallization of CL - 20 [C]// Proceedings of the 31th International Annual Conference of ICT,Karlsruhe,Germany,2000.

[44] 徐永江. 六氮六杂异伍兹烷的合成、转晶工艺及性能研究[D]. 北京:北京理工大学, 2000.

[45] 邱文革. 多环多氮杂笼形化合物反应性研究-六氮杂异伍兹烷衍生物的反应性 [D]. 北京:北京理工大学,1998.

[46] 陈树森,邱文革,于永忠. 六苯甲酰基六氮杂异伍兹烷的硝解[J].兵工学报, 2000，12(2):116 - 118.

[47] LATYPOV N V，WELLMAR U，GOEDE P，et al. Synthesis and scale - up of HNIW from 2,6,8,12 - tetraacetyl - 4,10 - dibenzyl - 2,4,6,8,10,12 - hexaazaisowurtzitane[J]. Organic Pr100ocess Research & Development, 2000, 4(3): 156 - 158.

[48] SANDERSON A J，WARNER K，WARDLE R B. Process for making 2,4,6,

8，10，12 -hexanitro - 2，4，6，8，10，12 - hexaazatetracyclo [5. 5. 0. 05，903，11]- dodecane：U.S. Patent 6,391,130[P]. 2002.

[49] 叶鹏,曹欣茂,叶玲,等.炸药结晶工艺学及其应用[M].北京:兵器工业出版社,1995.

[50] 王乃岩，席于烨. 硝基脲盐的热解研究[J]. 兵工学报，1989 (1)：36 - 38.

[51] 柯遵成. 硝基脲的制造及应用[J]. 化学世界，1989，30(6)：243 - 245.

[52] 柯遵成. 超临界重结晶过程及其应用[J]. 火炸药，1997，20(1)：45 - 46.

[53] 吕春绪. 硝化理论[M]. 南京:江苏科技出版社,1993.

[54] 董海山,周芬芬. 高能炸药及其相关物性能[M]. 北京:科学出版社,1989.

[55] 任特生. 硝胺及硝酸酯化学与工艺学[M]. 北京:兵器工业出版社,1994.

[56] 金泽渊,唐彩琴. 火炸药与装药理论[M]. 北京:兵器工业出版社,1988.

[57] 叶毓鹏,奚美虹,张利洪. 炸药用原材料化学与工艺学[M]. 北京:兵器工业出版社,1997.

[58] 钟一鹏. 国外炸药性能手册[M]. 北京:兵器工业出版社,1990.

[59] 孙荣康,任特生,高怀琳. 猛炸药化学与工艺学(上册)[M]. 北京:国防工业出版社,1982.

[60] 张熙和,丁来欣,朱广军. 炸药实验室制备方法[M]. 北京:兵器工业出版社,1997.

[61] HO S Y，FONG C W. Correlation between fracture properties and dynamic mechanical relaxations in composite propellants[J]. Polymer，1987，28(5)：739 - 744.

[62] 杨春盛. 双基推进剂硝胺脱湿及键合剂分子设计[J]. 火炸药学报，1997，1(997)：20.

[63] 徐帅,安崇伟,叶宝云,等.HMX 重结晶过程中的晶型析出与转变研究[J].火工品,2019(01):46 - 49.

[64] 田贝贝,陈丽珍,张朝阳.HMX 分子与晶体结构性能研究进展[J].含能材料,2019,27(10):883 - 892.

[65] 王蕾,陈东,李洪珍,等.八种溶剂体系中 HMX 晶体形貌的分子动力学模拟和实验研究[J].含能材料,2020,28(04):317 - 329.

[66] 张乐,王志,许建新,等.二硝基脲法合成 HMX 的过程监测及动力学分析[J].火炸药学报,2018,41(03):303 - 307.

[67] 张燕,李婷婷,张振中,等.黑索今制备过滤过程中的特性与安全性[J].爆破器材,2016,45(06):16 - 20.

[68] 李静,陈丽珍,王建龙,等.直接法制备黑索今的工艺优化及安全实验[J].应用化工,2016,45(05):1000 - 1002.

[69] 李静,张天贝,兰贯超,等.直接法硝解乌洛托品制备黑索今机理研究进展[J].应

用化工,2016,45(02):345-349.

[70] 李云路. 基于氨基磺酸盐的 CL-20 两步合成工艺研究[D]. 太原:中北大学,
2019.

[71] 石磊,杨超飞,钱华,等. 全氟磺酸 MCM-41 分子筛催化合成 CL-20[J]. 含能
材料,2017,25(12):1037-1041.

[72] 胡小玲,吴秋洁,钱华. N_2O_5/HNO_3 硝解 TAIW 合成 CL-20[J]. 火炸药学报,
2015,38(02):35-38.

04 / 第 4 章
硝酸酯化合物

4.1 概述

在爆炸化合物中，硝酸酯是一个大类。硝基化合物（或 C-硝基化合物）中，硝基与 C 原子直接相连；硝胺化合物中，硝基与 C 原子间通过 N 原子相连；硝酸酯化合物中，硝基则是通过 O 原子再与 C 相连：

$$-C-O-NO_2$$

一般可认为是醇用硝酸酯化的产物：

$$ROH \xrightarrow{HNO_3} RONO_2$$

此类化合物通称为硝酸酯。与 C-硝基化合物及 N-硝基化合物相对应，硝酸酯也可称为 O-硝基化合物。

硝酸酯炸药在炸药领域中诞生较早，1833 年 Braconnot 发明了硝化淀粉，成为近代有机爆炸化合物的先驱。1846 年首次合成得到的硝化甘油，于 1869 年开始实际应用，在炸药发展史上具有突出重要的地位。硝酸酯除了作为炸药外，在火药中一直是基本原料，1845 年发明的硝化棉在枪、炮火药中是不可少的主要材料。

硝酸酯的原料是醇（大多数是多羟醇），它们是自然界广泛存在的物质，或是利用自然界存在的简单初级物（C_1 烃、C_2 烃、空气、水等）合成的物质，其来源相当丰富。硝酸酯的制备化学过程也很简单，工业化生产硝酸酯基本上是用硝酸或硝硫混酸作为硝化（实质上是酯化）剂，易于大量生产。

硝酸酯炸药具有适用于火药和猛炸药的良好的燃烧性能和爆炸性能，因此是一类十分重要的爆炸化合物；有实用意义的硝酸酯炸药有硝化甘油及其同系物、太安、硝化纤维素、硝化淀粉、丁三醇三硝酸酯甘露糖醇六硝酸酯、聚乙烯硝酸酯、低级烷烃硝酸酯等。此外还有混合硝基基团的炸药，如硝基异丁基甘油三硝酸酯(含有 O -硝基和 C -硝基)、二乙醇-N -硝胺-二硝酸酯(含有 O -硝基和 C -硝基)。

4.2 硝化甘油

4.2.1 硝化甘油的性质

1. 物理性质

常温下，纯硝化甘油是无色透明的油状液体，工业产品的颜色由于原料纯度与制造条件的不同而不同，常呈淡黄色或淡棕色，并因含 0.2%～0.4%的水分而呈半透明的乳白色，储存时因分解而颜色变深。它的黏度比水大，约为水的 36 倍，但比甘油的黏度小得多，约为甘油黏度的 1/40。硝化甘油黏度与温度的关系如表 4 - 1 所示。

表 4 - 1　硝化甘油的黏度与温度的关系

温度/℃	10	20	25	30	35	40	45	50	60
黏度/cP	69.2	36	27	21	16.8	13.6	11.2	9.38	6.8

黏度与温度的关系还可用下式表示：

$$\log \eta = 3.248 - 1.319 \log T$$

式中，η 为黏度(cP)；T 为温度(℃)。

不同温度下的密度见表 4 - 2。

表 4 - 2　硝化甘油在不同温度下的密度

温度/℃	1	4	15	20	25
密度/(g·cm^{-3})	69.2	36	27	21	16.8

常温下硝化甘油的挥发性不大，加热时挥发性增大，50℃以上挥发显著，并有焦糖甜味，其蒸气压和温度关系见表 4 - 3。

表 4 - 3　硝化甘油蒸气压与温度的关系

温度/℃	20	30	40	50	60	70	80	93.3
蒸气压/mmHg	0.00025	0.00038	0.0024	0.0072	0.0188	0.043	0.098	0.29

这里必须指出，不同研究者测得的硝化甘油蒸气压数据相差很大，这在很大程度上取决于所选用的测定方法，也可能是未用绝对干燥的硝化甘油之故，

所以这些数据仅供参考。加热时，不仅硝化甘油蒸发，同时还伴随着分解，尤其在温度高时更为显著。如在 180℃ 以上由于分解放出氧化氮和水蒸气，使液体类似于沸腾，硝化甘油的分解温度较低，只能测定减压下的沸点。如 50mmHg 压力下的沸点为 180℃，2mmHg 压力下沸点为 125℃。

固态硝化甘油有两种晶型，一种是斜方晶体，为稳定型；另一种是三斜晶体，为不稳定型。两种晶体的性能如表 4-4 所示。

表 4-4　硝化甘油的两种结晶性能表

性能	稳定型	不稳定型
凝固点/℃	13.2	2.2
结晶焓/$(J \cdot g^{-1})$	21.74	138.78

这两种晶型可以互相转变，纯硝化甘油自然结晶的倾向很小，容易过冷，冷却时，变得越来越稠，最后成为树脂状透明体，但这并不是真正的凝固，而是过冷液体，其在适当搅拌下，甚至可过冷到 -20~-40℃。但此时若加入晶种，则立即析出结晶，其晶型与加入晶种的晶型相同。纯硝化甘油凝固时得到不稳定结晶。而不纯的工业硝化甘油较易凝固，通常形成稳定型结晶。若将凝固的硝化甘油熔化，在温度超过熔点很少时立即冷却，易于顺利结晶，得到的结晶仍为熔化前的晶型；若加热到 50℃ 以上再冷却结晶，则又易出现过冷现象。

由此可见，储存纯硝化甘油比储存硝化甘油混合物时，凝固的可能性要小得多，温度很低也不会凝固。但工业硝化甘油在 10℃ 左右即可产生凝固现象。它在相变过程中（即熔化和凝固时），由于内部摩擦增大，变得异常敏感，其感度值比液态（或固态）的硝化甘油增大好几倍，受轻微撞击、摩擦、振动便可发生爆炸。历史上曾因熔化凝固的代那买特炸药而发生过爆炸事故。因此，生产和储存硝化甘油的厂房，应使室温保持在 17℃ 以上，防止硝化甘油凝固。硝化甘油的这一性质促使人们寻找难冻爆油，供生产难冻代那买特使用。

硝化甘油的吸湿性很小，常温下相对湿度100%、放置 24h 后平衡水分为 0.12%。硝化甘油的折光率 $n_D^{20} = 1.4732$，介电常数 $\varepsilon_{20} = 19.25$，常温下表面张力 50dyn/cm 左右，纯液态硝化甘油的偶极距为 3.82D。

硝化甘油易溶于大多数有机溶剂中，其本身也是良好的溶剂。常温下可以任意比例混溶于甲醇、乙酸乙酯、无水醋酸、苯、甲苯、二甲苯、硝基苯、苯酚、乙醚、丙酮、氯仿、二氯乙烷、吡啶以及硝化甘油的同系物（如：硝化乙二醇、硝化二乙二醇、甘油二硝酸酯、硝基异丁基甘油三硝酸酯）等中，在火炸药分析中就常用乙醚、氯仿等低沸点溶剂提取硝化甘油。

从制造的观点看，硝化甘油在硫酸、硝酸及其混酸中的溶解度是非常重要的。

浓硫酸极易溶解硝化甘油，随着浓度的降低，溶解度减小（表 4-5），100g 98%的硫酸 20℃时约溶解 26g 硝化甘油，而 100g 70%～80%的硫酸只能溶解 7.5g 硝化甘油。硝化甘油在硫酸中发生水解或酯交换反应，生成硝酸，并根据硫酸的浓度不同，生成不完全的硝酸酯或硝硫混合酯。

表 4-5　硝化甘油在硝硫混酸中的溶解度

混合物的成分/%	1	2	3	4	5	6
硝酸	10	10	10	15	15	15
硫酸	70	75	80	80	75	75
水	20	15	10	5	10	15
100 份（以质量计）混酸中溶解的硝化甘油量	6.00	3.55	3.33	4.37	2.60	2.36

硝化甘油在硝酸中的溶解度随硝酸浓度的增加而增加。如 100g 65%硝酸仅溶解 8g 硝化甘油，而无水硝酸可与硝化甘油以任意比例混溶。硝化甘油的硝酸溶液是不安定的，储存中由于硝酸的氧化作用而引起分解，放出氧化氮。

2. 化学性质

硝化甘油具有一般硝酸酯的化学通性，在中性水溶液中只有极微弱的水解反应，但温度超过 80℃或水中有酸或碱时，水解作用就增加。溶于浓硫酸中还可进行酯交换反应，如：

$$C_3H_5(ONO_2)_3 + H_2SO_4 \Longrightarrow C_3H_5(ONO_2)_2(OSO_3H) + HNO_3$$
$$C_3H_5(ONO_2)_2(OSO_3H) + H_2SO_4 \Longrightarrow C_3H_5(ONO_2)_2(OSO_3H)_2 + HNO_3$$
$$C_3H_5(ONO_2)(OSO_3H)_2 + H_2SO_4 \Longrightarrow C_3H_5(OSO_3H)_3 + HNO_3$$

故在硝酸混酸硝化时，废酸中的硫酸含量不可过高，硝酸含量不能过低，否则，溶解损失增大，使产品得率下降，安定性变差。但在分析上则可利用上述性质用五管氮量计测定其含氮量。反应式为

$$2HNO_3 + 3H_2SO_4 + 6Hg \longrightarrow 2NO + 3Hg_2SO_4 + 4H_2O$$

硝化甘油在浓硝酸中的溶液加热被分解为亚硝酸和甘油酸。硝化甘油虽然不溶于冷的盐酸，但加热时可分解生成氯化亚硝胺（NOCl），使溶液呈深黄色。在氢氧化钠或氢氧化钾的水溶液或酒精溶液中加热，引起水解反应，而且还有

氧化还原反应，生成有机酸、硝酸盐和亚硝酸盐，甚至还有醛树脂、草酸和氨等产物，一般情况下不再产生甘油。当有易被氧化的物质如苯硫醇等存在时，能还原为甘油。生产中常用10%左右的氢氧化钠酒精溶液加热销毁少量硝化甘油。其反应式为

$$C_3H_5(ONO_2)_3 + 5NaOH \xrightarrow{\text{酒精}} NaNO_3 + 2NaNO_2 + CH_3COONa + HCOONa + 3H_2O$$

稀的弱碱溶液对硝化甘油的皂化作用并不明显。因此生产上常用稀碳酸钠溶液洗涤酸性硝化甘油，并使其呈微碱性（pH＝8～9）。

一般情况下，硝化甘油不易被氧化，但却易被还原剂还原，并随还原剂的强弱不同而被还原成氨、一氧化氮等产物。如在锡和盐酸作用下，还原成甘油和氨，而在氯化亚铁的盐酸溶液中则被还原为 NO，其反应式为

$$C_3H_5(ONO_2)_3 + 5FeCl_2 + 5HCl \longrightarrow CH_3COOH + HCOOH + 5FeCl_3 + 2H_2O + 3NO$$

应用此原理可以分析测定废水中硝化甘油的含量。

3. 安定性和爆炸性质

硝化甘油的安定性与杂质有关。精制很好的硝化甘油在常温下不发生分解，保存几年、几十年甚至 70 年以上没有分解的迹象。但超过 50℃ 就开始分解，60～70℃ 以上分解开始显著，到 135℃ 分解极快，试样因吸收了分解产物 NO₂ 而变为红色。加热到 145℃ 时分解更强烈，逸出气体产物而使液体呈"沸腾"现象。165℃ 时，分解进行得更加剧烈，稀硝酸和甘油硝酸酯同时馏出，残留物中含有一硝酸酯、二硝酸酯以及其他产物，在 180～185℃ 硝化甘油变得非常黏稠，到 215～218℃ 时发生爆炸。一滴硝化甘油落在 215～250℃ 的金属板上就会猛烈爆炸而使金属板变形。但金属板温度超过 420℃，则硝化甘油滴成为球形而平静地燃烧。在 470℃ 时燃烧最慢。硝化甘油热分解反应的活化能数值为

$$150 \sim 190℃，E_a = 209 \text{kJ/mol}$$
$$125 \sim 150℃，E_a = 188.1 \text{kJ/mol}$$
$$20 \sim 125℃，E_a = 178.07 \text{kJ/mol}$$

当硝化甘油中含有酸、碱、水分或其他杂质时，安定性大大下降，即使在低温下亦可分解，并随分解的进行，温度逐渐升高，分解产物逐渐聚积到一定程度而进入自动催化阶段，就有导致爆炸的危险。而此时的温度可能比爆发点低很多。试验证明，硝化甘油分解的加速剂主要为 NO₂ 和水。因此，生产过程中，一定要防止酸性硝化甘油长时间储存，要使其尽快带有碱性，因为碱可以中和分解时放出的氧化氮气体，起到抑制分解的作用。

此外，紫外线照射可以引起硝化甘油分解。有人曾将硝化甘油加热到

100℃，然后用能量为 900J 的紫外线照射，立即引起爆炸。故生产中应严防日光直射硝化甘油（散射日光对硝化甘油安定性无显著影响）。硝化甘油对 γ 辐射亦十分敏感。硝化甘油的机械感度很大，温度越高感度越大，撞击感度与温度的关系如表 4-6 所示。

表 4-6 硝化甘油的撞击感度与温度的关系

落锤质量/g		10000	2000	250
落高/cm	冻结状	—	6	
	20℃	2	4	5
	90℃	—	2	—

此外，硝化甘油的机械感度还与物理状态有关。液态硝化甘油比固态的敏感，稳定型比不稳定型敏感，而在结晶过程中固液相共存的硝化甘油更为敏感，其感度比纯液态或纯固态的都大。水是硝化甘油的良好钝感剂，因而制成水乳浊液后可用钢管输送。用锯末或硝化棉吸收后，其机械感度下降。硝化甘油的氧平衡为 +3.5%，爆炸时全部变为气体，同时释放大量的热，故其威力和猛度远优于芳香族化合物（表 4-7，表 4-8）。

表 4-7 硝化甘油不同形态下的撞击感度

	液 体		稳定型结晶		不稳定型结晶	
撞击能/(kg·m·cm⁻²)	0.08	0.11	0.5	0.65	0.63	0.78
爆炸率/%	10	50	10	50	10	50

表 4-8 硝化甘油爆炸性能

	硝化甘油	梯恩梯	备注
爆热/(kJ·kg⁻¹)	6061～6186	3871	
爆温/℃	3750	2945	
爆速/(m·s⁻¹)	1100～2000 8000～9150	6900	一般试验条件 φ22mm 钢管、8 号雷管
威力/mL	550	295	
猛度/mm	18.5 完全破坏	12.5～16	雷汞雷管引爆 叠氮化铅-特屈儿雷管引爆

含能化合物化学与工艺学

拜亚兹法的硝化器是由耐酸钢板制成的圆筒形容器，以 600r/min 左右的蜗轮搅拌器搅拌，使反应器内物料乳化，用蛇管通过 -5℃ 左右的冷冻食盐水或氟利昂，使硝化温度保持在 10～15℃，硝化甘油产量为 1000kg/h 时，硝化器的容积为 250 L。至今已投入生产的拜亚兹硝化器最大产量已达 2000kg/h 左右。甘油和混酸均经计量泵加入硝化器。硝化器盖上设有玻璃视窗、排烟管、器底有通往置换酸槽及安全水池的管道。

分离器为不锈钢制旋液分离器，最粗处的直径为硝化器直径的 2 倍，上下部为锥形，盖上后，顶部有硝化甘油出口及视窗，底部有卸空管及废酸出口，用两支温度计分别测量硝化甘油和废酸的温度。硝化甘油乳浊液沿切线方向流入分离器中部的入口，作缓慢的螺旋运动，其圆周速度为 2～3cm/s，这样有利于两种液相的小滴凝聚成团而促进分离，在乳状液之上有一硝化甘油层，下层有一酸层，10 min 以内即可完成分离。

（2）喷射硝化法：见图 4-3。

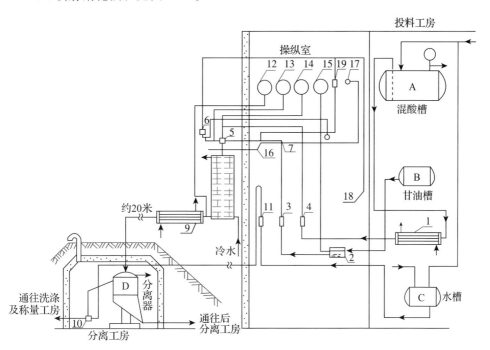

图 4-3 甘油的喷射硝化和硝化甘油的离心分离流程

1,9－管式冷却器；2－甘油低位恒液位槽；3,4－转子流量计；5－喷射硝化器；6－电磁铁；
7－到喷射器进气口的针型阀；8－冷水冷却器；10－供硝化甘油-水乳状液的喷射器；
11－供水给 10 的转子流量计；12,14,15－温度计；13－真空压力计；16－玻璃温度计；
17－警报铃；18－电开关；19－继电器。

硝化酸由混酸槽用恒压3~4工程大气压的压缩空气压出,通过冷却器1降温到0℃左右,经转子流量计4进入喷射硝化器5,甘油在预热槽内预热到45~50℃后用压缩空气压出,经保温套管进入甘油低位恒液位槽2,被硝化酸在喷射器内产生的负压吸入,在喷射器中进行混合和硝化,硝化温度在45~50℃,硝化甘油-酸的乳状液离开喷射器后,马上进入冷却器8、9,然后进入高速离心机(3200r/min)分离,分离后的硝化甘油经硝化甘油废酸流到后分离器进行二次分离,分离后的部分废酸用于配制硝化酸,多余的废酸加2%的水稀释后送出脱硝。

喷射硝化主要工艺条件及特点如下:

喷射硝化酸由混酸加入废酸组成,这种酸称为硝化酸。废酸循环量并不相同,混酸与废酸之比国内外文献报道曾用过:1:1.6~1.75或1:2,相应的硝化酸成分为:硝酸含量26.5%~27.5%及(18±1)%,水含量9.5%~10.0%及(12.5±1.5)%等。硝化酸温度的高低直接影响硝化温度,硝化酸温度升高1℃,硝化温度也相应升高1℃,从降低硝化温度来看,硝化酸温度应该低一些,但过低时,则需增高喷射压力,一般均采用0℃。硝化酸温度确定为0℃后,硝化温度就是硝化过程中温度的增加量,它与硝化酸和废酸中的硝酸含量有关,废酸中硝酸含量降低1%,温度升高2.7~3℃,当废酸中硝酸含量保持常量时,硝化酸中硝酸含量增加1%,则温度升高1.7~2.1℃。

已知硝化酸及废酸的硝酸含量,由图4-4即可知硝化温度。喷射硝化的一个特点是混合室内的温度高,一般为45~50℃,但物料保持这个温度的时间极短,且硝化系数较大,故仍是安全的。喷射器产生的真空度是甘油流向喷射器的动力,喷射器的负压一般控制在180~350mmHg,且应保持恒定,以保持甘油流量稳定。调节空气进入量以控制负压。混入空气还可增加甘油分散度,加

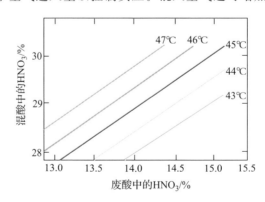

图4-4   喷射硝化温度图(混酸：废酸=1.6~1.75)

剧喷射器中混合物的湍流程度。此外，加入空气后还可在硝化酸流量突然降低时，甘油流量有较大的降低，且在突然停料时不易倒酸，有利于安全生产。混合物进入分离器时的温度为 15～20℃，在此温度下进行分离。

2. **工艺条件**

1)混酸的成分和用量

醇类虽然容易硝化，但也容易氧化，当酸中含水量较多，或含有多量氮氧化物时，就容易发生氧化反应。而氧化反应产生的氮氧化物又会加剧氧化反应，结果甚至会引起爆炸。另外，生成的亚硝酸酯基团影响产品的安定性。所以一定要控制混酸中的亚硝酸含量。

得率损失的一个重要方面是硝化甘油在废酸中的溶解损失。当硝酸含量不太高时，溶解度随着硝酸含量的增高而下降，至硝酸含量为 17% 左右时，溶解度最小；当硝酸含量一定时，水含量在 13.5% 左右(摩尔比 $H_2O:H_2SO_4=1$)时，溶解度最小。所以，适宜的废酸成分为硝酸 17%，水 13.5%，硫酸 69.5%。

为了减少溶解损失，应从废酸成分和废酸量两个方面入手，使总的溶解损失量减少。目前一般采用的混酸成分为硝酸 45%～50%，硫酸 50%～55%，硫酸过用量 20%，硝化系数(混酸与甘油的质量比)为 4.8～6.5。废酸中水与硫酸的摩尔比在 1.25～1.36。

溶解在硫酸-硝酸-水系统中的硝化甘油还发生下列的平衡反应：

$$C_3H_5(ONO_2)_3 + H_2O \Longleftrightarrow C_3H_5(OH)(ONO_2)_2 + HNO_3$$
$$C_3H_5(ONO_2)_3 + H_2SO_4 \Longleftrightarrow C_3H_5(ONO_2)_2(OSO_3H) + HNO_3$$

即水解平衡和酯交换平衡。系统中的水含量有利于水解；水含量过低或硝酸含量过少就有利于形成混合酯。

2)硝化温度

实践证明，在上述混酸成分下，甘油的硝化速度相当快，因而没有必要提高温度来加快硝化速度。相反，升高温度会使氧化副反应加剧，并导致含酸硝化甘油的分解，影响安全操作，并使得率降低。例如，当采用含水量 2% 的混酸硝化时，硝化温度由 18℃ 增高至 30℃，硝化甘油的得率由 94.5% 降低至 87.5%，所以硝化温度一般都在 25℃ 以下，通常为 20℃ 左右。由于硝化时放出大量热量，除了要用冷冻盐水冷却外，反应器应有强烈的搅拌和足够的冷却面积。随着设备的改进，单位容积(1m³)硝化器的传热面对于容器式反应器已由 12m² 增大至 85～107m²，而喷射式硝化器的传热面达到 266m²。

当然硝化温度也不宜过低，温度过低会使物料的黏度增大，使分离时间延长，这反而是不安全的。为了缩短分离时间，可采用如下措施：

(1)减少混酸中杂质含量，应用铅、铁等杂质少的原料酸，因为硫酸铅、硫酸铁等杂质使分离速度降低；

(2)采用高效分离装置，分离方法由传统的静置分离演变成旋液分离或离心分离；

(3)加入某些能够促进分离的物质，如石蜡油或凡士林油，或加入硅氟酸钠：

$$Na_2SiF_6 + H_2SO_4 \longrightarrow Na_2SO_4 + 2HF + SiF_4$$

氟化氢气体在向上浮动时促进硝化甘油与废酸分离。此外，也可以加入尿素、乙酰胺、双氰胺(甘油量的1%)等与硫酸接触能产生气体的物质。

3)安定处理

分离出来的硝化甘油中含有酸，应尽快地洗涤，以除去其中的酸，并使产品带有少量的碱。洗涤可以在带有搅拌装置(压缩空气搅拌或机械搅拌)的洗涤器中进行，也可以用带有多层多孔板的洗涤塔。依次用水、碳酸钠溶液、水，或直接用碳酸钠溶液洗涤。为了减少洗涤损失，应当减少洗涤剂的用量，并选择适当的洗涤温度，因为升高温度可加速洗涤过程，但也会使硝化甘油的溶解损失增大，一般先冷洗，然后再在50℃左右洗涤。

由于硝化甘油的危险性较大，生产上现已采用集中控制，使操作者脱离现场，并在可能的条件下尽量用其他炸药来代替，所以其在炸药工业中的用量逐渐减少。

4.3 太安

4.3.1 太安的性质

1. 物理性质

太安为白色结晶，有两种晶型，即Ⅰ(α)型和Ⅱ(β)型(PETN Ⅰ及PETN Ⅱ)。前者为正方晶型，后者为斜方晶型。最常用的稳定晶型是PETN Ⅰ。130℃时，PETN Ⅰ转变为PETN Ⅱ。随结晶溶剂不同，重结晶析出的太安可分为针状、斜方或立方晶体，但通常易形成针状结晶。如在乙酸乙酯中重结晶，则可生成立方晶体。

太安的结晶密度(Ⅰ型)为$1.778g/cm^3$，最大压药密度可达$1.7g/cm^3$(压药压力280 MPa)。太安几乎不溶于水，100g水中，在50℃及100℃时能溶解的太安量分别仅为 0.01g 及 0.035g。太安在乙醇、乙醚、苯中的溶解度也不大，但易溶于丙酮、乙酸乙酯、二甲基甲酰胺。

太安也溶于液态或熔融芳香族硝基化合物及硝酸酯中，并形成低共熔物。与其他硝酸酯不同，太安不能与纤维素硝酸酯形成胶体溶液。纯太安熔点为 142.9℃，不吸湿，不挥发，100℃ 下蒸气压外推所得沸点为 200℃（常压）或 180℃（69 kPa），导热系数为 0.25W/(m·K)，20～90℃ 范围内的线膨胀系数为 $1.1 \times 10^{-6}/K$（$1.60g/cm^3$ 时）。

2. 热化学性质

太安在室温下比热容为 1.09J/(g·K)，标准生成焓为 −550kJ/mol（定容），熔化焓约为 50kJ/mol，燃烧焓为 −8.2MJ/kg，单晶升华焓约 120kJ/mol。

3. 化学性质

1）水解

水解是酯化的逆反应。太安在碱性或中性介质中，可通过取代反应而水解为季戊四醇及硝酸，也可通过消去反应生成烯烃和硝酸（盐）或醛类和亚硝酸（盐），见反应式（4-1）。

$$RCH_2CH_2ONO_2 + OH^- \longrightarrow RCH_2CH_2OH + NO_3^-$$
$$RCH_2CH_2ONO_2 + OH^- \longrightarrow RCH_2CH_2O^- + HNO_3$$
$$RCH_2CH_2ONO_2 + OH^- \longrightarrow RCH=CH_2 + NO_3^- + H_2O$$
$$RCH_2CH_2ONO_2 + OH^- \longrightarrow RCH_2CHO + NO_2^- + H_2O \qquad (4-1)$$

在酸性介质中，太安则可按单分子或双分子反应水解，见反应式（4-2）。

单分子反应：

$$RONO_2 \overset{H^+}{\rightleftharpoons} RONO_2{}^+H \longrightarrow R^+ + HNO_3$$
$$R^+ + H_2O \longrightarrow ROH + H^+$$

双分子反应：

$$RONO_2 \overset{H^+}{\rightleftharpoons} RONO_2{}^+H \overset{H_2O}{\longrightarrow} ROH + HNO_3 \qquad (4-2)$$

由于太安分子中的 4 个 CH_2ONO_2 均匀地分布于中心碳原子的周围而使它具有对称结构，故其化学安定性比其他硝酸酯要好，并被认为是现有的最稳定和反应活性最低的硝酸酯炸药。太安在纯水或稀硝酸中水解时，如温度低于 100℃ 并进行加热（无须长时间），太安只部分分解，产物为季戊四醇二硝酸酯和三硝酸酯。但太安在一定温度的稀碱水溶液中能完全水解生成季戊四醇。

2）酯交换

酯交换指醇、酸与其他酯作用而生成新酯的反应。例如，太安中的 ONO_2 能被 SO_3 基团取代而生成硫酸酯，见反应式（4-3）。

$$RONO_2 + H_2SO_4 \Longrightarrow ROSO_3H + HNO_3 \tag{4-3}$$

3）还原

太安能被很多还原剂还原（如：H_2、$LiAlH_4$、$FeSO_4$、$FeCl_2$ 等）还原为醇及其他产物（如：NH_3 及 NO 等），其中有些反应是定量测定太安氮含量的基础，见反应式（4-4）。

$$\begin{cases} RONO_2 + 4H_2 \longrightarrow ROH + NH_3 + 2H_2O \\ RONO_2 + 3Fe^{2+} + 3H^+ \longrightarrow RH + NO + 3Fe^{3+} + H_2O \end{cases} \tag{4-4}$$

太安与硫化钠在 50℃ 共热时，不易被分解；而在同样条件下，大多数硝酸酯则遭破坏。太安不与菲林试剂作用，也不与芳香族硝基化合物生成加成物。

4. 热安定性

太安的热安定性甚佳，精制后的产品在常温下放置时是安全的。太安在 80℃ 下可耐热数小时而无可察觉的分解；超过熔点（141℃）时，分解速度明显增加，并放出氮氧化物；175℃ 时，分解冒出黄烟；190℃ 时，激烈分解；202～205℃ 时，发生猛烈爆炸。

5. 爆炸性质

太安装药的爆速可达 8.6km/s（装药密度 1.77g/cm³ 时）。不同装药密度 ρ_1（g/cm³）的太安爆速可用式 $D = 3.19 + 3.7(\rho_1 - 0.37)$（km/s）计算。装药密度为 1.76g/cm³ 时，太安的爆压可达 34GPa。太安的爆压可根据 Wilkin 状态方程或 BKW 状态方程计算，此类计算值与实测值十分相符。太安的做功能力，用弹道摆法测得的为梯恩梯的 145%，用铅墙法测得的（铅墙扩孔值为 500cm³）为梯恩梯的 173% 或硝化甘油的 93%。装药密度为 1.5g/cm³ 时，太安的猛度为梯恩梯的 129%。药量 25g 的太安铅柱压缩值为 14～16mm。太安爆容为 758L/kg。

太安是一种有效的水下炸药，其水下冲击波能量为喷托赖特的 1.15 倍。密度为 1.6g/cm³ 及 0.7g/cm³ 的太安，水下冲击波能量与爆热之比，分别为 0.77 及 0.47。就撞击感度而言，太安也许是现有固体炸药中最敏感的猛炸药。10kg 落锤及 25cm 落高时，太安的爆炸概率为 100%。将太安作为弹药的主装药时，必须先进行钝感处理。太安的摩擦感度为 92%，5 s 延滞期爆发点为 222～228℃。

6. 毒性和生理作用

太安对人体的作用与其他硝酸酯类似，但其毒性较硝化甘油的低。由于太安在常温下的蒸气压极低，在水中溶解度也极小，故不致因吸入太安蒸气而中毒。吸入少量太安粉尘，也不致危及人体安全。

长期以来，太安被广泛用作血管舒张药，只有少数病例在长期使用后出现皮肤过敏反应。太安在人体及其他动物体内的新陈代谢结果曾为很多学者所研究，但发现太安对生物体的唯一剧烈作用是血管扩张及其后遗症。

4.3.2 太安的合成工艺

1. 太安的制造方法

制造太安的主要化学反应是反应式(4-5)所示的硝酸与季戊四醇的酯化反应：

$$\underset{\overset{|}{CH_2OH}}{\overset{\overset{CH_2OH}{|}}{HOH_2C-C-CH_2OH}} + 4HNO_3 \longrightarrow \underset{\overset{|}{CH_2ONO_2}}{\overset{\overset{CH_2ONO_2}{|}}{O_2NOH_2C-C-CH_2ONO_2}} + 4H_2O \qquad (4-5)$$

由季戊四醇制备太安有下述 4 种方法：

(1)硝酸-硫酸法。先将季戊四醇与硝酸反应，然后加入硫酸使太安析出。

(2)硝硫混酸法。用硝硫混酸硝化季戊四醇。

(3)硫酸-硝酸法。先将季戊四醇溶于硫酸，再加入浓硝酸制得太安。

(4)硝酸法。用浓硝酸直接硝化季戊四醇以制备太安。

现在工业上生产太安采用硝酸法，本章将对其进行重点介绍，其他方法简述如下。

1)硝酸-硫酸法

将季戊四醇缓慢加至发烟硝酸中，于 25～30℃下反应。反应终了时，部分硝化物即从废酸中析出，此时往反应物中加入浓硫酸并冷却，产物即全部析出。静置 1h 后，过滤，先用 50%稀硫酸，后用水，最后再用稀碱液洗涤产物以驱除残酸。将所得粗制太安溶于少量热丙酮，加少量碳酸铵，趁热过滤，滤液倾入 2 倍量的 90%乙醇，即析出针状纯太安晶体。此法粗制得率 85%～90%，精制得率 90%。产品最终得率只有 76%～80%。

2)硝硫混酸法

用硝硫混酸硝化醇以制取硝酸酯本来是一种通用的方法，但由于此法制得的太安不易纯制，安定性不好，所以在制取太安方面很少采用。

3）硫酸-硝酸法

此法分两个阶段制备太安，第一段将季戊四醇溶于硫酸以生成季戊四醇硫酸酯，第二段令此硫酸酯在 55～60℃ 与浓硝酸进行酯交换反应以生成太安。其反应见式(4-6)。

$$\begin{cases} C(CH_2OH)_4 + xH_2SO_4 \rightleftharpoons C(CH_2OH)_{4-x} \\ (CH_2OSO_3H)_x \xrightarrow[x-2,3,4]{4HNO_3} C(CH_2ONO_2)_4 \end{cases} \quad (4-6)$$

此法制备太安易于生成安定性不佳的季戊四醇硝硫酸混合酯，给太安的精制带来困难。

4）硝酸法

此法工艺简便、成熟，产品得率及质量均佳，目前为工业上广泛采用，详细情况见下文。

2. 硝酸法（直接硝化法）制造太安

1）季戊四醇的硝化

（1）工艺流程：见图 4-5、图 4-6。

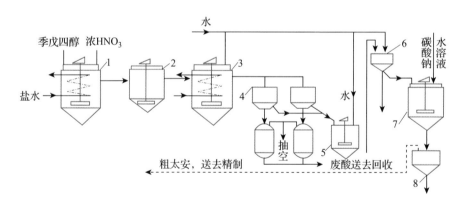

图 4-5　硝酸法连续硝化季戊四醇工艺流程图（Ⅰ）

1—1 号硝化器；2—2 号硝化器；3—稀释器；4—过滤器；5—洗涤器；6，8—过滤器；7—中和槽。

直接硝化法制造太安有间断工艺和连续工艺，现在多采用连续法。图 4-5 及图 4-6 所示为连续硝化法生产太安的两种工艺流程图，二者大同小异。

采用流程 Ⅰ 时，首先往 1 号硝化机中加入一定量 98%～99% 的浓硝酸，再加入硝酸量 1/5 的季戊四醇，加料时间约 40min，加料温度为 15～20℃。随后开始连续硝化,即按比例往1号硝化机连续加入浓硝酸及季戊四醇,而硝化液则溢流至2号硝化机,并在此被冷却至10℃。此时硝化液的硝酸浓度为80%,其中悬浮有太安晶体。此硝化液继续流入稀释器,并加水使硝酸浓度降至约30%,温度保持在15~20℃。过滤所得含酸太安,先用水洗,再送入中和槽,用60℃的碳酸钠溶液(8~15g/100mL)洗涤,洗涤合格后,过滤(滤液呈碱性)。碱洗后的太安,用连续结晶法精制。

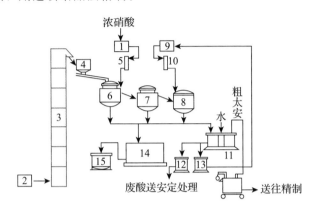

图 4-6 硝酸法连续硝化季戊四醇工艺流程图(Ⅱ)

1—浓硝酸高位槽;2—季戊四醇储桶;3—提升机;4—加料器;5—浓硝酸流量计;

6—硝化机;7—成熟机;8—稀释机;9—酸水高位槽;10—酸水流量计;

12—废酸接收槽;13—酸水接收槽;14—安全槽;11、15—过滤器。

采用流程Ⅱ时,按比例往硝化机同时连续加入浓硝酸和季戊四醇,得到的硝化液流入成熟机硝化完全后,再流入稀释机,在此将硝化液中硝酸的浓度稀释至48%~56%,然后流入过滤器,经洗涤除酸后送往精制。

(2)硝化工艺条件的选定。

①硝酸浓度。硝酸浓度应高于80%,硝化反应才能完全,且硝酸浓度越高,越有利于提高硝化得率和产品质量。硝酸浓度为60%~80%时,可导致剧烈的氧化分解反应;硝酸浓度低于60%时,不能生成太安。所以工业生产上采用浓度98%以上的硝酸,且控制废酸中硝酸浓度为80%~82%。

②硝酸与季戊四醇用量比。对浓度95%~98%的硝酸,用量比大于5时,产品得率与质量均良好;降至4.2时,硝化反应虽然稳定,但产品得率与熔点显著降低;如低于4,太安得率将小于90%,产品呈淡绿色。故生产中采用的投料比不低于4.2,一般为4.5~6,最常用为5。

③硝化温度。提高硝化温度可使硝化速度加快,但亦加速氧化和水解副反应从而使太安得率降低。在10~20℃硝化时,产品得率和质量均较佳;而在

0℃左右硝化时，产品得率最高，质量也较好，但此时需要采用较强的冷却。当季戊四醇的熔点达250℃，硝酸浓度高于97%，投料比为6时，如硝化温度为18～20℃，太安得率为97%，粗制太安熔点在137℃以上。因此，工业生产上一般选定硝化温度为10～20℃，危险温度为28℃，安全排料温度为25℃。

④硝酸中的氮氧化物。氮氧化物不仅加剧硝化时的氧化副反应，还会增加硝化的危险性。此外，氮氧化物也可硝化季戊四醇，生成硝酸及亚硝酸的混合酯，从而严重影响太安成品的质量。因此必须控制硝酸中氮氧化物的含量低于0.3%。

⑤季戊四醇中二季戊四醇含量。二季戊四醇在硝酸作用下生成二季戊四醇六硝酸酯，它影响太安的热安定性及爆炸性能，也降低太安的得率及熔点。但季戊四醇中如含有少量二季戊四醇（2%～3%），则可改善太安晶体的粒度及流散性，且对爆炸性能几乎无影响，故工业上生产的太安允许含5%以下的二季戊四醇六硝酸酯，而所用原料季戊四醇的熔点控制在240℃以上即可。

综上所述，生产太安的最佳工艺条件是：季戊四醇的熔点高于240℃；硝酸浓度高于98%，氮氧化物含量不超过0.3%；硝酸与季戊四醇用量比为5；硝化机内硝酸浓度为82%～85%；硝化温度为10～20℃。在此条件下，硝化得率可达97%，粗制太安熔点为137～140℃。

2）太安的精制

精制是为了除去太安中的残酸和杂质，提高太安纯度，使结晶均匀并具有良好的流散性以便于装药。

太安精制有间断结晶工艺和连续结晶工艺两种，现在多采用连续法，其流程见图4-7。精制时，往溶解机中连续加入粗制太安及浓度99%的丙酮，于55℃左右将太安溶解，并往溶解机中用空气或氮气带入氨气进行中和。所形成的中性太安丙酮溶液由溶解机流入3个串连的结晶机，同时，往机中加入稀丙酮和水，使丙酮浓度降到30%～50%，并缓慢降温使太安析出。第一结晶机的温度为68℃左右，加入总水量的40%～50%；第二结晶机的温度为58℃左右，也加入总水量的40%～50%；第三结晶机的温度为32℃左右，加入总水量的10%～20%。精制后的太安则由最后一台结晶机送入过滤器，过滤出的太安用清水冲洗3次（水药比为1～1.5∶1），抽干后，再送往干燥或钝感处理，或装入衬有塑料袋的桶中加水作为成品运输。过滤出的母液可回收并循环使用。精制产品水分含量应在15%以下，不含游离酸，熔点不低于139℃，粒度应通过5♯～10♯水筛。

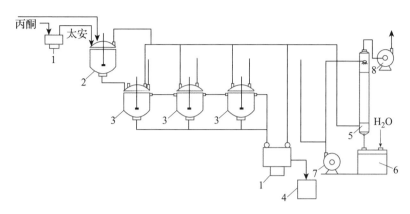

图 4-7　连续法精制太安流程图

1—过滤器；2—溶解机；3—结晶机；4—洗涤器；5—回收丙酮；6—稀释器；7,8—抽气机。

溶解机和结晶机所排出的丙酮蒸气，经冷凝后回收丙酮，冷凝器尾气则与过滤器排出的丙酮蒸气一同送往吸收塔，用水吸收成稀丙酮，再回收供循环使用。

3）太安的钝化

太安的钝化是在钝感机中间断进行的。钝化剂用量为钝化太安的 4.5%～6.0%，应先加入熔蜡机中熔化。钝化时，按药水比为 1∶5～9 往钝感机内加水，将水温升至 75℃ 以上，加入粗制太安，再升温至 93～95℃，然后按皂片∶钝化太安＝0.2～0.3∶100（质量比）加入皂片。这时钝感机内形成乳状液，太安得以充分悬浮在水中。将熔化好的钝感剂加入钝感机，钝感剂便高度分散在太安晶体表面上形成均匀的包覆层。钝感机的温度应控制在 93～95℃，并保持 20～60min，然后令钝化物料缓慢降温至 40℃ 以下。将钝化好的太安水洗，抽干，使其水含量降至 12% 以下，再装袋，送往干燥。

如钝化太安的钝感剂含量低于或高于规定值，应往钝感机中补加钝感剂或补加精制太安。

4.4　其他硝酸酯含能化合物

4.4.1　硝化纤维素的性质及合成工艺

在硝酸酯中，硝化纤维素是最早用作炸药的硝酸酯之一，现在主要用于制造发射药。硝化纤维素也称硝化棉（NC），学名纤维素硝酸酯，实际上是不同酯化程度（不同氮含量）的纤维素硝酸酯的混合物，可分为弱棉（氮含量 11.20%～12.20%）、仲棉（皮罗棉）（氮含量 12.50%～12.70%）、强棉（氮含量 13.10%～

13.50%）、混棉（氮含量 12.60%～13.25%，系强棉与仲棉的混合物）及高氮硝
化纤维素（氮含量 13.75%～14.14%）等多种，其分子式可表示为

$$[C_6 H_{10-x} O_5 (NO_2)_x]_n \quad \text{或} \quad [C_6 H_7 O_2 (ONO_2)_x (OH)_{3-x}]_n$$

结构式如下：

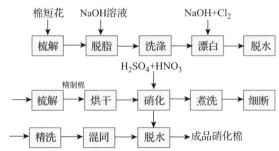

上述 NC 分子式中的 x 为酯化度，n 为聚合度，相对分子质量（以一个纤维
素结构单元计）可根据含氮量由下式计算：

$$162.1 + (\text{氮含量}(\%) / 14.4) \times 135$$

由此式算得的 3 种硝化纤维素的相对分子质量分别为 $(272.39)_n$（仲棉，氮含量
12.6%）、$(286.34)_n$（强棉，氮含量 13.45%）及 $(297.15)_n$（高氮棉，氮含量
14.14%）。三者相应的氧平衡分别为 −35%、−29% 及 −24%。

硝化纤维素的很多性质都与其氮含量有关，下面叙述的是氮含量 13.45%
的强棉的一些性能指标：白色粉末，熔点时分解，密度 1.66g/cm³。不溶于水、
乙醚及乙醇，微溶于乙醚/乙醇（2/1）混合溶剂，溶于丙酮。标准生成焓为
−2.45MJ/kg，燃烧焓 −9.68MJ/kg。100℃ 第一个 48h 失重 0.3%，120℃ 下
48h 放气量为 11cm³（真空安定性试验）。爆速 6.30km/s（密度 1.30g/cm³），爆
热 4.0MJ/kg，爆容 880L/kg，做功能力 420cm³（铅墙扩孔值）或 125%（弹道臼
炮法的梯恩梯当量），爆发点 230℃（5s），起爆感度 0.10g（叠氮化铅）。

硝化棉用硝硫混酸酯化短棉绒制得。硝化棉主要用于火药，在炸药中的用途
是次要的。含氮量 12.4%～13.5% 的硝化棉用于推进剂和炸药，含氮量 11.8%～
12.3% 的硝化棉用于胶质炸药（60℃ 下于 5min 内能为硝化甘油完全胶化）。

下面是硝化纤维素的制造流程：

各工序简介：

(1)梳解。为使棉短花均匀地在脱脂工序吸收碱液，并除去原料杂质，首先须将棉短花在梳解机中梳解成棉绒。

(2)脱脂。以碱液在具有一定压力的脱脂链中加热脱脂，皂化除去原料中所含油脂类物质，分解破坏纤维素以外的一些杂质。

(3)洗涤。用热水、冷水洗去脱脂废碱液。

(4)漂白。用氯饱和氢氧化钠溶液而得的次氯酸钠溶液漂白棉纤维，其作用还有进一步清除杂质和加强纤维毛细管的作用，降低纤维素的黏度。

(5)脱水。经漂白处理的纤维再洗涤后用脱水机(一般用离心机)脱水。

(6)梳解。脱水后的块状纤维素经粗梳机梳松以利下一步的干燥。

(7)烘干。可用厢式、传送带式或气流式干燥设备将精制棉纤维烘干至水分3%～5%或更小一些。

(8)硝化。这是硝化纤维素制造的关键工序。

(9)煮洗。这是硝化纤维素安定处理的第一个步骤。安定处理的目的：破坏氧化纤维素、水解纤维素、多缩戊糖的硝化物，并洗除之；破坏纤维素混合酯；洗去游离硫酸和硝酸；上述物质都会影响硝化纤维素的安定性。通常采用的方法是将硝化纤维素先经酸性溶液，后经碱性溶液煮洗。

(10)细断。为了洗出纤维内的残留酸，需经过细断，同时在细断过程中硝化纤维素的黏度与溶解度也发生变化，这对制造硝化纤维棉无烟药甚为重要。细断在类似造纸的打浆机中进行。

(11)精洗。洗去细断后的一切杂质。精洗终了时要分析硝化纤维素的质量(安定度、含氮量、溶解度、细断度等)。

(12)混同。为了使各小批硝化纤维素质量均匀、达到要求，一般有混同工序，使各小批硝化纤维素在棉浆状态下混合成一个总批。

(13)脱水。脱水前往往要经过沉降与过滤，以便于清除机械杂质。一般先将硝化棉稀浆液浓缩后再用离心机脱水，以提高离心机的生得率。

4.4.2　硝化淀粉的性质及合成工艺

硝化淀粉是一种聚糖的硝酸酯，分子式可表示为 $[C_6H_7O_2(ONO_2)_3]_n$，结构单元的相对分子质量为 297.15，氧平衡 -24.23%。

硝化淀粉的很多性质与硝化纤维素类似，为白色或淡黄色粉末，密度 1.6g/cm³，能吸收 1%～2% 的水分。硝化淀粉不溶于水及乙醇，但它的溶解度比硝化纤维素高，氮含量为 10.0%～11.5% 的产品可完全溶于醇-醚溶剂及丙酮，氮含量高于或低于上述范围者则不能完全溶解。爆速 4.97km/s（密度 1.1g/cm³），做功能力 356cm³（铅壔扩孔值），撞击感度高于梯恩梯，但低于干燥的硝化纤维素，爆燃点为 183℃。用发烟硝酸、硝硫混酸或硝酸-磷酸混合物酯化淀粉制得。其安定处理可参照硝化纤维素的方法进行，但安定处理不易。曾用作炮弹和手榴弹装药及爆破装药，也可代替梯恩梯用作浆状炸药的敏化剂。

硝化淀粉的工业制毡方法如下：

将 91kg 淀粉用 363kg 混酸硝化，混酸的组成是 HNO₃ 38%，H₂SO₄ 62%；酸的温度是 32℃。硝化反应器带有下压式机械搅拌，硝化时期温度保持在 38～40℃。硝化完毕后将物料放入一小水槽稀释使硝化淀粉析出。过滤出的硝化淀粉用冷水洗涤；预洗时用氨中和残酸，使硝化淀粉安定化。产物在 35～40℃下干燥。如此制得的硝化淀粉含氮量为 12.75%。

硝化淀粉的安定处理可参照硝化纤维素安定处理的方法进行。为了提高洗涤效果，可将硝化淀粉湿碎得越细越好，使水能渗透到硝化淀粉的颗粒内部。也可以像处理硝化纤维素那样，采取较长时间煮洗的方法（先用酸性水，后用碱性水）。

参考文献

[1] 崔军民，黄凤臣，马玲，等. 叠氮硝酸酯类含能增塑剂研究现状[J]. 飞航导弹，2010（10）：84-87.

[2] CHATURVEDI S, DAVE P N. Review on thermal decomposition of ammonium nitrate[J]. Journal of Energetic Materials, 2013, 31(1): 1-26.

[3] 张广林，王胜平，黄小红. 固体酸催化合成硝酸酯反应研究进展[J]. 化学试剂，2010，32(9)：811-816.

[4] 杨博，符少波，孙宾宾，等. 硝酸酯的合成研究进展[J]. 合成材料老化与应用，2011，40(1)：32-36.

[5] AGRAWAL J P. Recent trends in high-energy materials[J]. Progress in Energy and Combustion Science, 1998, 24(1): 1-30.

[6] 齐晓飞，张晓宏，严启龙，等. 硝化纤维素/硝化甘油共混体系力学状态的温度依赖特性[J]. 推进技术，2016，37(7)：1387-1392.

[7] XU W, DANA K E, MITCH W A. Black carbon-mediated destruction of nitroglycerin and RDX by hydrogen sulfide[J]. Environmental Science & Technology, 2010, 44(16): 6409-6415.

[8] 覃奕珑，张彬，魏晗. 比色法测定硝化甘油废酸中硝化甘油含量研究[J]. 化学工

程师，2016（12）：38 – 39.

[9] Sućeska M，MušanićS M，HOURA I F. Kinetics and enthalpy of nitroglycerin evaporation from double base propellants by isothermal thermogravimetry[J]. Thermochimica Acta，2010，510(1 2)：9 – 16.

[10] 杨士山，张伟，王吉贵. 硝化甘油和硝化棉的微生物降解研究进展[J]. 化工进展，2011，30(8)：1854 – 1857.

[11] 齐晓飞，张晓宏，李吉祯，等. NC/NG 共混体系的分子动力学模拟研究[J]. 兵工学报，2013（1）：93 – 99.

[12] REESE D A，GROVEN L J，SON S F. Formulation and Characterization of a New Nitroglycerin-Free Double Base Propellant[J]. Propellants，Explosives，Pyrotechnics，2014，39(2)：205 – 210.

[13] YINON J，HOFFSOMMER J C. Analysis of Explosives[J]. CRC Critical Reviews in Analytical Chemistry，1977，7(1)：1 – 35.

[14] 刘颖，杨茜，陈利平，等. 绝热加速量热仪表征含能材料热感度的探讨[J]. 含能材料，2011，19(6)：656 – 660.

[15] 张同来，武碧栋，杨利，等. 含能配合物研究新进展[J]. 含能材料，2013，21(2)：137 – 151.

[16] 王凯. 含能材料自催化分解特性与热安全性研究[D]. 南京：南京理工大学，2016.

[17] YU P L，ZHANG X J. Development of New Oil resistant Rubberized Cloth[J]. Special Purpose Rubber Products，2011（1）：15.

[18] 张同来，武碧栋，杨利，等. 含能配合物研究新进展[J]. 含能材料，2013，21(2)：137 – 151.

[19] 周得才，吕春玲，李梅，等. 粒度对硝胺类炸药烤燃热感度的影响[J]. 含能材料，2011，19(4)：442 – 444.

[20] 冯晓琴. 新型硝基吡唑类含能化合物的设计、合成及爆炸性能研究[D]. 太原：中北大学，2016.

[21] OSSA M Á F，LÓPEZ M，TORRE M，et al. Analytical techniques in the study of highly – nitrated nitrocellulose[J]. TrAC Trends in Analytical Chemistry，2011，30(11)：1740 – 1755.

[22] YOUNG G，WANG H，ZACHARIAH M R. Application of Nano – Aluminum/Nitrocellulose Mesoparticles in Composite Solid Rocket Propellants[J]. Propellants，Explosives，Pyrotechnics，2015，40(3)：413 – 418.

[23] 夏敏，罗运军，华毅龙. 纳米硝化纤维素的制备及性能表征[J]. 含能材料，

2012，20（2）：167－171.

[24] LÓPEZ M，OSSA M F，GALINDO J S，et al. New protocol for the isolation of nitrocellulose from gunpowders：utility in their identification［J］. Talanta，2010，81（4－5）：1742－1749.

[25] LI R，XU H，HU H，et al. Microstructured Al/Fe$_2$O$_3$/nitrocellulose energetic fibers realized by electrospinning［J］. Journal of Energetic Materials，2014，32（1）：50－59.

[26] BIEGAŃSKA J. Using nitrocellulose powder in emulsion explosives［J］. Combustion，Explosion，and Shock Waves，2011，47（3）：366－368.

[27] 马丛明，刘祖亮，姚其正. 5－取代氧化呋咱并［3，4－b］吡啶衍生物的合成与表征［J］. 应用化学，2014，31（8）：911－915.

[28] YANG F，SHAO Z，ZHANG Y，et al. Nitrification of Hydroxyalkyl Cellulose in Organic Solvent［J］. Chinese Journal of Explosives & Propellants，2011（1）：13.

[29] SHEN Z，WU W，YANG C，et al. Denitrification Using Starch/PCL Blends as Solid Carbon Source［J］. Environmental Science，2012（5）：31.

[30] 赵云,杏若婷,董晓燕,等.近红外光谱法快速定量分析混合含能材料中纤维素硝酸酯的含量[J].分析科学学报,2019,35(02):159－164.

[31] 李祥志,李辉,廉鹏,等.两种3,6－二硝基环己烷硝酸酯类含能化合物的合成、单晶及热性能[J].含能材料,2016,24(07):664－668.

[32] 苏秀霞,张蓉,张婧,等.聚丙烯酸接枝共聚水性硝化纤维的合成与性能[J].精细化工,2019,36(03):393－399.

[33] 孙淑香,向玲,郑永津,等.基于硝化甘油和季戊四醇四硝酸酯的伯硝胺的研究进展[J].化学推进剂与高分子材料,2013,11(04):9－16,22.

05 / 第5章
唑类含能化合物

5.1 概述

唑类含能化合物由于含氮量高、热稳定性好等优点已经在高氮含能化合物合成领域得到广泛的应用。唑类含能化合物包括吡咯、吡唑、咪唑、三唑和四唑等，其中研究较多的是三唑和四唑。

5.2 二唑类含能化合物

5.2.1 噁二唑类含能化合物

噁二唑是由两个氮原子、一个氧原子构成的五元氮杂环。它本身是一个含能基团，生成焓高，热稳定性好，并且环内存在活性氧。在炸药分子中引入噁二唑基团来改善其各方面性能，已经成为研究的热点。其中，1,2,5-噁二唑环(呋咱)或氧化呋咱环已经获得广泛研究。但呋咱的另外两个异构体，如1,2,4-噁二唑和1,3,4-噁二唑(结构式见图5-1)在含能材料领域的研究报道非常少。1,2,4-噁二唑环(异呋咱)与1,2,5-噁二唑环(呋咱)的结构比较，在环内仅有一个N—O键，并且增加了一个C—N键，有可能具有比呋咱更加稳定的热安定性。

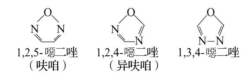

1,2,5-噁二唑　　1,2,4-噁二唑　　1,3,4-噁二唑
（呋咱）　　　　（异呋咱）

图 5-1　噁二唑各异构体的结构式

合成噁二唑的方法有很多，如双酰肼环合法、四唑环缩合法、一步法和单酰肼合成法等，目前报道最多的是双酰肼环合法、四唑环缩合法，具体方法

如下。

1. 双酰肼环合法

双酰肼环合法对合成条件的要求不高，并且得率高、提纯步骤简单，是最常用的方法。合成步骤如下：

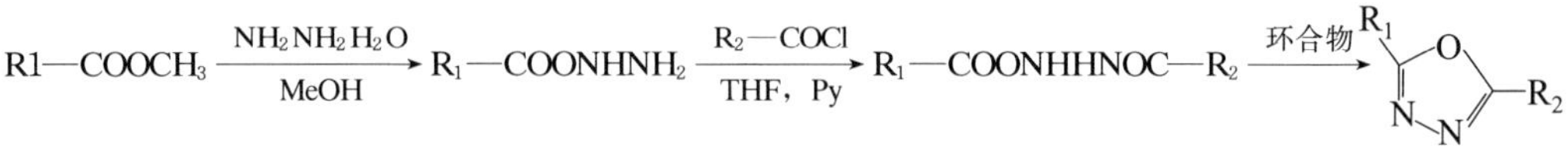

$$R1\!-\!COOCH_3 \xrightarrow[\text{MeOH}]{NH_2NH_2H_2O} R_1\!-\!COONHNH_2 \xrightarrow[\text{THF，Py}]{R_2\!-\!COCl} R_1\!-\!COONHHNOC\!-\!R_2 \xrightarrow{\text{环合物}} \text{（杂环）}$$

R₁、R₂ 多为芳基及其衍生物

环合剂的存在有利于第三步反应的进行。环合剂与水的反应一般是不可逆的，有利于反应正向进行。三氯氧磷是最常用的环合剂，此外还有五氧化二磷、五氯化磷、氯磺酸等，但是由于得率、操作条件的限制，有些环合剂（P_2O_5 和 PCl_5）并不常用。

2. 四唑环缩合法

该方法与双酰肼环合法相比，得率更高，产物更易提纯，但其氰基衍生物的毒性大。具体合成步骤如下：

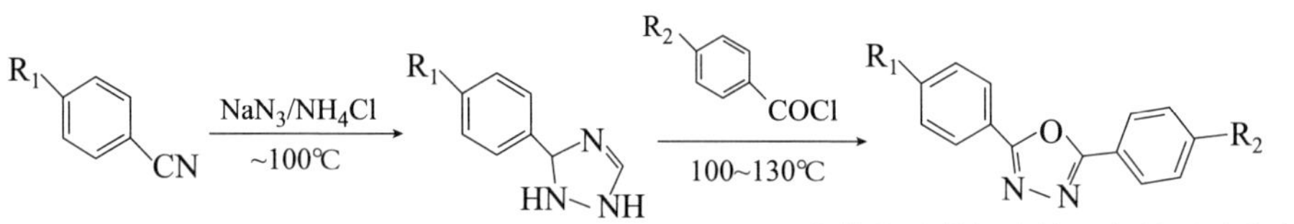

$$R_1\!-\!\text{苯}\!-\!CN \xrightarrow[\sim 100℃]{NaN_3/NH_4Cl} \text{（四唑）} \xrightarrow[100\sim130℃]{R_2\!-\!\text{苯}\!-\!COCl} \text{（噁二唑）}$$

R₁、R₂为芳基及其衍生物、羟基以及卤素等

5.2.2　噁二唑类含能化合物的性质及合成工艺

下面就几种典型的二唑类含能化合物的基本性质和合成工艺进行简要介绍。

1. 3-硝基-5-胍基-1,2,4-噁二唑(NOG)

1）NOG 的性质

（1）物理性质。

将 NOG 溶于丙酮，然后在快速搅拌下滴入冰水中，析出固薄片状长方体，粒度均匀，这样的薄片形貌有利于降低其机械感度。

另外，单晶 X 射线衍射分析 NOG 的结构，相当于在硝基胍分子的硝基与胍基之间插入一个 1,2,4-噁二唑环。NOG 的分子结构如图 5-2 所示。NOG 分子拥有一个几乎为平面的构型。环外的硝基在 1,2,4-噁二唑环外扭曲振动，其二面角为 6.58°。由于共轭，C—N 和 C＝N 键的平均键长为 1.321Å。

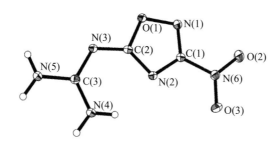

图 5-2　NOG 的分子结构图

计算测试表明，NOG 的物理性能要明显优于硝基胍。NOG 的晶体密度为 1.766g/cm³（硝基胍密度为 1.715g/cm³）。

（2）爆轰性能。

NOG 的撞击感度与硝基胍相当，但理论爆速（8013m/s）高于硝基胍的爆速 （7650m/s）。NOG 的爆轰性能如表 5-1 所示。同时给出了 TNT、RDX、HMX 的相应数据作对比。

表 5-1　NOG 的爆轰性能数据表

化合物	熔融温度 $T_m/℃$	分解温度 $T_{dec}/℃$	密度 $\rho/(g \cdot cm^{-3})$	氧平衡 OB/%	生成焓 $\Delta H_f^0/(kJ \cdot mol^{-1})$	撞击感度 IS/J	爆压 P/GPa	爆速 D/(m·s⁻¹)
NOG	—	290	1.766	-46.5	235.1	>40	28.16	8013
TNT	81	295	1.65	-74	-67.0	15	19.53	6881
RDX	—	230	1.82	-21.6	92.6	7.4	35.17	8997
HMX	—	287	1.91	-21.6	104.8	7.4	39.63	9320

2）NOG 的合成机理及合成工艺

（1）合成机理。

将过硫酸氢钾复合盐与碳酸氢钠配制成中性水溶液，滴入丙酮溶液中原位生成二甲基过氧化酮（DMDO），控制反应温度，在低温下氧化二氨基甘脲，得到浅黄色的化合物。具体的转化可能为：首先 Ag 发生水解，之后被氧化的羟胺基发生 5-exo-trig 式闭环，桥氨基被氧化成硝基，再之后桥硝基促进了开环重排，最后脱水、水解后得到目标化合物 NOG。

（2）合成工艺。

NOG 的合成路线如下：

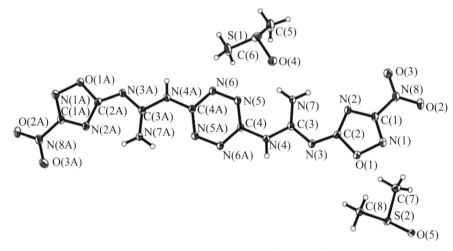

将二氨基甘脲(AG，1.36g)与丙酮(50mL)、乙腈(30mL)、水(150mL)配成溶液，冷却到-5℃，然后将预先配制好的过硫酸氢钾复合盐(Oxone)(80g)、水(400mL)和碳酸氢钠(24g)的中性溶液滴加到 AG 的溶液中，严格控制体系温度在 5℃ 以下。反应 10h，经乙酸乙酯萃取、$V_{乙酸乙酯}：V_{石油醚}＝1：1$ 洗脱剂过柱，得到黄色产物 NOG，得率最高达 46%。

2. 3,6-双(3-硝基-1,2,4-噁二唑-5-脒基)-1,2,4,5-四嗪(NOG$_2$Tz)

1)NOG$_2$Tz 的性质

(1)晶体结构。

在 DMSO 中重结晶 NOG$_2$Tz，可得到红色的针状晶体。单晶 X 射线衍射分析表明，NOG$_2$Tz 具有平面的几何构型，晶胞中含有两分子的 DMSO，密度为 $1.573g/cm^3$。在晶体中分子形成了如同石墨般的平面片层结构，有序的排列带来了较高的密度(预估值为 $1.812g/cm^3$)。同一层中的分子间距为 $5.75Å$，而层间距为 $8.875Å$。晶胞中的 DMSO 分子可以通过冻干，在开水中浸泡 2h 或反复水洗的方法去除。图 5-3 为 NOG$_2$Tz·2DMSO 的分子结构和晶胞结构图。

图 5-3   NOG2Tz·2DMSO 的分子结构

（2）爆轰性能。

设计等键反应，利用 MOPAC 软件中的 PM6 方法预测了 NOG 和 NOG_2Tz 的生成热以及单晶密度。由生成热和单晶密度预测了化合物的爆速和爆压。相关的爆轰性能如表 5-2 所示，同时给出了 TATB 和 NOG 的数据加以对比。

表 5-2　NOG2Tz 的爆轰性能数据表

化合物	熔融温度 $T_m/℃$	分解温度 $T_{dec}/℃$	密度 $\rho/(g \cdot cm^{-3})$	生成焓 $H_f^0/(kJ \cdot mol^{-1})$	撞击感度 IS/J	爆压 P/GPa	爆速 $D/(m \cdot s^{-1})$
NOG	—	290	1.766	235.1	>40	28.16	8013
NOG_2Tz	—	329	1.812	957	>70	28.52	8002
TATB	324	324	1.93	-140	50	31.15	8114

由表 5-2 可知，NOG_2Tz 的撞击感度要低于 TATB，说明 NOG_2Tz 是一种潜在的钝感炸药。

2）NOG_2Tz 的合成工艺

NOG_2Tz 的合成路线如下：

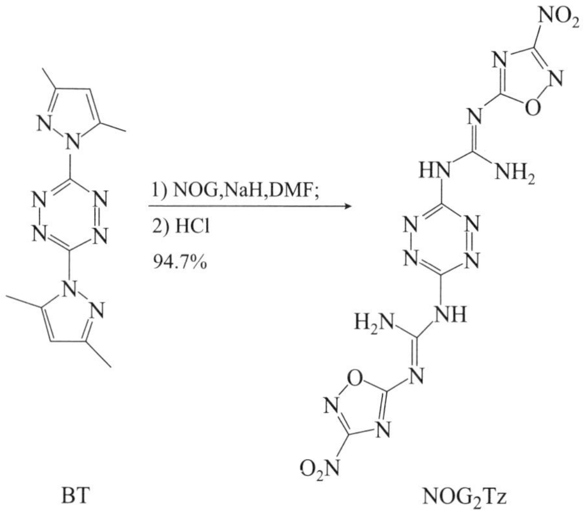

NOG（860mg，5mmol）加入到干燥的 50mL 圆底烧瓶当中，加入无水二甲基甲酰胺（20mL）使其溶解。将溶液冷却至 0℃，逐渐加入 NaH（280mg，7mmol，60%的纯度，分散于油相）（添加时间大于 5min）。在 0℃下搅拌

30min，然后逐渐加入 BT(540mg，2mmol)。在 0℃下搅拌 1h，然后升至室温再搅拌 4h。最后将反应液倒入冰水(20mL)，加入 3mol/L 的 HCl 酸化至 pH＝1。将橘黄色的沉淀过滤出，水洗，干燥，得到 NOG₂Tz(800mg，得率 94.7%)。

3. [2,2'-双(1,3,4-噁二唑)]-5,5'-二硝酰胺(ICM-101)

2017 年中国工程物理研究院化工材料研究所的张庆华等人合成了一种含有 1,3,4-噁二唑结构的新型含能材料：[2,2'-双(1,3,4-噁二唑)]-5,5'-二硝酰胺。该物质具有超高的密度(1.99g/cm³，298K)，在水或多数有机溶剂中有较差的溶解度，良好的热稳定性，正值生成焓和优良的爆轰性能。其能量和感度与 CL-20 相近，是一种潜在的高能量密度材料。

1)ICM-101 的性质

(1)晶体结构。

在 DMSO 中重结晶后，利用 X 射线单晶衍射图谱表征 ICM-101 的单晶结构。结果显示，ICM-101 为正交晶系，属于 Pbca 空间群，每个单胞中含有 4 个分子，在 170K 时具有超高的晶体密度 2.037g/cm³(298K 时则为 1.99 g/cm³)。ICM-101 的晶体结构如图 5-4 所示。C1-N2(1.311Å)和 C1-N3 (1.331Å)的键长的值处于平均的单、双 C—N 键长的值(分别为 1.47 和 1.22Å) 之间，这是 ICM-101 分子的大 π 共轭结构带来的高度内部电荷分离所致。由 X 射线分子结构测定结果可知，质子连接在噁二唑环上的氮原子上(N3/N3a)，而不是 N2/N2a 上。这样的结构使得质子和 O2/O2a 之间产生了分子内相互

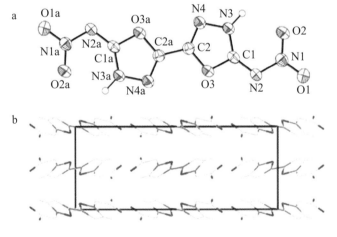

图 5-4　ICM-101 的 X 射线衍射单晶结构图(a)和晶胞结构图(b)

作用，限制了硝基的回转振动。同样，根据晶体结构测定结果可知，ICM‒101分子几乎为平面结构，硝基和双(1,3,4‒噁二唑)平面间的二面角几乎为0°。另外，利用变温 XRD 技术调查了 ICM‒101 可能发生的多晶型转换情况。结果在 30~180℃的温度范围内，没有发生明显的衍射峰分裂或产生新的衍射峰。这表明在加热过程中，ICM‒101 没有发生晶型转换的现象。

（2）晶体形貌。

利用 SEM 观察了合成出的粉末状样品以及在 DMSO 环境中生长的 ICM‒101 晶体的形貌，如图 5‒5 所示。可以看出，在 DMSO 中重结晶生长出的晶体具有棱镜状的外形，表面平滑，容易形成花状的聚晶(大量聚集的聚晶尺度大约为 400μm)。而直接合成出的 ICM‒101 粉末样品具有不规则的片状外形，粒度在 2~5μm 范围内，聚集度较低。

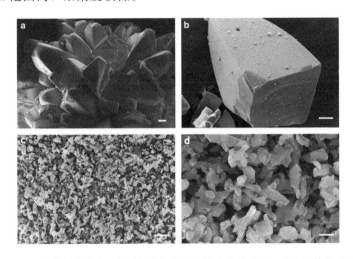

图 5‒5　DMSO 中生长出的(a,b)和直接合成出的粉末状的 ICM‒101 晶体(c,d)SEM 图像

由 SEM 图像结果可以得出，重结晶可以有效地改变 ICM‒101 的形貌(包括晶体形状、大小、表面等)，进而调整 ICM‒101 的爆轰性能，提高安全性等。

（3）超高的密度。

总的来说，紧密的晶体堆积是高能量密度材料的高密度来源。ICM‒101 具有超高的晶体密度，在 298K 时为 1.99g/cm^3(气体密度瓶实测值 1.9997g/cm^3)。ICM‒101 的计算堆积系数高达 81.0%，高于 TATB(78.1%)和 FOX‒7(78.0%)，是一种很高的紧密层状堆积。这样高的晶体密度和堆积系数，来源于平面的分子结构、较少的边缘基团回转振动、分子内外的氢键作用以及分子层间的相互作用。

(4)常用溶剂中的溶解度。

测定了 ICM-101 在 10 种常用的有机溶剂及水中的溶解度，如表 5-3 所示。

表 5-3　ICM-101 在常用溶剂及水中的溶解度(单位：g/100g 溶剂)

溶剂	H_2O	DMSO	DMF	Acetone	CH_2Cl_2	CH_3OH
ICM-101 的溶解度	0.26	9	1	0.11	0.05	0.9
溶剂	EtOAc	EtOH	CH_3CN	Hexane	Et_2O	—
ICM-101 的溶解度	0.01	0.025	0.02	<0.01	<0.01	—

(5)爆轰性能。

根据测得的常温常压下的密度，以及理论计算或氧弹测定的生成焓，利用 EXPLO5 软件预估了 ICM-101 的爆速(D)和爆压(P)，还测定了机械感度，结果见表 5-4。表中列出了 HMX、RDX 和 ε-CL-20 的相关数据加以对比。

表 5-4　ICM-101 的爆轰性能数据表

化合物	$T_d/℃$	$d/(g \cdot cm^{-3})$	$\Delta H_f/(kJ \cdot mol^{-1})$	P/GPa	$D/(m \cdot s^{-1})$	IS/J	FS/N	OB/%
ICM-101	10	1.99	159.52	40.39	9475	5	60	6
HMX	279	1.90	116.1	41.5	9221	7	112	0
RDX	210	1.81	86.3	38.0	8983	7	120	0
ε-CL-20	215	2.04	365.4	46.7	9455	4	48	11

注：T_d——分解温度；

　　d——298K 时 XRD 测定的密度；

　　ΔH_f——生成焓；

　　P——爆压；

　　D——爆速；

　　IS——撞击感度；

　　FS——摩擦感度；

　　OB——基于 CO 的氧平衡

根据表 5-4，ICM-101 的爆速和爆压与 CL-20 接近，高于 RDX 和 HMX。ICM-101 的氧平衡为正值，高于 RDX 和 HMX，接近 CL-20。虽然具有广泛的分子间氢键和层状堆叠的分子晶体构造，但 ICM-101 晶格的石墨似的层间滑移带来了较高的机械感度。ICM-101 拥有优秀的爆轰性能，加之良好的热稳定性和较低的水中溶解度,使得 ICM-101 成为高能量密度材料的理想候选者。

2)ICM-101 的合成工艺

ICM 101 的合成路线见图 5-6,使用市售的试剂通过两步反应即可获得 ICM-101。第一步,草酰二酰肼和溴化氰反应获得中间体[2,2'-双(1,3,4-噁二唑)]-5,5'-二胺(10),得率高达 90.5%。第二步,使用发烟硝酸硝化中间体 10 长达 24h,之后倒入冰水中。反应得到的 ICM-101 会从溶剂中析出,得到白色固体,得率为 66.8%。

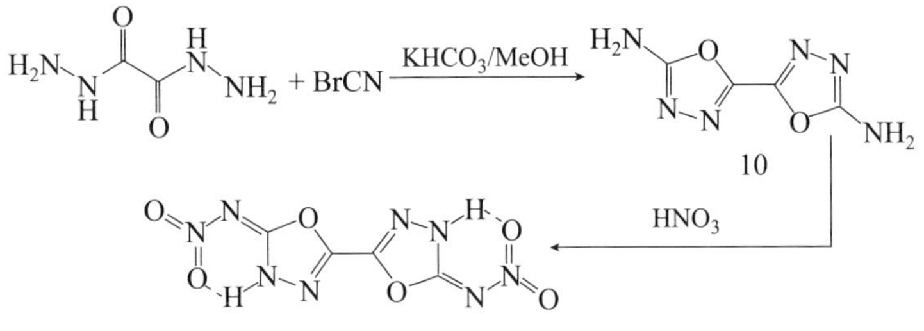

图 5-6 ICM-101 的合成路线图

(1)[2,2'-双(1,3,4-噁二唑)]-5,5'-二胺(10)的合成。

草酰二酰肼(1.18g,10mmol)溶解到甲醇(100mL)中去,降温至 0℃后逐步加入碳酸氢钾(2.21g,22mmol)。之后加入溴化氰(2.12g,20mmol)。将反应体系在 0℃下搅拌 4h,之后加热到 20℃,搅拌 16h。接着加入 250mL 水,再搅拌 3h。过滤,冰水洗涤合成产物。产物重 1.52g,为淡黄色固体,得率 90.5%。

(2)[2,2'-双(1,3,4-噁二唑)]-5,5'-二硝酰胺(ICM-101)的合成。

上一步得到的中间体[2,2'-双(1,3,4-噁二唑)]-5,5'-二胺 10 不经提纯,直接用于合成最终产物[2,2'-双(1,3,4-噁二唑)]-5,5'-二硝酰胺(ICM-101)。将中间体 10(1g,5.95mmol)逐渐加入到轻轻搅拌的、冰中冷却的发烟硝酸(8mL)中去。然后,反应体系升至室温,持续反应 24h。当白色沉淀出现后,将混合液倒入冰水中,过滤。用少量的水冲洗样品,然后自然晾干。得到了 ICM-101,为白色粉末,得率 66.8%。

5.2.3 吡唑类含能化合物的性质及合成工艺

吡唑环上的 C=C 双键和 N—N 单键有利于增加化合物的生成焓,环内的电子共轭作用提高了化合物的稳定性。1973 年，荷兰雷登大学的 Janssen 等人合成了 3,5 -二硝基吡唑。1998 年，Lebedev 等人指出 3,5 -二硝基吡唑可以作为一种单质炸药得到应用，其密度为 $1.80g/cm^3$，分解温度高达 316.8℃，爆速 8150m/s，同时也是一种用于合成钝感炸药的潜在中间体。2009 年，Dalinger 等合成了 3,4,5 -三硝基吡唑，其密度为 $1.87g/cm^3$，爆速为 9250m/s，与 HMX 相当。此外，其热稳定性较好，感度较低，也是一种潜在的高能化合物。典型的硝基吡唑的研究现状简要介绍如下。

1. 3,4 -二硝基吡唑(3,4 - DNP)

3,4 - DNP 微溶于水和苯等溶剂，易溶于乙醇、甲醇、丙酮和二氯甲烷等溶剂。

1973 年，Janssen 等人在研究 1 -硝基吡唑重排得到 3(5) -硝基吡唑时，发现 4 -硝基吡唑很难进一步硝化得到 4,5(3) -二硝基吡唑，将 1,4 -二硝基吡唑重排也只能得到少量的 3,4 - DNP。然而采用硝硫混酸作为硝化试剂，将 3 -硝基吡唑进行硝化，却得到了得率比较高的 3,4 - DNP(合成路线见图 5 - 7)。由于这种制备方法成本较低，硝化试剂常见，因此得到了广泛应用。

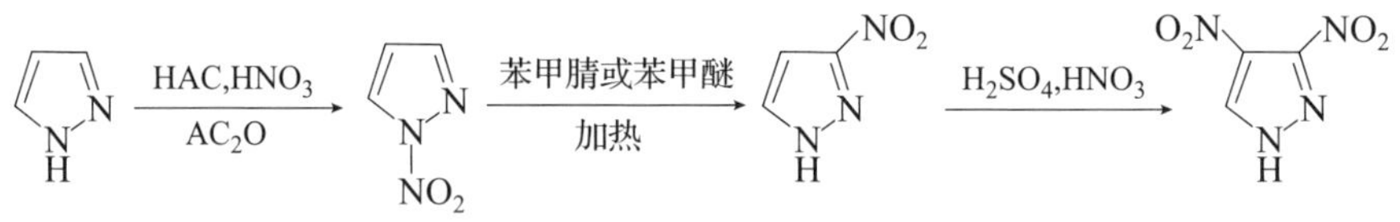

图 5 - 7   3,4 - DNP 的合成路线

1976 年，Latypov 等人将过量的硝酰阳离子与 3 -氨基 - 4 -硝基吡唑反应，得到了 3,4 - DNP，得率较低。1993 年，Vinogradov 等人以 3 -硝基 - 4 -氰基吡唑为原料，制备了一系列 3 -硝基吡唑衍生物，在硝酸和硫酸硝化体系中，3 -硝基 - 4 -氰基吡唑一步反应得到 3,4 - DNP。2005 年，Katritzky 等人在研究五元杂环的硝化时，提出以吡唑为原料，采用三氟乙酸酐(THAA)和硝酸作为硝化试剂，直接硝化得到 3,4 - DNP。

2. 3,5 -二硝基吡唑(3,5 - DNP)

1973 年，Janssen 等人提出以吡唑为原料，硝化采用硝酸-醋酸-醋酸酐的硝化试剂，重排反应采用苯甲腈为溶剂，经过 N -硝化、σ 重排四步反应得到 3,5 - DNP(合成路线见图 5 - 8)。硝化试剂成本较低，此合成路线应用较为广泛。

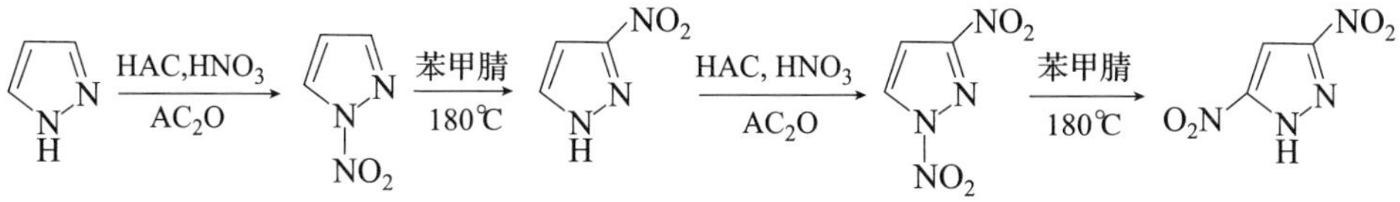

图 5 - 8   3,5 - DNP 的合成路线

2007 年，成建等采用新型绿色硝化试剂 N_2O_5/HNO_3 对吡唑进行硝化，苯甲醚作为重排试剂，得到了 3,5 - DNP。与传统的浓硝酸和浓硫酸硝化体系相比，此方法的反应温度较低，产物的分离、提纯较易，对环境污染小，且得率较高。2007 年，汪营磊等根据 Janssen 等人的方法，首次提出了通入氨气中和得到 3,5 - DNP 铵盐的新方法，提高了得率（合成路线见图 5 - 9）。

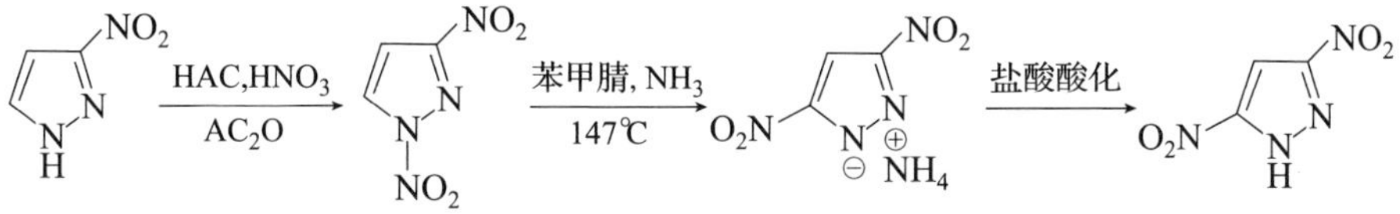

图 5 - 9   3,5 - DNP 的合成新路线

2012 年，Ravi 等认为传统的重排反应存在一些不足，比如可能发生去硝化反应、反应温度比较高、反应时间长、可能存在安全问题等。因此提出了一种新的合成方法——微波重排法。其优点是反应速率快、时间短、副产物少、得率高，并且避免了试剂的排放问题。

3. 3,4,5 -三硝基吡唑(TNP)

TNP 的环上 - NH 酸性比较强（pKa = 0.05），能很好地溶解在水和一般的有机溶剂中，比如乙醚、乙酸乙酯、THF、乙醇、DMSO、DMF 和乙腈。

2009 年，Dalinger 等采用 H_2O_2 和浓 H_2SO_4 为氧化剂将 5 -氨基-3,4 -二硝基吡唑氧化得到 TNP（合成路线见图 5 - 10），得率为 42%。

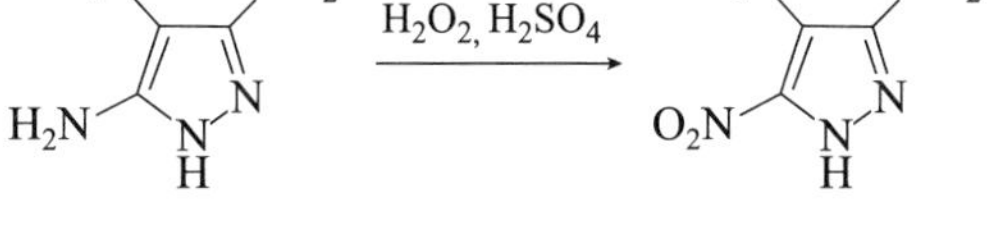

图 5 - 10   TNP 的合成路线

Hervé 等人采用氧化能力更强的过二硫酸将 5 -氨基-3，4 -二硝基吡唑氧化得到 TNP，但是得率较低，仅为 37%。后来，他们以 4 -氨基-3，5 -二硝基吡唑为原料，同样以过二硫酸为氧化剂，氧化得到 TNP，得率高达 93%。由于氧化条件过于苛刻，后处理麻烦，工业化程度不高。

一般来说，在 3,5 - DNP 的 4 -位进行硝化是很困难的，一方面是 3 -位和 5 -位的硝基是强吸电子基团会导致 4 -位电子云密度下降，另一方面是 3 -位和 5 -位的硝基也会产生一定的空间位阻，不利于亲电取代反应的发生，所以应尽量增加硝酰阳离子的含量以利于亲电取代反应的进行。后来有人提出采用浓硝酸-浓硫酸体系以及浓硝酸-发烟硝酸体系作为硝化试剂。2009 年，Dalinger 等人，以 3,5 - DNP 为原料，采用硝硫混酸直接硝化得到 TNP。但是 Hervé 等人指出硝硫混酸产生的硝酰阳离子不足以硝化 3,5 - DNP 得到 TNP，因此提出在硝硫混酸中加入 60% 的发烟硫酸，从而得到得率较高的 TNP(合成路线见图 5 - 11)。目前实验室制备 TNP 主要采用这种方法。

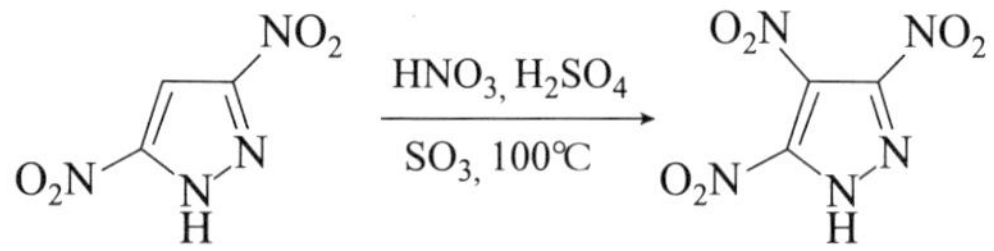

图 5 - 11　TNP 的合成路线

4. 4 -氨基-3,5 -二硝基吡唑(LLM - 116)

LLM - 116 不仅是一种高能炸药，也是一种较好的含能材料中间体，其密度为 $1.9 g/cm^3$，热分解温度为 178℃，而且撞击感度较低(H_{50} = 165cm)，摩擦感度仅为 10%(BAM 摩擦感度仪)，对静电火花不敏感，能量相当于 TATB 的 1.38 倍，略低于 HMX。因此，LLM - 116 以较高的密度以及优越的性能，被视为高能量不敏感炸药的潜在候选物之一。

1996 年，Pagoria 等以正丁醇钾为催化剂，DMSO 为溶剂，3,5 - DNP 与三甲基肼碘化物(TMHI)反应生成 LLM - 116，得率为 70%(合成路线见图 5 - 12)。

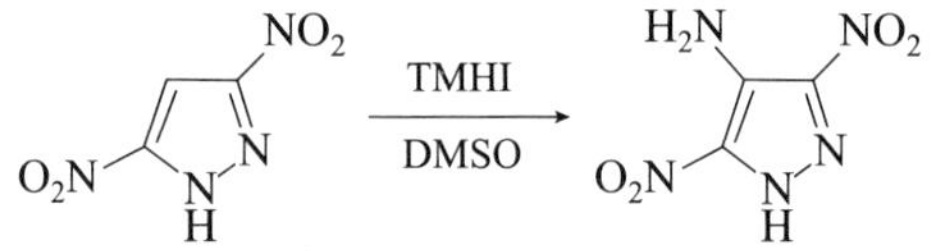

图 5 - 12　LLM - 116 的合成路线

2007 年，汪营磊等人以 1,3 - DNP 为原料，经过热重排反应，然后直接将氨气通入反应器中进行中和，再用盐酸酸化得到 3,5 - DNP，最后以 3,5 - DNP 为原料，与 TMHI 发生 VNS 氨化反应得到 LLM - 116。2012 年，Wang 等人提出采用成本更低的盐酸羟胺代替具有毒性的 TMHI 作为氨化试剂得到了 LLM - 116，得率为 65.38%。2012 年，Dalinger 等人以 4 -氯吡唑为原料，经过硝化，然后通入氨气，得到了 LLM - 116(合成路线见图 5 - 13)。Ek 等将上述合成路

线的第二步进行加压(15～25atm)处理，温度控制在 130℃，也得到了 LLM -
116，得率为 52%。此方法得到了规模化生产。

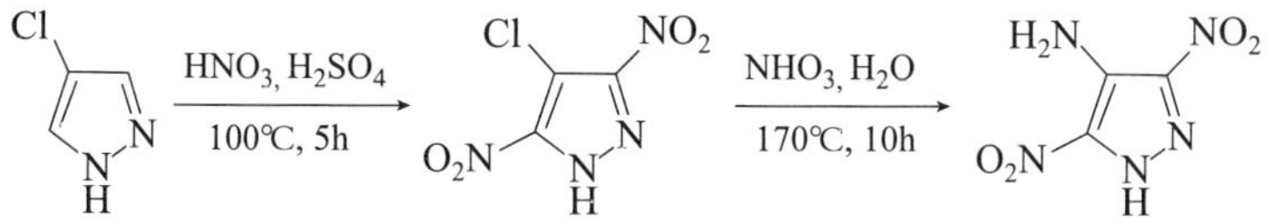

图 5 - 13 LLM - 116 的合成路线

5.3 三唑类含能化合物

三唑环不仅在医学上备受关注，在含能材料方面的研究也越来越受到重视，三唑环有 3 种同分异构体，分别为1H -1,2,4 -三唑(a)、1H -1,2,3 -三唑(b)、4H -1,2,4 -三唑(c)，见图 5 -14。

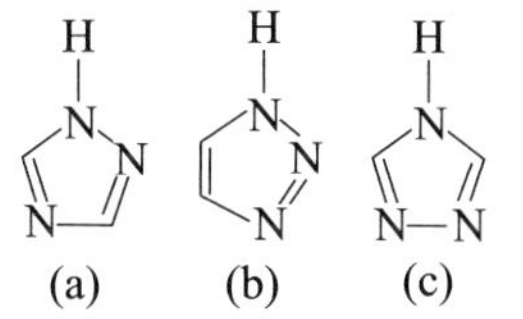

图 5 - 14 三唑环的三种异构体结构式

1,2,3 -三唑和1,2,4 -三唑显弱碱性，可直接与强酸反应形成离子盐。从结构上来说，1,2,4 -三唑比1,2,3 -三唑更稳定，所以三唑类炸药中，以1,2,4 -三唑为主的含能材料明显多于1,2,3 -三唑的。Drake 最早提出含能离子体的概念，并且通过与硝酸、二硝酰胺阴离子和高氯酸得到离子盐。在三唑环上引入氨基可以增强热稳定性，对热、摩擦和撞击的感度降低。由于加入氨基，生成焓也会增加。

3 -硝基 1,2,4 -三唑-5 -酮(NTO)是三唑中最常见的炸药，关于它的研究已经步入成熟阶段，本节将对其进行重点介绍。

5.3.1 3 -硝基-1,2,4 -三唑-5 -酮(NTO)的性质

1. 物理性质

3 -硝基-1,2,4 -三唑-5 -酮(NTO)分子式为 $C_2H_2O_3N_4$，其结构式如图 5 -15 所示。相对分子质量为 130，密度为 1. 936g/cm³，是一种白色晶体，呈棒状、易团聚，是一种新型高密度、高能量、低感度、易于成型的单质炸药。

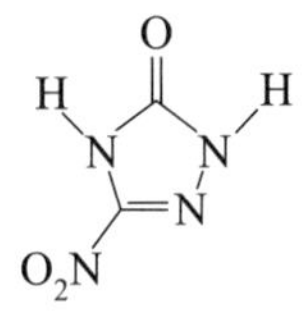

图 5 - 15   NTO 的结构式

2. 化学性质

NTO 偏酸性(pKa = 3.67)，酸性与高氯酸铵相当，可以与脂肪胺和芳香胺直接反应生成胺盐，又由于 NTO 的强极性分子中的羰基氧原子、硝基氧原子、成环氮原子具有孤对电子，易与金属离子形成配合物，并且形成配合物后，在分子中会形成氢键，有利于氧上和氮上过多电子的转移，使体系更加稳定，从而降低了感度，可用作起爆药、炸药和含能催化剂，是一类应用前景广泛的含能材料。

3. 爆轰性质

NTO 的理论爆轰速度为 8500m/s，接近 RDX，撞击感度为 2%，摩擦感度为 6%，钝感性能与 TATB 相当。NTO 成本较低、毒性小、原材料廉价易得，容易制备，与其他材料相容性较好，在不敏感熔铸炸药研究中，可用 NTO 全部或部分取代梯黑炸药中的 RDX。

5.3.2   NTO 的合成机理及合成工艺

1. 合成工艺

对 NTO 及其类似的三唑系列化合物研究很早就开始了，德国的 Manchot 和 Noll 于 1905 年最先合成出 NTO，并制备出其银盐，然后对银盐做了元素分析。Heinz Gehlen 阐述了 NTO 的合成以及 3 -位上包括硝基在内的取代基取代反应情况，并测得 NTO 的熔点为 270℃。

1966 年，苏联 Chipen 等人在总结了传统的 1,2,4 -三唑 - 5 -酮(TO)制备方法的基础上发展了一种新的 NTO 的制备方法，该法由两步简单的反应组成：①由盐酸氨基脲和甲酸反应生成 TO；②对 TO 进行硝化制得 NTO，反应过程见图 5 -16。由于该方法原料易得、路线简单，且适于大规模工业化生产，因此一直为后来的研究者所沿用。

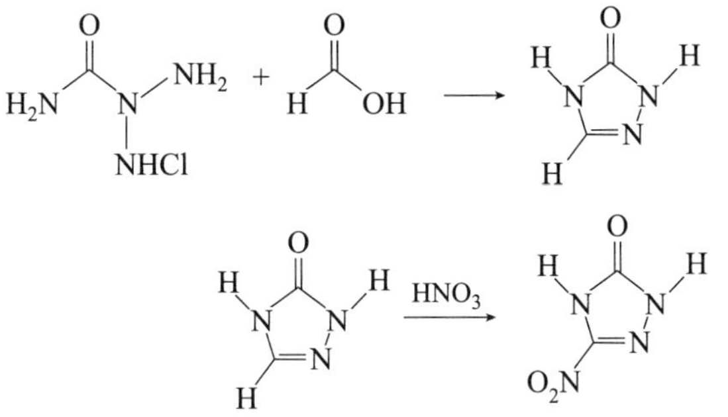

图 5-16　NTO 的合成反应过程

美国洛杉矶 Los Alamos 国家实验室对该法进行了改进，发展了"一锅法工艺"，该方法首先利用盐酸氨基脲和甲酸反应完成后生成的 TO，然后不进行分离提纯，而后蒸去过量的甲酸和水，当反应体系接近干燥时，直接加入质量分数 70% 的浓硝酸硝化 TO 得到 NTO。该方法节省了合成时间和步骤，并且得率没有下降。澳大利亚墨尔本材料研究实验室的 Rothgery 也对"一锅法工艺"进行了研究，在工作中循环使用 70% 浓硝酸溶液，以改进硝化 TO 制备 NTO 的工艺，对采用浓硝酸和质量分数 98% 的浓硫酸组成的混酸为硝化剂的工艺也进行了研究，但是效果并不明显，得率没有很大改变。

我国对 NTO 及其衍生物的研究是从 20 世纪 80 年代中期开始的。1987 年，杨克斌等人用改进的硝化工艺合成出 NTO；李加荣对 1,2,4-三唑及高含氮杂环含能化合物的合成及性能进行了研究，采用一锅合成法，将缩合制得的 TO 经过减压蒸馏除去生成的水和甲酸后直接将硝化剂引入反应体系而合成 NTO，能使反应的总收率提高至 75% 左右。由于 TO 没有经纯化处理就将硝化剂引入反应体系，在引入硝化剂的过程中需严格操作，增加了制备的操作步骤；李战雄等人在研究 NTO 铅盐的合成时也采用一锅法合成了 NTO，并研究了不同的硝化工艺对 NTO 收率的影响，在最佳工艺条件下收率达到 81.8%。

合成 NTO 较好的方法是从盐酸氨基脲出发，与甲酸缩合得到 TO 后，用浓硝酸直接硝化 TO 制得。NTO 具体合成方法如下。

(1) 缩合：将 250mL 的甲酸(88%)加入到装有搅拌器、冷凝管、温度计的 1000mL 的三口烧瓶中，搅拌加热并维持在 60℃，再加入 224g 的盐酸氨基脲，观察 HCl 气体的排出，不再有气体排出后，升温到 85～90℃，恒温回流 7h，待反应结束后，将反应液静置至室温，过滤，将滤液置于 1000mL 单口瓶中，于 70℃减压蒸馏至接近蒸干，冷却、过滤，将两次过滤得到的滤饼置于 300mL 冰水中洗涤两次，洗涤后的产品尽量抽滤，滤饼转移至搪瓷盘中，在 40℃烘箱中烘干，得到产品 TO 146g，得率 86%。

（2）硝化：将 1000mL 三口瓶置于冰水浴中，向三口瓶中加入 250mL 的硝酸，搅拌使硝酸冷却至 5℃ 以下，缓慢加入干燥的 TO 100g，在 1.5h 内加完，加料温度控制在 20℃ 以下，TO 加完后，缓慢升温至 33~35℃，恒温反应 1h，反应结束后降温至 10℃ 左右，将反应液缓慢倾倒于约 300mL 的碎冰上，过滤，用冰水洗涤两次，抽滤，烘干，称量得 112g NTO 粗品，得率 80.5%。

（3）精制：取 NTO 粗品 30g 和蒸馏水 240mL，两者的质量比为 1∶8，加入 500mL 的三口烧瓶中，采用水浴加热方式，搅拌下升温到 90℃，保持一段时间，待 NTO 全部溶解后保持搅拌转速缓慢降温，温度降到 60~70℃ 时，加冰迅速降温，温度降到 2℃ 以下时，过滤，烘干称重得到 27g NTO。重复此方法重结晶 4~5 次得到精制 NTO。

2. 合成机理

TO 合成机理：

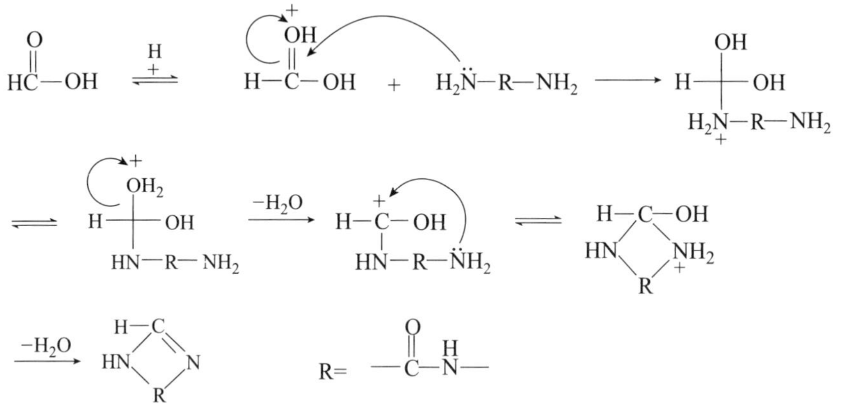

NTO 合成机理：NTO 的合成机理即把 TO 进行硝化，硝化机理可参考 1.2.2 节 C-硝化的 5 种硝化机理。

5.4 四唑类含能化合物

四唑为高氮化合物，具有比六硝基六氮杂异伍兹烷（CL-20）、奥克托今（HMX）和三唑更高的密度、生成焓和气体生成量，适用于低特征信号推进剂，因此有望成为推进剂的一个良好组分。许多四唑衍生物因具有高能量而被大量应用于国防工业，如 5-氰基乙烯四唑可用于固体火箭推进剂，某些四唑衍生物的金属化合物可作起爆药。当四唑环上带有不同取代基时，其爆炸性能也不同。

四唑类化合物具有与叠氮类化合物相似的化学性质，是一类高氮含能化合物，但感度远低于后者，它们本身不含卤素，因此不污染环境，是环境友好型的含能材料。四唑类含能材料是四唑环作为母体，主要分为单四唑、联四唑和偶氮四唑三大类。

四唑类含能化合物的结构为含有 1 个碳原子和 4 个氮原子的五元杂环结构，5 个原子处于同一个平面，具有一定芳香性，氮含量 80.0%，是目前能够稳定存在的含氮量较高的结构单元之一。四唑环含有 3 种同分异构体，分别为 1H-四唑(a)、2H-四唑(b)和 5H-四唑(c)(图 5-17)，其中 5H-四唑由于能量较高难以单独存在，目前还未见相关报道，而 1H-四唑、2H-四唑已经被实验证实存在。

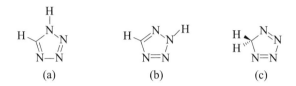

图 5-17　四唑环的 3 种同分异构体

(a)1H-四唑；(b)2H-四唑；(c)5H-四唑。

5.4.1　5,5'-联四唑-1,1'-二氧羟胺盐(TKX-50)的性质

1. 物理性质

新型高能炸药 5,5'-联四唑-1,1'二氧二羟铵盐(TKX-50)是白色晶体，分子式 $C_2H_8N_{10}O_4$，相对分子质量为 236.15，元素组成为 C(10.17%)、H(3.41%)、N(59.31%)，氧平衡为-27.10g/g，分解温度为 221℃，理论最大密度为 1.918g/cm³。其具有环境友好、生成热数值大、含氮量高、机械感度低等优点。

2. 化学性质

TKX-50 具有唑环芳香结构，相比于其他胺类或偶氮类化合物，此类化合物稳定，不像其他胺类或偶氮类化合物容易分解。如果将其与富氧离子结合，可进一步制成性能更优异的含能离子盐。

3. 爆轰性质

TKX-50 是由德国慕尼黑大学的 Fischer 等人于 2012 年合成的一种双四唑含能离子盐。TKX-50 的能量水平与 HNIW 处于同一水平，且感度较低，是一种很有应用价值的高能钝感单质炸药。该化合物通过联四唑来提升性能，其

理论爆速达到 9698m/s，爆压为 42.4GPa，标准生成焓 446.6kJ/mol。由于没有采用 N‐NO₂ 的形式来提高能量，其仍保持有较低的感度，撞击感度和摩擦感度分别为 20 J、120 N，低于 RDX、HMX 等常用炸药且与其他混合物的相容性好。

5.4.2　TKX‐50 的合成工艺

2012 年，Fischer 等人报道了 TKX‐50 的几种合成方法：

1. 5,5'‐联四唑氧化法

以叠氮化钠（NaN₃）为原料合成联四唑，并通过过硫酸氢钾溶液氧化双四唑环得到 1,1'‐二羟基‐5,5'‐联四唑（1,1‐BTO），再与羟胺反应生成 TKX‐50。这种方法得到的 1,1‐BTO 的得率只有 11%，而其同分异构体 2,2'‐二羟基‐5,5'‐联四唑（2,2‐BTO）却是主要产物。

2. 二叠氮基乙二肟成环法

在 Tselinski 等人于 2001 年合成 1,1‐BTO 方法的基础上，与羟胺反应生成 TKX‐50。Tselinskii 等人使二叠氮基乙二肟在乙醚为介质的条件下以氯化氢为催化剂生成 1,1‐BTO。二叠氮基乙二肟可通过 NaN₃ 与二氯乙二肟在 DMF 溶液中进行制备，其得率可大于 80%。所需的二氯乙二肟则是通过乙二肟在乙醇中氯化获得。

以上两种方法反应过程如图 5‐18 所示：

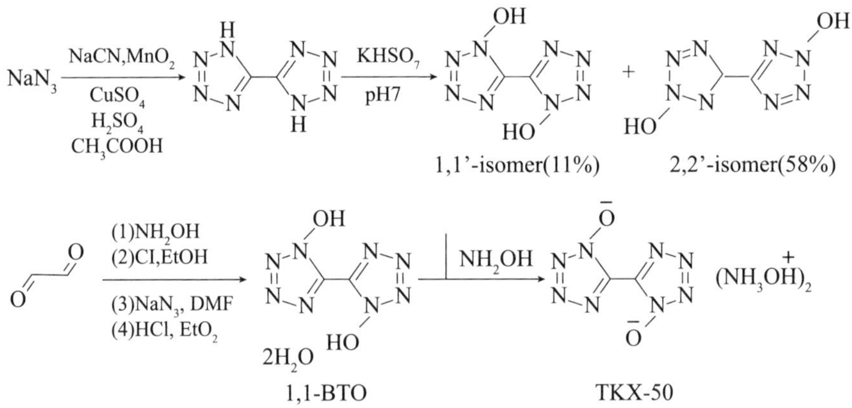

图 5‐18　TKX‐50 合成流程图

由于中间产物二叠氮基乙二肟在长时间储存下有分解的可能，Niko Fischer 等人通过将所得含有二叠氮基乙二肟的混合溶液直接倒入乙醚中来避免这一问题。有两种方法，即 NMP 法和 DMF 一锅法。

（1）NMP 法：在 N_3-Cl 交换的过程中使用 NMP 作为溶剂，反应完成后将混合溶液直接倒入乙醚中，向乙醚中通入氯化氢气体进行成环反应，随后加入 NaOH 水溶液，5,5′-联四唑会以其二钠盐的形式析出，最后经过 HCl 酸化并由乙醚提取后，得到 1,1-BTO。反应过程如图 5-19 所示。

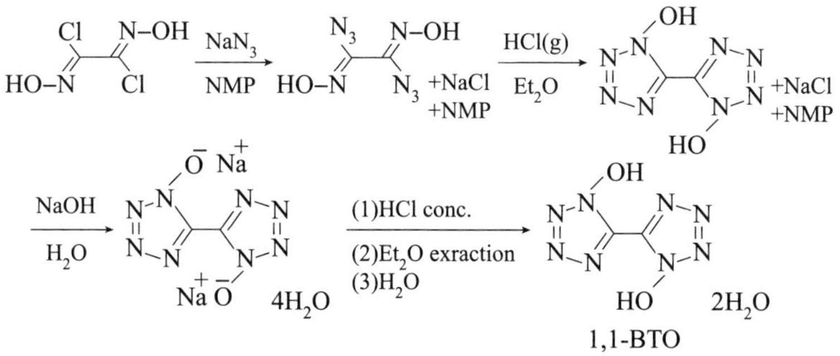

图 5-19　NMP 法合成 TKX-50 的流程图

（2）DMF 一锅法：在 N_3-Cl 交换的过程中使用 DMF 作为溶剂，反应完成后将混合溶液直接倒入乙醚中，向乙醚中通入氯化氢气体进行成环反应。在此过程中，DMF 分解为二甲胺并与 1,1-BTO 形成 1,1-BTO 的二甲基铵盐。将铵盐溶液过滤，重结晶后，溶解于沸水中并加入盐酸羟胺溶液，TKX-50 会首先析出。反应过程如图 5-20 所示。

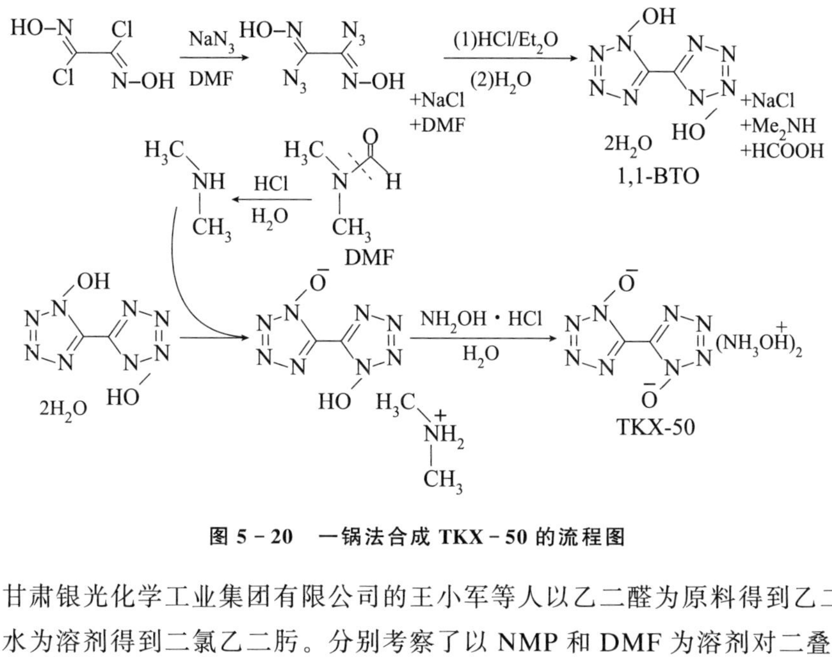

图 5-20　一锅法合成 TKX-50 的流程图

甘肃银光化学工业集团有限公司的王小军等人以乙二醛为原料得到乙二肟，并以水为溶剂得到二氯乙二肟。分别考察了以 NMP 和 DMF 为溶剂对二叠氮基乙二肟得率的影响,确定了以 DMF 为溶剂的最佳工艺条件。

北京理工大学陈树森、束庆海等人以乙二肟为原料,采用新型氯代试剂取代了剧毒的氯气,一锅法制备出 TKX-50,避免了中间体二叠氮基乙二肟的分离,得率在 80% 以上,大大提高工艺过程安全性的同时,显著提高了反应的得率。

北京理工大学周智明等人发表一篇关于合成 TKX-50 的专利,其创新点在于合成 1,1-BTO 过程不经过费时的旋蒸步骤,直接加热蒸出乙醚,然后加水,用 NaOH 调节 pH≈8,然后加热回流至 pH≈7,合成 1,1'-二羟基-5,5'-联四唑钠(SBTD·4H$_2$O)盐后再通过与盐酸羟胺发生复分解反应生成 TKX-50。南京理工大学的朱周朔等人利用 10% 的二氯乙二肟溶液为原料、DMF 为溶剂合成二叠氮基乙二肟,并向反应液中通入 HCl 气体,通过旋蒸除去 HCl 和 DMF 后加入盐酸羟胺生成 TKX-50。

西安近代化学研究所毕福强等人对 Fischer 等人的合成方法进行了改进,他们将叠氮化反应液倒入水中,经过滤和洗涤后的叠氮化钠不经干燥,直接将含水的样品用于环化反应。在环化反应结束后,直接滤出环化产物 1,1-BTO,经乙醚洗涤数次除去氯化氢。而后与 LiOH 反应生成具有较好溶解性的四水合 1,1'-二羟基-5,5'-联四唑锂盐,并在水溶液中与盐酸羟胺发生复分解反应生成 TKX-50。从二氯乙二肟到最后的 TKX-50(西安近代化学研究所称之为 HATO)总收率为 81.7%,反应过程如图 5-21 所示。

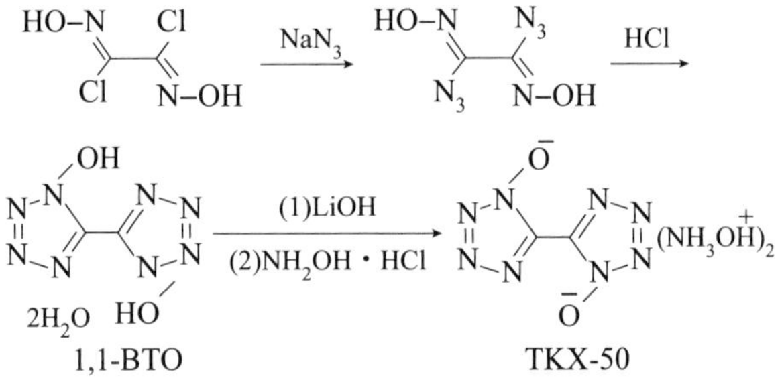

图 5-21　由二氯乙二肟出发合成 TKX-50 的反应过程

3. 氯气法合成二氯乙二肟

将 10.0g(0.11mol)乙二肟加入装有密闭搅拌装置的 500mL 四口烧瓶中,加入 250mL 蒸馏水及 50mL 浓盐酸,降温至 0℃。缓慢通入自制氯气(将浓盐酸滴入二氧化锰中),20min 后加快氯气的通入速度。观察反应液全部溶解后再次析出固体时继续通入氯气 20min,结束通气,过滤,自然晾干。得白色固体

8.3g，得率 48%。反应式如下：

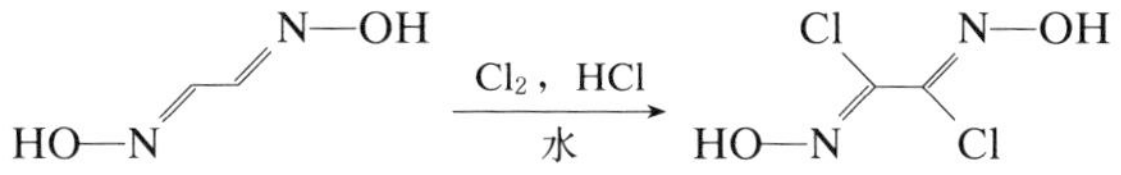

4. 氯代剂 A 法合成二氯乙二肟

将 10.0g(0.11mol)乙二肟加入到装有温度计和搅拌装置的 250mL 四口烧瓶中，用 100mL 溶剂将其溶解，降温至 0℃。分批加入 44.4g(0.25mol)氯代剂 A，加入氯代剂 A 的过程中保持反应液温度不高于 5℃，加料完成后保温 20min。随后将反应液温度升至室温，保温反应 3h。将反应液倒入分液漏斗中，加入 250mL 水和 250mL 乙醚，振荡数次，保留有机相。用乙醚继续萃取两次后用盐水洗涤。取适量 $MgSO_4$ 加入到有机相中，振荡后静置 10min。过滤，保留滤液，将滤液加入到单口烧瓶中进行减压蒸馏，待液体完全蒸发后可得到白色固体 15.9g，得率 89.3%。反应式如下：

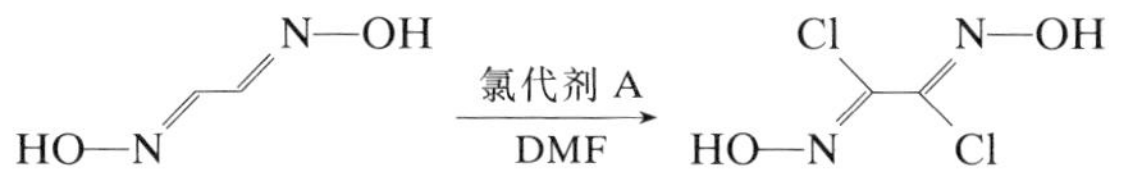

通过前体 1,1-BTO 也可以直接制备出产物 TKX-50，具体方法如下：

1）直接合成法

将 4.12g(20.0mmol)1,1-BTO 加入到装有温度计和搅拌装置的 250mL 四口烧瓶中，加入 85mL 蒸馏水，开启搅拌，升温至 50℃将 1,1-BTO 溶解。取 3.13g(45.0mmol)盐酸羟胺和 1.8g(45.0mmol)NaOH 配成羟胺水溶液。将羟胺水溶液缓慢滴入四口瓶中，保温 1h，降温，过滤，用冷水洗涤，自然晾干，得白色固体 3.8g，得率 80.5%。反应式如下：

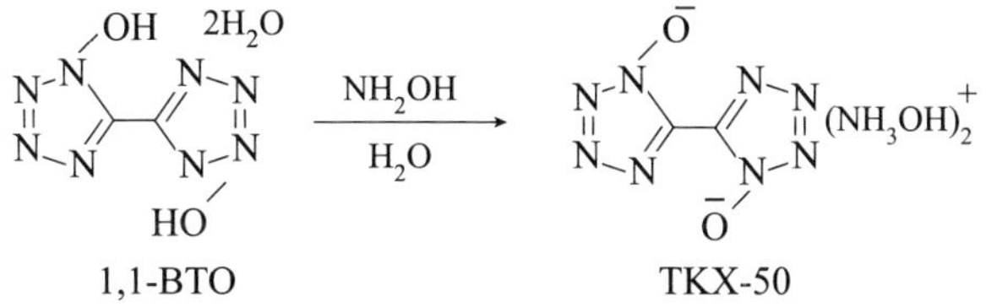

2）酸性水溶液法

取盐酸羟胺 4.17g(60.0mmol)配成饱和水溶液，35℃下缓慢加入到挥发去乙醚后的 1,1-BTO 酸性水溶液中（参见上述乙醚法合成 1,1-BTO 方法），保温 1h，降温，过滤，用冷水洗涤，自然晾干，得淡粉色固体 4.9g，得率 83.1%（从二叠氮基乙二肟算起）。反应式如下：

1,1-BTO   TKX-50

3）钠盐法

55℃下，向挥发去乙醚后的 1,1 - BTO 酸性水溶液中（参见上述乙醚法合成 1,1 - BTO 方法）缓慢加入适量饱和 NaOH 水溶液，直至溶液 pH≈8，保温 1h，降温，过滤，用冷水洗涤，自然晾干，得白色固体 SBTD·4H₂O 6.8g，加入到装有温度计和搅拌装置的 250mL 四口烧瓶中，加入 150mL 蒸馏水，开启搅拌，升温至 55℃将 SBTD·4H₂O 全部溶解。取盐酸羟胺 4.17g（60.0mmol）配成饱和水溶液，缓慢滴入到四口瓶中，保温 1h，降温，过滤，用冷水洗涤，自然晾干，得白色固体 5.3g，得率 90.1%（从二叠氮基乙二肟算起）。反应式如下：

1,1-BTO   SBTD·4H₂O   TKX-50

参考文献

[1] PHILIP F P，GREGORY S L，ALEXANDER R M，et al. A review of energetic materials synthesis[J]. Thermochimica Acta，2002，384(1):187 - 204.

[2] SHEREMETEV A B，KULAGINA V O，ALEKSANDROVA N S，et al. Dinitro Trifurazans with Oxy，Azo，and Azoxy Bridges [J]. Propellant，Explos，Pyrotech，1998，23: 142 - 149.

[3] CHAVEZ D，HILL L，HISKEY M，et al. Preparation and explosive properties of azo-and azoxy-furazans[J]. Journal of Energetic Materials，2000，18(2 - 3):18.

[4] LI Z X，OU Y X，CHEN B R. Sythesis of Two Furazano Azides[J]. Journal of Beijing Institute of Technology，2001，10(03):322 - 325.

[5] 吴金翠. 噁二唑衍生物的合成与性质研究[D]. 合肥:安徽大学，2007.

[6] 付占达，王阳，陈甫雪. 新型异呋咱类含能材料 NOG 的热行为[J]. 含能材料，2012，20(5):583 - 586.

[7] FU Z，SU R，WANG Y，et al. Synthesis and Characterization of Energetic 3 -

Nitro‐1,2,4‐oxadiazoles[J]. Chemistry‐A European Journal，2012，18(7)：1886‐1889.

[8] FU Z，HE C，CHEN F X. Synthesis and characteristics of a novel，high‐nitrogen，heat-resistant，insensitive material（NOG_2 Tz）[J]. Journal of Materials Chemistry，2011，22(1)：60‐63.

[9] ZHANG W，ZHANG J，DENG M，et al. A promising high‐energy‐density material[J]. Nature Communications，2017，8(1)：181.

[10] 屈延阳，于劲钧，孙银双，等. 3,3‐偶氮‐4,4‐双(5‐氨基‐1,2,4‐噁二唑)呋咱的合成及性能研究[C]// 第五届全国"公共安全领域中的化学问题"暨第三届危险物质与安全应急技术研讨会，2015.

[11] JANSSEN J W A M，KOENERS H J，KRUSE C G，et al. Pyrazoles XI，the preparation of 3(5)‐nitropyrazoles by thermal rearrangement of N‐nitropyrazoles[J]. The Journal of Organic Chemistry，1973，38 (10)：1777‐1782.

[12] LEBEDEV V P，MATYUSHIM Y N，INOLEMTCEV Y D. Thermochemical and explosive properties of nitropyrazoles[C]// Int ICT Conference on Energetic Materials，Russia，1998.

[13] DALINGER I L，POPOVA G P，VATSADZE I A，et al. Synthesis of 3,4,5‐trinitropyrazole[J]. Russian Chemical Bulletin，International Edition，2009，58 (10)：2185.

[14] LATYPOV N V，SILEVICH V A，IVANOV P A，et al. Diazotization of aminonitropyrazoles [J]. Chemistry of Heterocyclic Compounds，1976，12 (12)：1355‐1359.

[15] VINOGRADOV V M，CHERKASOVA T I，DALINGER I L，et al. Nitropyrazoles 5. Synthesis of substituted 3‐nitropyrazoles from 3‐amino‐4‐cyanopyrazole [J].Russian Chemical Bulletin，1993，42 (9)：1552‐1554.

[16] KATRITZKY R，SCRIVEN F V，SUMAN M，et al. Direct nitration of five membered heterocycles [J]. Arkivoc，2005 (3)：179‐191.

[17] 成健. 不同硝化体系中 3,5‐二硝基吡唑的合成[D]. 南京：南京理工大学，2007.

[18] 汪营磊，张志忠，王伯周，等. 3,5‐二硝基吡唑合成研究[J]. 含能材料，2007，15(6)：575‐576.

[19] RAVI P，TEWARI S P. Solvent Free microwave assisted isomerization of N‐nitropyrazoles [J]. Propellants，Explosives，Pyrotechnics，2013，38：147‐151.

[20] HERVÉ G，ROUSSEL C，GRAINDORGE H. Selective preparation of 3,4,5‐trinitro‐1H‐pyrazole：a stable all‐carbon‐nitrated arene [J]. Angewandte Chemie International Edition，2010，49：3177‐3181.

[21] DALINGER I L，VATSADZE I A，SHKINEVA T K. The specific reactivity of 3，4，5 - trinitro - 1H - pyrazole [J]. Mendeleev Communications，2010，20：253 - 254.

[22] PAGORIA P F，LEE G S，MITCHELL A R，et al. A review of energetic materials synthesis [J]. Thermochimica Acta，2002，384（1 - 2）：187 - 204.

[23] 汪菅磊，张志忠，王伯周，等. VNS 反应合成 LLM - 116 [J]. 火炸药学报，2007，30(6)：20 - 23.

[24] WANG Y L，ZHAO F Q，JI Y P，et al. Synthesis and thermal behaviors of 4 - amino - 3，5 - dinitro - 1H - pyrazolev [J]. Journal of Analytical and Applied Pyrolysis，2012，98：231 - 235.

[25] DALINGER I L，VATSADZE I A，SHKINEVA，et al. Hydrogen halides as nucleophilic agents for 3，4，5 - trinitro - 1H - pyrazoles [J]. Mendeleev Communications 2012，22（1）：43 - 44.

[26] STEFAN E. Nitro compounds for use in explosive charges [C]// Karolinska Institute，2012.

[27] 蒋涛. 两种吡唑类含能化合物的合成及相关物的理论研究[D]. 绵阳：西南科技大学，2015.

[28] POLITZER P，MURRAY J S，GRICE M E，et al. Calculation of heats of sublimation and solid phase heats of formation [J]. Molecular Physics，1997，91（5）：923 - 928.

[29] POLITZER P，MURRAY J S. Some perspectives on estimating detonation properties of C，H，N，O compounds [J]. Central European Journal Energetic Materials，2011，8（3）：209 - 220.

[30] POLITZER P，MARTINEZ J，MURRAY J S，et al. An electrostatic interaction correction for improved crystal density prediction [J]. Molecular Physics，2009，197（19）：2095 - 2101.

[31] LEE K Y，CHAPMAN L B，COBURN M D. A less sensitive explosive：3 - nitro - 1，2，4 - triazol - 5 - one [J].Energetic Materials，1987，5(1)：27 - 33.

[32] JACKSON C J. Application of the maximum entropy method to microwave fresnel imaging [J]. J. Amer. Soc.，1987，9：335 - 338.

[33] 张树海，张景林. 含 NTO 的钝感炸药及其危险性评估[J]. 中国安全科学学报，2001，11(B12)：82 - 88.

[34] LEE K Y，CHAPMAN L B，COBURN M D. A less sensitive explosive：3 - nitro - 1，2，4 - triazol - 5 - one[J]. Energetic Materials，1987，5(1)：27 - 33.

[35] ROTHGERY E F，AUDETTE D E，WEDLIEH R C，et al. Thermal decomposition mechanism of NTO[J]. Thermochem Acta.，1991，185：235 - 239.

[36] 杨克斌,董海山. 氧化硝基三唑(ONTA)的合成与性能研究[C]// 中国兵工学会火炸药学会第三届学术年会论文集. 西安:中国兵工学会火炸药专业委员会,1992.

[37] 李加荣.1,2,4-三唑及其高氮杂环含能化合物的合成、结构和性能研究[D]. 北京:北京理工大学,1992.

[38] 李加荣.3-硝基-1,2,4-三唑酮-5 的一锅合成[J]. 北京理工大学学报,1998,18(4):518-519.

[39] 马海霞,宋纪蓉,胡荣祖.3-硝基-1,2,4-三唑-5-酮及其盐的研究概述[J]. 火炸药学报,2006,29(6):9-15.

[40] 汪洪涛,周集义. NTO 及其盐的制备、表征与应用[J]. 化学推进剂与高分子材料,2006,4(5):25-29.

[41] SINGH G,FELIX S P. Studiesonenergeticcompounds25:an overview of preparation,thermolysis and applications of the salts of 5-nitro-2,4-dihydro-3H-1,2,4-triazol-3-one(NTO)[J]. Journal of Hazardous Materials,2002,90(1):1-17.

[42] FISCHER N,FISCHER D,KLAPÖTKE T M,et al. Pushing the limits of energetic materials-the synthesis and characterization of dihydroxylammonium 5,5'-bistetrazole-1,1'-diolate[J]. J. Mater. Chem.,2012,22(38):20418-20422.

[43] FISCHER N,FISCHER D,KLAPÖTKE T M,et al. Pushing the limits of energetic materials-thesynthesis and characterization of dihydroxylammonium 5,5'-bistetrazole-1,1'-diolate[J]. Journal of Materials Chemistry,2012,22(38):20418-20422.

[44] TSELINSKII I V,MEL'NIKOVA S F,ROMANOVA T V. Synthesis and Reactivity of Carbohydroximoyl Azides:I. Aliphatic and Aromatic Carbohydroximoyl Azides and 5-Substituted 1-Hydroxytetrazoles Based Thereon[J]. Russian Journal of Organic Chemistry,2001,37(3):430-436.

[45] FISCHER N,KLAPÖTKE T M,REYMANN M,et al. Nitrogen-Rich Salts of 1H,1'H-5,5'-Bitetrazole-1,1'-diol:Energetic Materials with High Thermal Stability[J]. European Journal of Inorganic Chemistry,2013,2013(12):2167-2180.

[46] 王小军,苏强,陈树森. 聚能富氮化合物 5,5-联四唑-1,1-二氧化物二羟铵合成工艺研究[J]. 火工品,2014,3:38-41.

[47] 朱周硕,姜振明,王鹏程,等.5,5'-联四唑-1,1'-二氧二羟胺的合成及其性能[J]. 含能材料,2014,22(3):332-336.

[48] 毕福强,肖川,许诚,等.1,1'-二羟基-5,5'-联四唑二羟胺盐的合成与性能[J].

含能材料,2014,22(2):272 - 273.

[49] 常佩,周诚,王伯周,等.二种 NTO 合成工艺的安全性分析[J].高校化学工程学报,2018,32(05):1223 - 1227.

[50] 张曼.唑类钝感及高能含能离子盐的合成与性能[D].北京:北京理工大学,2016.

[51] 赵云.TO 与硝酸合成 NTO 过程的研究[D].北京:北京理工大学,2016.

[52] 朱佳平.三唑酮类含能化合物的分子设计、合成及性质研究[D].北京:北京理工大学,2016.

[53] 黄新萍,常佩,王伯周,等.3 -硝基- 1,2,4 -三唑- 5 -酮(NTO)废酸的循环利用[J].含能材料,2013,21(03):363 - 366.

[54] 熊晓雪,薛向贵,杨海君,等.1,1' -二羟基- 5,5' -联四唑二羟胺盐(TKX - 50)研究进展[J].含能材料,2020,28(02):1 - 8

[55] 郝彩丽,赵子祯,曹端林,等.TKX - 50 的合成工艺研究[J].山西化工,2016,36(02):25 - 28.

[56] 苗成才,吉应旭,钱露,等.新型联四唑类含能材料 TKX - 50 的研究进展[J].化学推进剂与高分子材料,2015,13(05):7 - 12.

[57] 王俊峰.5,5' -联四唑- 1,1' -二氧二羟胺的合成工艺、结构表征及其性能研究[D].太原:中北大学,2015.

[58] 王小军,苏强,陈树森.聚能富氮化合物 5,5 -联四唑- 1,1 -二氧化物二羟铵合成工艺研究[J].火工品,2014(03):38 - 41.

06 第 6 章
叠氮类含能化合物

6.1 概述

叠氮基是一种重要的含能基团，广泛应用于各种含能材料中，尤其是起爆药和含能黏结剂。根据化合物的结构组成，可将叠氮含能化合物分为金属叠氮含能化合物和有机叠氮含能化合物。金属叠氮含能化合物中，常见的 Cu(Ⅰ)、Cu(Ⅱ)、Ag(Ⅰ)、Cd(Ⅱ)、Hg(Ⅰ)、Hg(Ⅱ)、Tl(Ⅰ) 以及 Pb(Ⅱ) 等重金属叠氮化物具有爆炸性，其中叠氮化汞 $Hg(N_3)_2$、叠氮化铜 $Cu(N_3)_2$ 是较为敏感的起爆药，甚至在微弱的扰动下即会引起爆炸。叠氮化物的碱金属和碱土金属盐是典型的离子叠氮化物，如 NaN_3、KN_3 等，一般不具有爆炸性能。

20 世纪 70 年代以来，PBAMO、GAP、PAMMO 等叠氮有机化合物的引入赋予了黏合剂、增塑剂、氧化剂及其他添加剂在发射药、推进剂及高能炸药等含能材料许多优异的性能，不仅能提高这些含能材料的能量水平，还能赋予其他优异性能。作为新型含能材料，叠氮有机化合物的开发和应用也越来越受到人们的重视。

6.2 金属叠氮含能化合物

6.2.1 叠氮化钠的性质及合成工艺

1. 叠氮化钠的性质

叠氮化钠也称为氮化钠，分子式为 NaN_3，相对分子质量 65.02，有 α 型和 β 型两种晶型，常见的 $\alpha-NaN_3$ 属于单斜晶，为无色透明固体。工业氮化钠中因含有硫酸钠、氢氧化铁和不溶于水的杂质，所以呈白色或微黄色，其水溶液也呈淡黄色。

叠氮化钠是叠氮酸的钠盐，在军事工业、汽车工业、民爆器材、农业和医药工业等部门都有广泛的用途。叠氮化钠是制备其他叠氮化物的原材料，如制备叠氮化铅、叠氮化银、叠氮肼镍等起爆药。实践证明，叠氮化钠质量的好坏，直接影响叠氮化铅的质量，有时甚至影响到叠氮化铅的结晶形状。在一般情况下，叠氮化钠的纯度高，杂质和碱量低，制得的叠氮化铅纯度也高。

NaN_3 是典型的离子化合物，叠氮根上带有一个完整的负电荷，所以较难于全部失去电子，完成 $N_3^- \rightarrow N_3^0 + e$ 的过程。叠氮化钠在水中的溶解度较大，其在 100g 水中溶解度随温度的变化如表 6-1 所示。

表 6-1   叠氮化钠在水中溶解度

18℃	32.2℃	64.4℃	104℃
35.30g	36.24g	38.17g	42.92g

一般新配制的叠氮化钠溶液近于中性，而随着储存时间的延长，由于水解作用而呈碱性。当水中溶有其他盐类或碱金属的氢氧化物时，叠氮化钠在其溶液中的溶解度随碱度的增大而减小。故可利用上述性质精制叠氮化钠或从生产叠氮化钠的母液（含有 $NaOH$、Na_2CO_3、Na_2SO_4 等杂质）中回收叠氮化钠。即母液随蒸发时间的延长，碱度增高，使 NaN_3 析出结晶。叠氮化钠在 $NaOH$ 溶液中的溶解度随温度的变化如表 6-2 所示。

表 6-2   氮化钠在氢氧化钠水溶液中的溶解度

温度/℃	18.3	19.6	19.0	21.0	21.0	19.4	17.0
NaOH 浓度/%	1	10	20	30	33	41	50
NaN₃ 的溶解度/%	29.5	25	14.9	9.5	7.7	3.7	2.0

NaN_3 在乙醇、乙醚中溶解度很小，100g 乙醇在 0℃ 时溶解 0.2200g，16℃ 时溶解 0.3153g，故可使其从乙醇溶液中重结晶析出。NaN_3 可与酸反应生成叠氮化氢，如其在硝酸中的反应：

$$NaN_3 + HNO_3 \rightarrow NaNO_3 + HN_3$$

为了防止放出大量有毒气体 HN_3，在加硝酸时应加入亚硝酸钠，使之生成亚硝酸，亚硝酸极不稳定，将按下式分解，生成一氧化氮：

$$3HNO_2 \rightarrow 2NO + HNO_3 + H_2O$$

生成的一氧化氮能与 HN_3 作用生成 N_2 释放出来：

$$4HN_3 + 2NO \rightarrow 2H_2O + 7N_2$$

可以利用这一原理销毁叠氮化钠。

　　纯 NaN_3 吸湿性极小，若含有杂质如碳酸钠、氢氧化钠等时，吸湿性增大。叠氮化钠的安定性较好，其水溶液加热至沸腾时亦不易分解。叠氮化钠对机械撞击感度不敏感，这与叠氮酸的重金属盐如 $Pb(N_3)_2$、$Hg(N_3)_2$、$Cu(N_3)_2$ 等有显著的差别。叠氮化钠点燃时，发生光亮的黄色火焰，若迅速地加热到 330℃ 以上，能强烈地爆炸。在真空中加热至 330℃ 时，则不爆炸，转而分解为氮气和钠。叠氮化钠有剧毒，0.05g 的 NaN_3 进入人的肠胃中，起初引起强烈心跳，随之昏迷；NaN_3 超过 0.05g 时，会很快致人死亡。

　　2. 叠氮化钠的合成工艺

　　制备叠氮化钠的方法有氨基钠法、水合肼法、尿素法和硝基胍法，其中以氨基钠法和水合肼法较为普遍。在水合肼法中，有气-液相反应工艺和液-液相反应工艺。在氨基钠法中有高、中、低温三种方式。归纳起来，不外有如下途径，即首先制得叠氮基团，再将钠离子与叠氮基团结合生成叠氮化钠，最后根据需要进行提纯。

　　1）氨基钠法

　　氨基钠法制叠氮化钠曾在工业上被广泛采用，国内现已被水合肼法所代替。该法是将干燥的氧化亚氮（笑气，由硝酸铵在 240～245℃ 分解制备）与氨基钠（由氨气通入熔融的金属钠制备）作用生成叠氮化钠，反应原理和过程如下。

　　熔融的氨基钠与氧化亚氮作用生成叠氮化钠：

$$NaNH_2 + N_2O \xrightarrow{210～220℃} NaN_3 + H_2O$$

　　析出的水又能将氨基钠分解：

$$NaNH_2 + N_2O \longrightarrow NaOH + NH_3$$

　　因而总反应式为

$$2NaNH_2 + N_2O \longrightarrow NaN_3 + NaOH + NH_3$$

　　由此可见，仅有 50% 的金属钠用于叠氮化钠的制造上，因此是很不经济的方法。

　　2）水合肼法

　　水合肼法制备叠氮化钠是一种先进的生产方法，由于水合肼 $N_2H_4 \cdot H_2O$ 为易燃、易爆的液体，不便于大量长途运输，故国内外在生产方法上略有差别。有的直接从水合肼制叠氮化钠，有的由硫酸肼 $N_2H_4 \cdot H_2SO_4$ 为原料，现场制得水合肼再制叠氮化钠。以硫酸肼为原料的反应过程如下。

　　硫酸肼在氢氧化钠乙醇溶液中生成水合肼：

$$N_2H_4 \cdot H_2SO_4 + 2NaOH \xrightarrow[\text{EtOH}]{25\sim78\,^{\circ}C} N_2H_4 \cdot H_2O + Na_2SO_4 + H_2O$$

乙醇与亚硝酸钠混合液中加入浓度 50% 的硫酸（或浓度 30% 的盐酸）制得亚硝酸乙酯气体或液体：

$$2C_2H_5OH + 2NaNO_2 + H_2SO_4 \xrightarrow{25\sim35\,^{\circ}C} 2C_2H_5ONO + Na_2SO_4 + 2H_2O$$

最后将亚硝酸乙酯加入水合肼的氢氧化钠乙醇溶液中得叠氮化钠：

$$C_2H_5ONO + NaOH + N_2H_4 \cdot H_2O \xrightarrow[\text{EtOH}]{35\sim45\,^{\circ}C} NaN_3 + C_2H_5OH + 3H_2O$$

与氨基钠法相比，水合肼法具有生产周期短、设备简单、投资少、生产能力高等优点。但是，水合肼法的中间产物亚硝酸乙酯气体对环境污染也是值得重视的。因此，把现有水合肼法中的气-液相反应工艺向着液-液相反应工艺方向改进，是发展水合肼法的重要内容。

3）尿素法

尿素法制备叠氮化钠的反应原理如下。

由密度 $1.4\mathrm{g/cm^3}$ 的硝酸与脲素作用，生成硝酸脲：

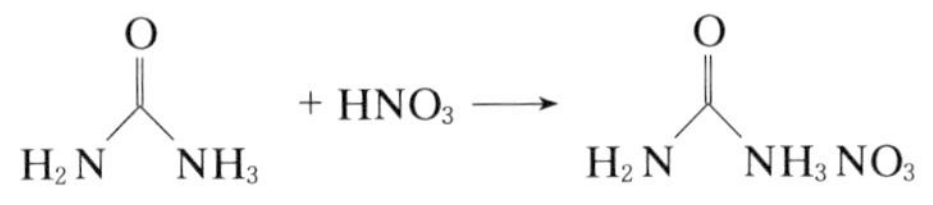

在浓硫酸作用下硝酸脲脱水生成硝基脲：

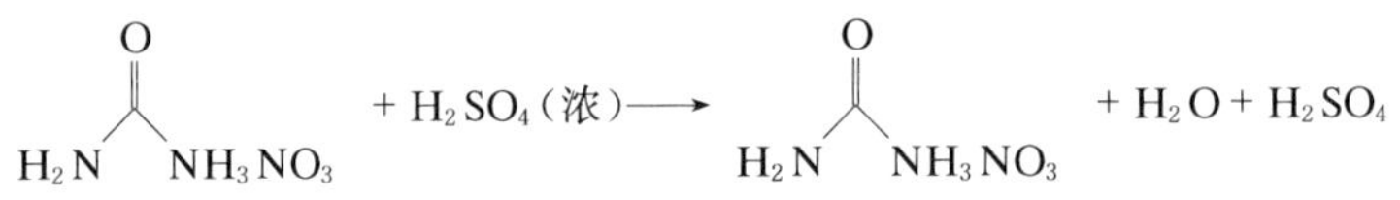

硝基脲还原生成氨基脲硫酸盐：

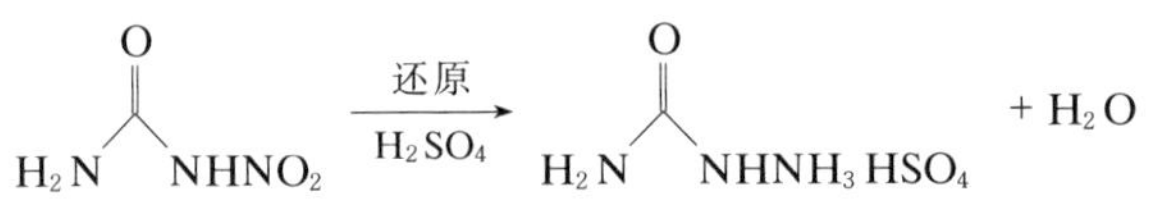

氨基脲硫酸盐与亚硝酸钠作用，使硫酸氨基脲叠氮化，生成叠氮甲酰胺：

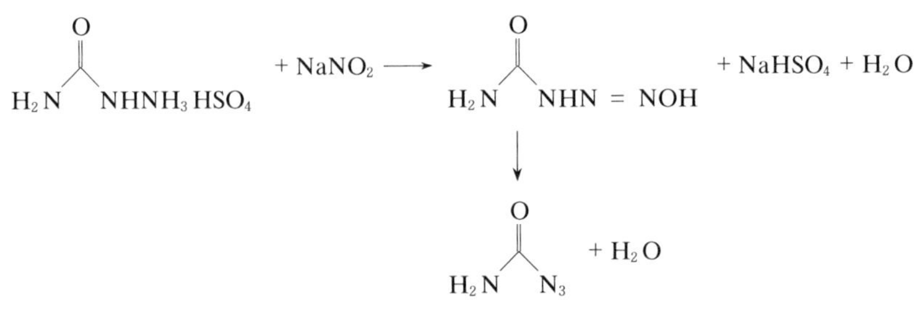

最后用氢氧化钠水溶液使叠氮甲酰胺水解得到叠氮化钠：

$$\underset{H_2N}{\overset{O}{\|}}\!\!-\!\!N_3 + 3NaOH \longrightarrow NaN_3 + NH_3 + Na_2CO_3 + H_2O$$

4）硝酸胍法

以硝酸胍为原料，此法与上述尿素法类似，其反应如下。

用浓硫酸使硝酸胍脱水，生成硝基胍：

$$\underset{H_2N}{\overset{NH}{\|}}\!\!-\!\!NH_3NO_3 + H_2SO_4(浓) \longrightarrow \underset{H_2N}{\overset{NH}{\|}}\!\!-\!\!NHNO_2 + H_2O + H_2SO_4$$

用电解法或化学还原法，使硝基胍还原成氨基胍：

$$\underset{H_2N}{\overset{NH}{\|}}\!\!-\!\!NHNO_2 \overset{3H_2}{\longrightarrow} \underset{H_2N}{\overset{NH}{\|}}\!\!-\!\!NHNH_2 + 2H_2O$$

将氨基胍于硝酸中用亚硝酸钠进行重氮化－脱水得到叠氮甲脒硝酸盐：

$$\underset{H_2N}{\overset{NH}{\|}}\!\!-\!\!NHNH_2 \overset{NaNO_2}{\underset{HNO_3}{\longrightarrow}} \underset{N_3}{\overset{NH}{\|}}\!\!-\!\!NH_2 \cdot HNO_3$$

用氢氧化钠使硝酸叠氮胍皂化，生成叠氮化钠：

$$\underset{N_3}{\overset{NH}{\|}}\!\!-\!\!NH_2 \cdot HNO_3 + 3NaOH \longrightarrow NaN_3 + NaHCN_2 + NaNO_3 + 3H_2O$$

最后除去杂质：对混合液加高温高压使氰胺化钠水解，并与过量的碱作用生成碳酸钠和氨，再加硫酸或硝酸排除碳酸，溶在溶液中的 Na_2SO_4 用叠氮化钡沉淀，溶液中均为叠氮化钠：

$$NaHCN_2 + NaOH + 3H_2O \rightarrow 2NH_3 + Na_2CO_3 + H_2O$$
$$Na_2CO_3 + H_2SO_4 \rightarrow Na_2SO_4 + CO_2 + H_2O$$
$$Na_2SO_4 + Ba(N_3)_2 \rightarrow BaSO_4 + 2NaN_3$$

制造叠氮化钠还有其他方法，这里不再一一列举。因氨基纳法生产周期长（约 72h）、设备复杂、成本高、得率低以及原材料昂贵等缺点，目前已被水合肼法取代。由尿素制造叠氮化钠，原料来源丰富，工艺简单，值得注意。硝酸胍法工艺比较复杂，尚需进一步研究。综上各法比较，比较先进并有实际价值的方法是水合肼法。因此，本章重点介绍水合肼法。

6.2.2　叠氮化铅的性质及合成工艺

1. 叠氮化铅的性质

1)叠氮化铅概述

叠氮化铅(简称氮化铅)的分子式为 $Pb(N_3)_2$,它是叠氮酸的铅盐。叠氮化铅是在 1891 年首先由库尔齐乌斯将醋酸铅加入到氮化钠或氮化铵溶液中制出。1907 年在法国首先制成了能够用于炸药工业的叠氮化铅。但是由于叠氮化铅制造过程中存在一定的爆炸危险性,因此在第一次世界大战前没有在军事工业上得到广泛的应用。而在第一次世界大战期间,瑞士、俄国、美国以及其他国家才逐渐生产和使用叠氮化铅。和目前常用的其他几种起爆药比较,叠氮化铅是性能优良的一种起爆药。叠氮化铅具有很多优点:

(1)最突出的优点是爆轰成长期快。即爆炸可以在极短的时间内快速转变为爆轰,因而在单位时间内放出的能量大,起爆能力就大。

(2)具有良好的耐压性能。因此它对提高火工品的起爆能力、适应新式武器缩小雷管的体积以及起爆较为钝感的猛炸药等提供了有利条件。

(3)不易吸湿和分解,具有良好的安定性,甚至在较高温度条件下也比较安定,因此便于长期储存,为在武器中的应用提供了足够的可靠性。

(4)叠氮化铅不溶于水。即使水分含量增加,其起爆力也无显著降低,因此,也可用于水下爆破雷管的装药。

叠氮化铅虽有许多优点,但它也存在一定的缺点:

(1)其火焰感度和针刺感度较低。一般认为,在制造过程中混入杂质,能显著影响它的火焰感度。即纯度高、杂质少的叠氮化铅火焰感度相对高一些。

(2)在空气条件下,特别是在潮湿的空气中,叠氮化铅晶体表面会生成一薄层对火焰不敏感的碱性碳酸盐,即

$$3Pb(N_3)_2 + 4H_2O + 2CO_2 \longrightarrow Pb_3(OH)_2(CO_3)_2,或 [Pb(OH)_2 \cdot Pb_2(CO_3)_2] + 6HN_3$$

因此,为了改善叠氮化铅火焰感度低的缺点,在装配火焰雷管时,采用对火焰敏感的三硝基间苯二酚铅(斯蒂芬酸铅)压装在氮化铅的表面,用以点燃叠氮化铅,同时还可以避免空气中水分和二氧化碳对叠氮化铅的作用。

(3)叠氮化铅受日光照射后容易发生表面分解。生产过程中若操作条件控制不当,容易生产有自爆危险的针状叠氮化铅晶体等。

尽管叠氮化铅存在上述缺点,但是它的优点仍是主要的。随着技术的发展和各种产品不断更新的要求,适应各种不同性能要求的叠氮化铅新品种、新工

艺得到了迅速发展，并逐渐形成了叠氮化铅起爆药系列，使其得到广泛的应用。

2) 叠氮化铅的物理性质

(1) 叠氮化铅的晶体结构。叠氮化铅是白色晶体，由于结晶过程中反应介质的热力学条件和动力学过程的差异，可以生成 4 种晶型。其中，α 型叠氮化铅是常见的短柱状晶体，是一种稳定的晶型。β 型叠氮化铅是常见的针状晶体，在脱离母液后的干燥状态下是稳定的晶型，但在晶体成长过程中母液是不安定的，有爆炸危险性。通常在胶状物质存在条件下，可以抑制 β 型叠氮化铅的生成。在 160℃ 的水溶液中，β 型可转化成 α 型。而 γ 型叠氮化铅属单斜晶系，没有 α 型和 β 型稳定。在结晶过程中，当 pH = 3.5～7.0 时，可以从纯的反应物中制得 γ 型叠氮化铅。δ 型叠氮化铅属三斜晶系，在结晶过程中，当 pH = 3.5～5.0 条件下，纯反应物可以制得 δ 型叠氮化铅，它也属于不稳定晶型。4 种晶型 $Pb(N_3)_2$ 的晶胞参数列于表 6-3。

表 6-3 四种 $Pb(N_3)_2$ 的晶胞参数

晶型	空间群	单晶胞/$\times 10^{-10}$ m	Z
$\alpha - Pb(N_3)_2$	斜方晶系；D_{2h}^{16}	$a = 11.31$；$b = 16.25$；$c = 6.63$	12
$\beta - Pb(N_3)_2$	单斜晶系；C_2^3	$a = 18.49$；$b = 8.84$；$c = 5.12$；$\beta = 107.6°$	8
$\gamma - Pb(N_3)_2$	单斜晶系；C_{2h}^5	$a = 12.06$；$b = 10.507$；$c = 6.505$；$\gamma = 97.75°$	8
$\delta - Pb(N_3)_2$	三斜晶系	$a = 13.163$；$b = 10.532$；$c = 6.531$；$\alpha = 90.53°$；$\beta = 98.12°$	8

通常在生产和科研中，经常遇到的是短柱状 $\alpha - Pb(N_3)_2$ 和针状 $\beta - Pb(N_3)_2$，它们的结晶形态如图 6-1 所示。

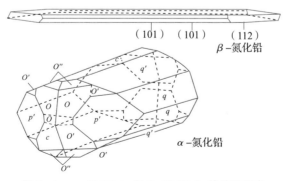

（101） （101） （112）
β -氮化铅

α -氮化铅

图 6-1 $\alpha - Pb(N_3)_2$ 和 $\beta - Pb(N_3)_2$ 的结晶形态

一般认为，β 型叠氮化铅稳定性较差，具有爆炸危险性。在受热条件下，β 型叠氮化铅比 α 型叠氮化铅的分解速度要快，对震动、摩擦和冲击等外界冲击能要比 α 型叠氮化铅敏感。

不同的研究者所测的叠氮化铅密度数据各不相同。维列尔和克鲁布科提供的密度数据为 4.7969g/cm^3；布龙斯维格提供的密度数据为 4.9g/cm^3；迈勒斯提供的 α 型和 β 型叠氮化铅密度数据分别为 4.71g/cm^3 和 4.93g/cm^3；布勃诺夫提供的密度数据为 4.73g/cm^3。

(2)叠氮化铅的溶解度。叠氮化铅在水中仅能轻微溶解（$K_{sp}=2.58\times10^{-9}$）。$\alpha-\text{Pb}(\text{N}_3)_2$ 在水中的溶解度是温度的线性函数，即溶解度随温度升高而稍有增加。在沸水中溶解的叠氮化铅，含有部分分解生成不溶性的氢氧化铅，与水长时间共热，能逐渐分解放出 NH_3，其分解反应如下：

$$\text{Pb}(\text{N}_3)_2 + 2\text{H}_2\text{O} \longrightarrow \text{Pb}(\text{OH})_2 + 2\text{NH}_3$$

当热的水溶液冷却时，叠氮化铅则能呈 1cm 大小、非常敏感、有光泽白色针状结晶析出。因此，在一般情况下叠氮化铅不采用重结晶的方法进行提纯。

叠氮化铅不易溶于有机溶剂中，它在乙醇中的溶解度很小。其在 50% 乙醇镕液中 35℃ 的溶解度为 0.009，故国外常将氮化铅储存在 50% 的乙醇溶液中。

3)叠氮化铅的化学性质

(1)叠氮化铅的吸湿水解。不同纯度、粒度的叠氮化铅吸湿量的趋向都有一相对平衡的饱和值。一般粒子小、比表面积大，吸湿性相应较大，故吸湿量达饱和状态的值也较高。

叠氮化铅长期与水（来自空气的水分或叠氮化铅本身没有足够的干燥）的作用下，会引起水解反应，生成一碱价氮化铅和 HN_3，它尚可进一步水解：

$$\text{Pb}(\text{N}_3)_2 + \text{H}_2\text{O} \longrightarrow \text{Pb}(\text{OH})\text{N}_3 + \text{HN}_3$$

$$\text{Pb}(\text{OH})\text{N}_3 + \text{H}_2\text{O} \longrightarrow \text{Pb}(\text{OH})_2 + \text{HN}_3$$

$$\text{Pb}(\text{N}_3)_2 + \text{Pb}(\text{OH})_2 \longrightarrow \text{Pb}(\text{N}_3)_2 \cdot \text{PbO} + \text{H}_2\text{O}$$

叠氮化铅未水解前，处在物理变化过程，吸收外界水分，重量不断增加，曲线呈上升趋势。但与水作用到一定程度，便进行化学分解反应。

(2)叠氮化铅与酸碱的作用。氮化铅易溶于稀硝酸中，并能分解生成硝酸铅，放出叠氮化氢。可利用此性质将叠氮化铅溶于稀硝酸中再加入亚硝酸钠以进行销毁。实践证明，浓硝酸能使叠氮化铅发生激烈分解并导致爆炸，浓硫酸能使湿的叠氮化铅爆炸。可以认为，发生爆炸的原因是由于释放出的热量足以维持自身分解反应。所以，在生产中不能用浓硝酸或浓硫酸对叠氮化铅进行销毁。

在碱性介质中，叠氮化铅能够分解，并生成碱性氮化铅。这种分解进行得比较缓慢，这是因为它在叠氮化铅晶体表面上成为一种保护膜，阻止碱性溶液向叠氮化铅晶体内部渗透，阻碍分解作用的继续进行。但在加热及搅拌的条件下，可以加速碱性溶液对叠氮化铅的分解作用。

叠氮化铅可被硫酸铈或硝酸铈铵氧化而放出氮气，其反应如下：

$$Pb(N_3)_2 + 2Ce(SO_4)_2 \longrightarrow PbSO_4 + 3N_2 + Ce_2(SO_4)_3$$

$$Pb(N_3)_2 + 2(NH_4)_2Ce(NO_3)_6 \longrightarrow Pb(NO_3)_2 + 2Ce(NO_3)_3 + 4NH_4NO_2 + 3H_2$$

因此，上述性质可用于叠氮化铅的量气法纯度分析。

(3)叠氮化铅与各种金属的作用。在民用和军事工业中，一般都是将叠氮化铅装填在金属壳体中使用。所以，了解它对各种金属的相容性是非常重要的。

如前所述，叠氮化铅与水的水解反应生产成叠氮化氢和碱式铅盐。产物的浓度（叠氮化氢的分压）可以通过化学平衡的条件计算，也可以通过实验的方法直接测量。在潮湿的环境中，如有 CO_2 存在，叠氮化铅表面能部分水解，生成叠氮化氢和碱式碳酸盐，其反应如下：

$$3Pb(N_3)_2 + 4H_2O + 2CO_2 \rightarrow Pb_3(OH)_2 \cdot (CO_3)_2 + 6HN_3$$

反应生成的 HN_3 在与铜或铜的合金接触时生成叠氮化亚铜：

$$2Cu + 3HN_3 \rightarrow 2CuN_3 + NH_3 + N_2$$

生成的叠氮化亚铜可被氧化生成黄棕色的一碱价叠氮化铜：

$$2CuN_3 + 1/2O_2 + H_2O \rightarrow Cu(N_3)_2 \cdot Cu(OH)_2$$

该一碱价叠氮化铜可进一步水解生成二、三或八碱价的叠氮化铜，即 $Cu(N_3)_2 \cdot 2Cu(OH)_2$（黄绿色固体）、$Cu(N_3)_2 \cdot 3Cu(OH)_2$（绿色固体）、$Cu(N_3)_2 \cdot 8CuO \cdot 7H_2O$（蓝绿色固体）。

叠氮化铅在水及潮湿的二氧化碳的条件下，与铜或铜的合金作用，形成腐蚀层时，用 X 射线衍射法检查出，其所生成的叠氮化亚铜在靠近金属表面处形成一个薄层，外面覆盖一碱价叠氮化铜。如果叠氮酸气体的分迁压不能提高到它的完全平衡数值（如在有通风的条件下），则腐蚀层产物将是二或三碱价叠氮化铜。

叠氮化铜爆发点为 180℃，受火焰作用时，大多产生爆轰。叠氮化亚铜和一碱价叠氮化铜最显著的特征是在形成很薄的腐蚀层时就能产生爆轰。其厚度超过 $0.85mg/cm^2$ 时，爆轰就能传播。长期在铜及其合金的壳体中存有叠氮化铅时，叠氮化铅可能与铜及其合金发生反应。而这种反应在氮化铅可以分解而游离出叠氮化氢的条件下，才容易发生。叠氮化铅分解出叠氯化氢的条件，归纳如下：

①在有水蒸气中长期储存的叠氮化铅，特别是在受热的条件下；

②叠氮化铅的周围有酸性介质时；

③叠氮化铅在潮湿并有二氧化碳所饱和的大气中保存时。

因此，当用铜及其合金制造叠氮化铅雷管的管壳和加强帽时，经长期储存后，会使它的感度增高，在射击时可能引起早爆或膛炸。所以，尽管能用这种金属装填叠氮化铅，在生产中也不能使用铜制工具及设备。若欲使用黄铜或铜的合金作为壳体，则应用锡、锌、银等作或黄铜的保护层(厚度约 $50~\mu m$)。

叠氮化铅分解的 HN_3 与塑料、玻璃、锅、铝、银、金以及不锈钢等不发生反应，与铁稍有作用。目前大多用铝来制造叠氮化铅雷管的管壳和加强帽。若使用铜或黄铜作壳体，最好采用叠氮化银作为起爆药。据资料介绍，叠氮化银与水作用生成叠氮化氢的分压很低，且叠氮化银本身具有良好的起爆性能。

(4)叠氮化铅的热分解和安定性。叠氮化铅对热比较安定。实验证明如在 $50℃$ 下存放 $3\sim5$ 年，叠氮化铅的性质几乎不变。

(5)叠氮化铅的光化学性质。日光照射对叠氮化铅晶体表面层的分解有显著影响。叠氮化铅受日光照射后，其晶体表面可以分解出游离的铅和氮气，使晶体表面变成灰黄色，严重时出现灰褐色。

4)叠氮化铅的爆炸性能

叠氮化铅在爆炸时，可按下述反应式分解：

$$Pb(N_3)_2 \longrightarrow Pb + 3N_2$$

按此反应式可以计算出以下爆炸性能参数：

$$爆热~Q_V = 1.5 \times 10^6 J/kg$$
$$爆温~T = 4333℃$$
$$爆炸分解气体生成物体积~V = 308~L/kg$$

叠氮化铅的爆速随其装填密度的变化而变化，有资料报道如下：

装填密度 $\rho_0/(g \cdot cm^{-3})$	爆速 $D/(m \cdot s^{-1})$
1.06	2664
2.56	4478
3.51	4745
3.96	5123
4.05	5276

上述数据和其他起爆药数据相比较，除爆温外，都较其他起爆药低。但由于叠氮化铅的爆炸变化加速度较其他起爆药快，即在较短时间内可以加速到稳定爆轰，因而在单位时间内有更大的能量释出。所以，它的起爆威力要比其他

起爆药大得多。

一般认为叠氮化铅晶体结构不同，其爆炸性质也有显著的差异，特别是它们的感度差别更大。例如，针状 β 型叠氮化铅的冲击、摩擦感度都比短柱状的 α 型或无定型粉末状叠氮化铅大得多。而且针状的结晶在生成时，常常有自爆现象。以下叙述的爆炸性质，完全是指正常生产使用的 α 型氮化铅性质。叠氮化铅的机械感度比雷汞低（表 6-4），故一般情况下不用机械方法起爆叠氮化铅。

表 6-4　氮化铅与雷汞的机械感度的比较

名称	落锤质量/g	上限/cm	下限/cm
雷汞	600	8.5	5.5
氮化铅	975	23.5	6.5~7.0

叠氮化铅的摩擦感度与它的结晶形状及其所含杂质有关。针状结晶最敏感，而短柱状结晶和无定型的粉末叠氮化铅的感度较低。如在叠氮化铅中加入硬杂质则增加其感度；相反，如果掺入软杂质则其感度降低。

叠氮化铅的另一个缺点是火焰感度低。一般认为，这是由于它在压缩状态下有较大的热容量，而且它的发火点比较高。此外，水分和二氧化碳与叠氮化铅作用会在其表面生成碱性碳酸铅，也会影响叠氮化铅的火焰感度。如果在制造过程中掺入某些"杂质"（如控制剂），也会影响叠氮化铅的火焰感度。例如，糊精叠氮化铅就比结晶叠氮化铅的火焰感度低。

为了改进叠氮化铅的火焰感度，早在 1871 年，曾有人用黑火药来引燃叠氮化铅，但由于黑火药燃烧缓慢，又有吸湿性等缺点，故而没有得到应用。后来采用叠氮化铅和三硝基间苯二酚铅的混合物来提高火焰感度，但由于难以获得混合药的均匀性，同时由于混合摩擦而容易积聚静电等缺点，所以在使用上亦存在一定困难。

（1）叠氮化铅的爆发点。叠氮化铅 5s 延滞期的爆发点为 327℃。叠氮化铅的纯度对其爆发点的影响也很大。在一般情况下，纯度低其爆发点相应地提高。其关系列于表 6-5 中。

表 6-5　叠氮化铅的纯度和爆发点

叠氮化铅的纯度/%	爆发点/℃	备注
99.65	313	测定是在加热开始后 5s 内产生爆发的最低温度
98.05	337	
94.78	363	

(2)叠氮化铅的极限药量。叠氮化铅的起爆力大是其突出优点。有关叠氮化铅的极限药量的数据，文献记载各不相同。这不仅与实验条件有关，也与叠氮化铅纯度、晶形、颗粒大小以及制造条件等有关。

杂质可降低叠氮化铅的起爆力，如糊精氮化铅比结晶叠氮化铅和羧甲基纤维素叠氮化铅的起爆力要低，见表6-6。

表6-6　三种叠氮化铅对猛炸药的极限药量(单位：mg)

起爆药	猛炸药		
	太安	黑索今	奥克托今
结晶叠氮化铅	6	7	8
糊精叠氮化铅	4	7	7
羧甲基纤维素叠氮化铅	12	13	14

应当指出，起爆药的极限药量与一系列因素有关，如壳体材质、炸药性质、压药压力、雷管直径以及起爆药本身的物理化学性质等。因此，不能仅以一种直径的雷管作为该起爆药极限药量的标准值。它应是在某一特定雷管中起爆猛炸药，且使其达到稳定爆轰的最小药量。

2.叠氮化铅的合成工艺

如前所述，β型叠氮化铅针状结晶容易出现自爆现象，增加了生产的危险性。为了避免生成针状晶体，人们就设法使叠氮化铅在析出时生成细小结晶，但流散性仍较差。为了改善叠氮化铅的流散性，达到便于装药的要求，开发出了几种改性叠氮化铅系列产品。常见的粉末状叠氮化铅、导电叠氮化铅和羧甲基纤维素叠氮化铅的制备工艺简述如下。

粉末状叠氮化铅：它是一种具有较小颗粒(3~5 μm)的非晶形控制剂的纯叠氮化铅。通过仔细地控制反应液的浓度、温度、pH值和其他条件而制得。其制备方法是将含有高浓度的叠氮化钠溶液，快速地加到有搅拌和保温在30℃左右并需稍微过量的硝酸铅溶液中而制得的。纯度在99%以上。由于它的结晶细小，流散性差，故不适于装填一般的雷管，但用于高压电雷管中作为起爆剂则是合适的。

导电叠氮化铅：含有晶形控制剂或无控制剂的氮化铅品种大多为绝缘体，直接用电脉冲起爆比较困难。将非导电性的起爆药通过掺入具有导电性的粉末状物质可以使得其具有导电性能。导电叠氮化铅的制备方法，是将石墨经超声波振荡或将石墨均匀分散在明胶水溶液，再使其均匀地悬浮在硝酸铅溶液的底液中，滴加叠氮化钠溶液，温度保持在75~80℃下进行化合反应。这样可以制得将石墨均匀包覆在叠氮化铅聚晶体的内部而成为具有导体性质的导电叠氮化铅起爆药。

羧甲基纤维素叠氮化铅：简称羧-氮化铅，代号 CMC-Pb(N₃)₂。它是叠氮化铅系列中一个改性新品种，适用于小型雷管和石油深井射孔弹用耐高温、高压雷管。羧-氮化铅是以羧甲基纤维素钠盐作晶形控制剂，以酒石酸纳或酒石酸氢钾为辅助控制剂，由三水乙酸铅与叠氮化钠的复分解反应制得。工艺上是将浓度15%的三水乙酸铅溶液和浓度5.4%的叠氮化钠溶液，在一定时间内加入到强烈搅拌的底液中。底液由0.1%的羧甲基纤维素钠溶液与一定量的酒石酸钠溶液组成。维持反应温度(33±5)℃，反应结束后滤出母液，洗涤后烘干即得产品。

6.2.3 叠氮化银以及叠氮肼镍的性质及合成工艺

1. 叠氮化银

叠氮化银(AgN₃)是由库尔齐乌斯在1890年把叠氮化氢通入中性硝酸银溶液中制得的。一般工业上制备叠氮化银是用硝酸银和叠氮化钠的水溶液作用而生成：

$$AgNO_3 + NaN_3 \longrightarrow AgN_3 + NaNO_3$$

叠氯化银是白色结晶，密度为4.81g/cm³。叠氮化银的晶格属于斜方晶系，X射线衍射证明，叠氮化银的晶体为离子结构。

叠氮化银在水中的溶解度很小，每100g水溶解0.006g。它的吸湿性很少，在潮湿的大气中于室温下保存两个星期，增量只有0.4%。

叠氮化银易溶于氨水溶液中。1957年英国人用稀氨水代替水，在AgNO₃和NaN₃复分解中作溶剂，可以制备大结晶的叠氮化银。如果反应混合物用稀硝酸缓慢中和，那么得率可由63%增加到93%。在常温下，稀硝酸对叠氮化银作用很缓慢，在加热情况下则加速生成硝酸银并放出叠氮化氢。

试验证明，叠氮化银的起爆能力在大多数情况下稍微高于叠氮化铅(表6-7)。其性能与RD-1333的比较见表6-8。

表6-7 叠氮化银与叠氮化铅和雷汞的爆炸性能

名称	撞击感度 500g 落锤 100% 发火落高/cm	摩擦感度			极限药量/g		
		附加荷重/kg	振摆高度/mm	达到爆炸前摆动次数	特屈儿	苦味酸	梯恩梯
AgN₃	410	4.35	33.0	39	0.02	0.035	0.07
Pb(N₃)₂	430	0.45	37.5	12	0.025	0.025	0.09
Hg(ONC)₂	240	0	25.4	3~10	0.29	0.30	0.36

表 6 - 8   叠氮化银与 RD－1333 的性质比较

叠氮化物	表观密度/ (g·cm^{-3})	纯度/%	吸湿性	真空安定性/ [mL·g^{-1}·(40h)$^{-1}$(150℃)]	静电感度/J
叠氮化银	1.6	99	无	0.49～0.34	0.0094～0.0180
RD－1333	1.3	97～98	轻微	0.40	0.0005

2. 叠氮肼镍

1）叠氮肼镍的性质

叠氮肼镍（nickel hydrazine azide，NHA）是由能够给出孤对电子的肼和具有接受孤对电子空位的镍离子按一定的组成和空间构型所形成的化合物。它是一类含富氮组分的配位化合物起爆药，当受外界一定初始冲击能量时会发生燃烧或爆炸反应，具有起爆药的特性，分子式为 $[Ni(N_2H_4)_2](N_3)_2$，其中 Ni^{2+} 与 N_2H_4 配体络合是采取 dsp^2 杂化轨道成键，形成内轨型配合物，构型为平面正方形。

叠氮肼镍作为起爆药具有一系列优异的性能：

（1）起爆威力大。极限起爆药量为 50mg，而硝酸肼镍的极限起爆药量为 150mg。

（2）热感度较高。5 s 延滞期的爆发点为 193～194℃。

（3）撞击感度较低。发火百分数为 35%，比 K·D（碱式苦味酸铅和氮化铅共晶）小 55%。

（4）摩擦感度稍高。爆炸百分数为 10%，比 K·D 小 15%。

（5）火焰感度很高。其 H_{50} 是同等条件下硝酸肼镍的 2.3 倍，是斯蒂芬酸铅的 1.4 倍。

（6）静电感度较低。在静电能量达 625mJ 下，叠氮肼镍仍不能被起爆。

（7）具有良好的耐压性。70 MPa 压力时，药剂仍没被"压死"。

叠氮肼镍呈淡青色聚晶，有时也会呈翠绿色，这取决于化合过程中的 pH 值变化，但其性能则保持不变。经测试表明，处于 49.31～94.65 μm 的颗粒占到总颗粒数的 67.4%。采用量筒和漏斗法，测得叠氮肼镍的假密度为 0.83～0.85g/cm^3。

2）叠氮肼镍的合成工艺

叠氮肼镍是由能够给出孤对电子的肼（N_2H_4）和接受孤对电子空位的镍离子按一定的组成和空间构型所形成的化合物，其反应方程式为

$$Ni(NO_3)_2 + 2NaN_3 + 2N_2H_4·H_2O \longrightarrow [Ni(N_2H_4)_2](N_3)_2 + 2NaNO_3 + 2H_2O$$

对叠氮肼镍的合成工艺进行研究，通过改变反应液的 pH 值、加料温度和加料时间，完成对工艺的优化，药剂制备得率达 94% 以上。在研究过程中发现，pH 值对叠氮肼镍的合成至关重要，最佳的 pH 值为 5。最初采用硝酸来控制 pH 值，但硝酸的酸性过强，会使体系产生大量氨气。为了减少氨气的产生量，采用了醋酸钠 - 醋酸缓冲溶液来控制反应液的 pH 值。由于醋酸的酸性比 HN_3 弱，溶液中产生的氨气较少，且缓冲溶液使反应过程中 pH 值稳定，不至于那么敏感易变。

研究表明，反应液呈弱碱性时，制备的叠氮肼镍为蓝紫色，呈弱酸性时产品为深绿色。制备的优化工艺条件是：以 10% 硝酸镍溶液、5mL 醋酸钠 - 醋酸缓冲溶剂、20mg 叠氮化铅晶种和 300mg 氮化钠为底液，以 5% 氮化钠溶液和 5% 水合肼溶液为滴加液，于 65℃ 条件下进行双管加料，控制加料时间为 50min，加料完成后继续恒温搅拌 10min，然后冷却至 35℃ 以下出料。进行抽滤，然后水洗 3 次，再用 95% 乙醇洗一次，所得产品室温晾干后，再于 55～60℃ 油浴烘箱中干燥 6h 以上。

6.3 有机叠氮含能化合物

20 世纪 70 年代以来，国外特别是美国对叠氮有机化合物的合成以及作为含能材料的应用进行了广泛深入的研究。含有叠氮基的黏合剂、增塑剂、氧化剂及其他添加剂可赋予发射药、推进剂、高能炸药等含能材料以许多优异的性能，主要体现在：

(1)提高体系的总能量；

(2)提高体系的氮含量而不影响其碳氢比，增加体系燃烧时的排气量；

(3)提高发射药或推进剂的燃烧速度，而不提高其火焰温度；

(4)减少火炮或火箭排气口的烟焰，从而可减少对红外制导系统的干扰并降低本身的目标特征；

(5)能改善含能材料的机械力学性能。

叠氮有机化合物合成工艺简单，原材料来源广泛。大多数叠氮有机化合物很容易在良好溶剂化作用的溶剂中由叠氮离子取代容易离去的基团的方法合成。叠氮离子与原料分子中可能存在的其他含能基团通常不发生反应。叠氮中间体的应用为叠氮有机化合物的合成开辟了新的途径，从而可以合成含有多种含能基团的含能材料，大大提高其能量水平。作为新型含能材料，叠氮有机化合物的开发和应用越来越受到人们的重视。迄今为止，人们已合成出了数以百计的各种类型、各具特色、在含能材料领域有开发前途的叠氮有机化合物。本书主要介绍了几种典型的叠氮有机含能材料。

6.3.1 聚叠氮缩水甘油醚(GAP)的性质及合成工艺

1. GAP 的性质

聚叠氮缩水甘油醚是当今研究最多的含能黏合剂之一，英文全称为 glycidyl azide polymer，简称 GAP。20 世纪 80 年代以来，美、日等国都在积极研发以此种材料为黏合剂的推进剂。GAP 黏合剂是一种棕黄色的黏稠液体，因分子中含大量的叠氮基团，并且具有高的正生成热(+154.6kJ/mol)和高密度(1.3g/cm^3)，有可能研制出高能、安全的推进剂，故引起普遍重视。GAP 的主要物理化学性质如表 6-9 所示。

表 6-9 GAP 的理化性质

羟基官能度	重均分子量	含水量/%	密度/(g·cm^{-3})	数均分子量	玻璃化转变温度/℃	生成热/(kJ·mol^{-1})
0.98	2097	0.007	1.30	1668	-45	+154.6

由表 6-9 可以看到，GAP 黏合剂的密度比普通 HTPB 黏合剂的密度(0.91g/cm^3)高 44%，生成热高，热安定性好。由于含氮量高，所以氧平衡系数比一般黏合剂高；但是 GAP 黏合剂的力学性能尚不理想。比如，GAP/AN 推进剂在室温下最大应力为 0.0689 MPa，最大应变为 8.8%。这是由于 GAP 聚合物的线型大分子具有—CH_2N_3 侧链，用于承载链的重量百分数低(仅占其重量的 40%)。为了改善其力学性能，可以采用枝状 GAP(即 B-GAP)代替线型的 GAP，或者采用其他物质如四氢呋喃(THF)与 GAP 共聚。这样一来，GAP 的主链缩短，用于承载链的重量百分数提高，从而会具有更好的力学性能。

有研究表明，GAP 热分解的主放热过程发生在 202~277℃，峰温为 247℃。而在热分解过程中伴随有两级的失重过程，第一级发生在 202~277℃，约有 40% 的失重；第二级在 277℃ 以上，发生非常缓慢的汽化反应，没有热生成。

2. GAP 在推进剂上的应用

王永寿利用套罩式药条燃烧器取得了 GAP 单体的燃烧特性。在初始温度为 20℃，压力为 5 MPa 时，燃烧温度为 1092℃，燃速可以达到 10.7mm/s。与一般常用双基推进剂或 HTPB 系复合推进剂相比，燃速较高。

对于氧化剂为硝酸铵(AN)的推进剂，当配方为 70% 的 AN、10% 的 GAP、

20％的 1,2,4-丁三醇三硝酸酯(BTTN)/三羟甲基乙烷三硝酸酯(TMETN)为增塑剂时，此时此种推进剂密度比冲为最大，其值为 3.810×10^6 N・s/m³，比冲为 2303N・s/kg。对比 GAP/AN 推进剂和 HTPB/AN 推进剂，在 GAP/AN 推进剂质量百分比为 30/70 的情况下，燃速和压力指数分别为 3.16mm/s(6.86MPa)和 0.71(2.94～8.83MPa)。而相同质量分数的 HTPB/AN 推进剂的燃速和压力指数分别为 1.67mm/s(6.86MPa)和 0.41(2.94～8.83MPa)。

胡润芝等人研究了氧化剂分别为黑索今(RDX)、奥克托今(HMX)、高氯酸铵(AP)的推进剂。在氧化剂含量 75％、Al 含量为 5％、GAP 含量为 5％的情况下，理论比冲是 GAP/RDX 的最高。在 6.86MPa 下，GAP/RDX 的燃速为 5.764mm/s，压力指数接近 1.0，药条低压点火困难。而 GAP/AP 的燃速为 11.17mm/s，压力指数为 0.45。如果在 GAP 中单纯地添加 AP 会使比冲略有下降，同时燃速下降，这是因为添加 AP 后，燃烧表面放热量少，气相放热量增加，在实验压力范围内气相的放热大体与燃速无关。

3. GAP 的合成工艺

以环氧氯丙烷为单体制备 GAP 主要有两种途径(图 6-2)：①将环氧氯丙烷单体在 Lewis 酸和醇引发剂作用下，采用阳离子开环聚合法制得其均聚物 PECH，然后用叠氮基置换容易离去的氯原子，获得高 M_r(相对分子质量)的 GAP；②用环氧氯丙烷先于叠氮基置换得含能单体叠氮基环氧丙烷(GA)，然后开环聚合得到 GAP，但通常只能得到低聚 GAP。第一种方法的优点是比较安全(避免了较危险的含叠氮基单体的聚合工艺过程)、叠氮化率高(大于99.8％)，且较易实现工业化生产，故是目前普遍采用的方法。

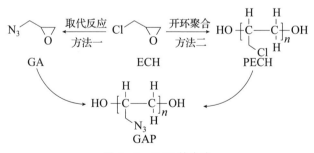

图 6-2 GAP 的合成

6.3.2 3,3-二叠氮甲基氧杂环丁烷聚合物(PBAMO)的性质及合成工艺

1. PBAMO 的性质

3,3-二叠氮甲基氧杂环丁烷(BAMO)常温下为淡黄色液体，由 BAMO 为

单体聚合生成的 PBAMO，每个单体单元中含有两个叠氮甲基，因此能提供很高的生成热，玻璃化转变温度和绝热火焰温度都相对较高，其典型的理化性质数据如表 6 - 10 所示。

表 6 - 10　PBAMO 的主要性质

密度 /(g·cm⁻³)	玻璃化转变 温度/℃	绝对火焰 温度/℃ (10MPa)	数均相对分子质量 /(g·mol⁻¹)	反应热 /(kJ·kg⁻¹)
1.35	− 39	2020	2000～3000	2420

PBAMO 的感度较低，热分解温度相对较高，满足其作为固体火箭推进剂的黏合剂高能、钝感和低特征信号的要求。但是 PBAMO 也具有以下缺陷：①侧链引入了大体积且极性较强的叠氮甲基，导致主链承载原子数减少，且叠氮甲基的存在影响了主链的自由旋转，主链的柔顺性变差，力学性能变差；②玻璃化转变温度和熔点较高，使其作为黏合剂在低温力学性能方面受到限制；③其含氮量虽然达到 50%，却比含氮量较低的 GAP 燃速低。

2. PBAMO 在推进剂上的应用

对于 PBAMO - THF/AN 推进剂，在 AN 质量百分比为 87% 时比冲最大，可以达到 2650 N·s/kg。压力为 7 MPa 时的燃速为 3.5mm/s，压力指数为 0.69。这种推进剂的比冲、燃速和压力指数都与 GAP/AN 的值相似。柠檬酸铅和炭黑对 PBAMO/HMX 推进剂的燃速有催化作用。它们能显著提高 PBAMO/HMX 推进剂的燃速，当其含量为 2.9% 时，燃速最高，压力指数较低，其中在 7 MPa 下的燃速为 7mm/s，压力指数为 0.39。

3. PBAMO 的合成工艺

PBAMO 的合成工艺分为直接法和间接法。直接法是由 BAMO 通过阳离子开环聚合而成；间接法是先合成含有卤代甲基对称结构的端羟基卤化聚醚，然后再进行叠氮化。间接法避免了 BAMO 合成工艺上的安全隐患，但合成出的端羟基卤代聚醚数均相对分子质量低，熔点高，即便是在 DMF、DMSO 这样的强极性溶剂中溶解度也较小，使反应不容易进行，显然间接法并不可取。因此目前采用直接法来制备 PBAMO，其合成反应方程式如图 6 - 3 所示。

Frankel 等人首先做了这方面的尝试，以三氟化硼乙醚($BF_3·Et_2O$)作为催化剂进行阳离子开环聚合，虽然合成了 PBAMO，但发现以下问题：①用水终止链反应不能实现相对分子质量的调控；②以乙二醇为起始剂不能实现反应的可控聚合。之后，Manser 等人用 1,4 -丁二醇(BDO)代替乙二醇进行聚合反应。

研究发现，通过控制起始剂 BDO 与催化剂 BF₃·Et₂O 的量可以实现对聚合反应的控制，但同时也存在以下问题：羟基只能使 PBAMO 一侧封端，导致高分子链长不可控制，产物分散度高。Wardle 等人通过调节 BF₃·Et₂O 和 BDO 的摩尔比，使之降低到 0.05～0.5∶1，这样过量 BDO 产生的游离羟基与活化的 BAMO 单体开环聚合生成线型聚醚，然后继续进攻活化的 BAMO 单体，直至 BAMO 单体全部反应完全，保证了聚合物的分散度更低，反应更加可控。另外，Malik 等人发现当采用 BF₃·THF 代替 BF₃·Et₂O 为催化剂时，可以有效地避免由 BF₃·Et₂O 中氟离子和二乙醚离子引起过早的链终止反应，使 PBAMO 的官能度和相对分子质量比较可控；而且，由于 BF₃·THF 比 BF₃·Et₂O 吸湿性低，便于实验操作。

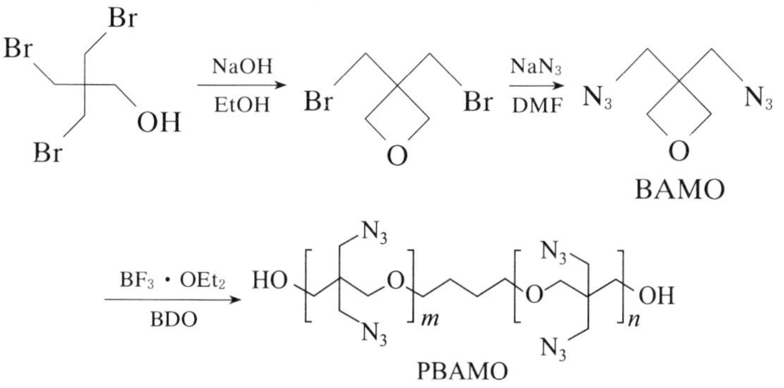

图 6 - 3　PBAMO 的合成

卢先明等人以三溴新戊醇为原料，无水乙醇作为溶剂，先在碱性试剂下合成 3,3 -二溴甲基氧丁环(BBMO)，然后再叠氮化生成 3,3 -二叠氮甲基氧丁环(BAMO)，再经过阳离子开环聚合生成 PBAMO，实验优化了合成 PBAMO 的最佳条件：$n(BF_3·Et_2O)/n(BDO)/n(BAMO) = 0.4/1.0/20$，反应时间为 72h，温度为 20～30℃。合成的 PBAMO 性能：熔点为 77～78℃，玻璃化转变温度为 -30.5℃，密度为 1.35g/cm³，羟值为 32.37mg KOH/g，数均相对分子质量为 3423，重均相对分子质量为 6842，相对分子质量分布系数为 2.0，平均官能度为 1.975，接近理论值。

6.3.3　3 -叠氮甲基- 3 -甲基氧杂环丁烷聚合物(PAMMO)的性质及合成工艺

1. PAMMO 的性质

由单体 3 -叠氮甲基- 3 -甲基氧杂环丁烷(AMMO)聚合生成的聚合物 PAMMO 为无定型黏稠聚合物，其典型的理化性能如表 6 - 11 所列。

表 6 - 11   PAMMO 的理化性质

密度 /(g·cm⁻³)	玻璃化转变温度/℃	绝对火焰温度/℃(10MPa)	数均相对分子质量/(g·mol⁻¹)	反应热/(kJ·kg⁻¹)
1.06	-45	1283	3000~4000	354.3

PAMMO 撞击感度较低，力学性能、热稳定性和低温力学性能较之PBAMO 和 GAP 优良；另外，由单体 AMMO 合成均聚物 PAMMO 的相对分子质量和官能度相对容易控制；同时，PAMMO 又与硝酸酯增塑剂的混溶能力较好，符合推进剂高能、低特征信号和低易损性的特征。但是，PAMMO 的含氮量较 PBAMO 低，含能也较低。可以通过与其他含能黏合剂共聚改性，PAMMO 可以作为含能热塑性弹性体相对理想的软段组分。

PAMMO 的燃速只有 GAP 的 1/2 还少，而压力指数与 GAP 差不多。AMMO 燃烧时看不到亮焰，只有气体产生，同时器壁上附有燃烧残渣，它在燃烧的同时伴有吸热反应，其燃速为 4.0mm/s，压力指数为 0.42。

2. PAMMO 在推进剂上的应用

在 PAMMO/AP 推进剂系统中，当配比为 82%AP 和 18%的 PAMMO 时，比冲和燃温达到最大值，分别为 2588 N·s/kg 和 3000 K。而在 HMX/PAMMO 系统中，由于 PAMMO 贫氧程度比 HMX 更大，故随着 PAMMO 含量增大，推进剂比冲和燃温呈下降趋势。2,2-双(乙基二茂铁)丙烷和铬酸铜能显著改变 PAMMO/HMX 推进剂的燃速和分解机制。2,2-双(乙基二茂铁)丙烷能使燃速增高，压力指数稍有增加；而含铬酸铜时压力指数较高，两者组合可以得到燃速最高、压力指数最低的推进剂。对它进行实验得到的两项数据分别为：在 7MPa 下燃速为 6mm/s，压力指数为 0.67。而在 RDX/PAMMO 推进剂中，RDX 含量为 40%时，比冲达到最大值 2657.3N·s/kg。

3. PAMMO 的合成工艺

一般合成 PAMMO 的方法有直接法和间接法两种。直接法是以 AMMO 为原料单体经过阳离子开环聚合生成 PAMMO；间接法是以卤素类氧杂环单体先聚合再叠氮生成 PAMMO。李娜等人采用直接法，以 BDO/BF₃·Et₂O 为引发体系，经过阳离子开环聚合合成了 PAMMO。研究结果表明，当 $n(\text{BF}_3·\text{Et}_2\text{O})$：$n(\text{BDO})=0.5:1$，聚合温度为 0℃，聚合时间为 48h，发现聚合可控，相对分子质量和官能度相对比较理想。通过 DSC、TGA 等手段测得 PAMMO 的玻璃化转变温度和热分解温度分别为 -40℃ 和 256.71℃，可见其热稳定性良好。

Barbieri 和董军等人采用间接法，分别以 3 - 对甲苯磺酰氧甲基 - 3 - 甲基氧杂环丁烷（TMMO）和 3 - 溴甲基 - 3 - 甲基氧杂环丁烷（BrMMO）为单体，按阳离子开环聚合机理先合成 PTMMO 和 PBrMMO，然后再叠氮取代制备出 PAMMO，合成反应方程如图 6 - 4 所示。

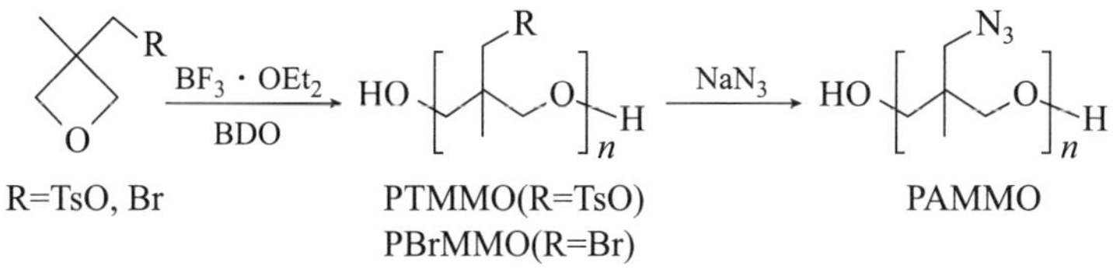

图 6 - 4 PAMMO 的合成

这种工艺避开使用感度和危险系数较高的 AMMO 单体，合成的 PAMMO 相对分子质量和官能度容易控制。研究表明，当 $n(BF_3 \cdot Et_2O) : n(BDO) = 0.5 : 1$，反应温度为 0℃ 时叠氮效率比较高，合成的产物 PAMMO 为无定形黏稠液体，热稳定性较强。张弛等人同样采用间接法，在叠氮过程中加入相转移催化剂四丁基溴化铵，用甲苯替代 DMSO 和 DMF 等极性非质子性溶剂来合成 PAMMO。研究结果表明，采用相转移催化剂法有以下优点：①卤代聚醚在甲苯中较极性非质子性溶剂溶解度更大，从而使反应物能够充分地接触，反应比较完全；②采用相转移催化剂能较快地将叠氮根离子转移到有机聚醚中，这样使反应时间大大缩短，制得的 PAMMO 纯度也较高，相对分子质量分布也较窄。

6.3.4 共聚叠氮类黏合剂的性质及合成工艺

叠氮类含能黏合剂由于含能较高而受到重视，如 PBAMO、GAP、PAMMO 等叠氮类黏合剂具有氮含量较高、感度较低等优良的综合性能，但同时也具有一些性能方面的缺陷，如玻璃化转变温度较高或是低温力学性能较差，这样就可以考虑在均聚醚中引入柔顺性较好的 THF 等链节或是通过与其他聚合物共聚改性等手段来提高其性能，国内外许多学者都在这方面做了一些尝试。

1. BAMO - GAP 共聚物

日本研究者以 1,4 - 丁二醇/三氟化硼乙醚（BDO/BF₃ · Et₂O）为引发体系，3,3 - 双溴甲基氧杂环丁烷和环氧氯丙烷为原料先发生阳离子开环聚合，随后再进行叠氮取代合成 BAMO - GAP 共聚物。实验表明，BAMO 很好地嵌段到预聚物中，其所占质量分数达到 35% 左右，数均相对分子质量为 1380，玻璃化转

变温度为 -54.39℃，而且合成的预聚物黏度较低，使黏合剂的力学性能得到了很好的改观。

赵一搏等人以 BDO 为起始剂，三氟化硼乙醚为催化剂，利用阳离子开环聚合合成了 BAMO - GAP 无规共聚醚，数均相对分子质量为 1750，相对分子质量分布为 1.12，玻璃化转变温度为 -57.68℃，产物中低聚物含量约为 22%。随后赵一搏等人又以合成的 BAMO - GAP 预聚物为原料，以 BDO 为扩链剂，多异氰酸酯、异佛尔酮二异氰酸酯为固化剂合成了黏合剂胶片，测定其玻璃化转变温度为 -50℃，拉升强度达到 0.87 MPa，热稳定性良好。

2. BAMO - THF 共聚物

PBAMO 中的叠氮甲基高度对称，规整性好，但其玻璃化转变温度较高，将 THF 共聚到 BAMO 的聚合物中，使 PBAMO 力学性能和玻璃化转变温度较高的特性得到一定程度的改善。Manser 采用 BAMO/THF 的投料比为 50/50，通过阳离子开环聚合合成了共聚醚，改善了 BAMO 均聚醚的结晶性，可作为一种性能良好的黏合剂。薛敬和等人以三氟甲磺酸酐双官能团引发剂，利用活性顺序聚合法制备了 BAMO-THF 三嵌段共聚物。研究发现，本体聚合生成聚合物的相对分子质量较溶液聚合的大，而且共聚物的低温力学性能也随着相对分子质量的增加而更加优良。

屈鸿翔等人采用 BAMO/THF 的摩尔投料比为 50/50，以三氟化硼乙醚为催化剂，合成了叠氮共聚物 P(BAMO - co - THF)，收率为 70%，并且用 NMR 和 GPC 测得，$M_n = 2900$，$M_w = 4771$，$M_n/M_w = 1.64$，收率为 70%，发现通过控制单体和引发剂的用量可以实现相对分子质量的可控性。王永寿等人同样采用阳离子开环聚合，以二氯甲烷做溶剂，合成 BAMO - THF 共聚醚。通过测试发现，共聚物的数均相对分子质量为 1700～2800，共聚物的低温力学性能明显得到改善，其玻璃化转变温度和熔点均随着 THF 含量的增加迅速对应地下降，同时黏度也满足黏合剂的要求。

3. BAMO - AMMO 共聚物

BAMO - AMMO 共聚物由于具有优良的力学性能等综合性能成为各国争相研究的课题，Manser 等人以 p -双(α,α -二甲基氯甲基)苯(p - BCC)与六氟锑酸银为原料，通过活性阳离子顺序聚合法合成了 BAMO - AMMO - BAMO 三嵌段共聚物，相对分子质量分布相对较窄。Wardle 采用 PBAMO 和甲苯二异氰酸酯(TDI)生成氰酸酯基封端的预聚物，然后再加入端羟基聚醚 PAMMO，通过官能团预聚体法合成 BAMO - AMMO 共聚物。Sanderson 在 Wardle 的合成基础上引入了扩链剂 BDO，用 BDO 和 TDI 形成的齐聚醇，再加入单体 BAMO 和 AMMO 合成多嵌段 BAMO－AMMO 共聚醚。研究发现，BDO 和 TDI 含量对共聚物力学性能优良有关。

张弛等人以三氟化硼乙醚/1,4－丁二醇作为引发体系，采用活性顺序聚合法合成的 BAMO－AMMO 三嵌段共聚物，收率达 83%。利用 DSC 测定共聚物的玻璃化转变温度为－38.93℃，其相对分子质量可控，相对分子质量分布也较窄；同时测定叠氮基团分解的活化能约为 150kJ/mol，并且 BAMO－AMMO 三嵌段共聚物实现了软硬段的相分离，测定其相分离程度为 79.45%，具有热塑性弹性体的性质，共聚物中 BAMO 链段的结晶度达到 74.81%。甘孝贤等人采用 PAMMO 为软段预聚体，PBAMO、TDI 为硬度预聚体，利用一步法的工艺路线合成出 BAMO/AMMO 基的热塑性弹性体，该热塑性弹性体可熔可溶，数均相对分子质量为 25000，室温抗压强度 5 MPa，延伸率大约为 400%。

4. GAP－AMMO 共聚物

GAP 由于侧链叠氮基的存在，柔顺性以及力学性能相对较差，考虑到对 GAP 黏合剂能量影响不大的情况下，使 AMMO 与 GAP 共聚来改善其力学性能和加工性能。卢先明等人以 1,3,5－三羟乙基异氰尿酸酯(THEIC)为起始剂，通过环氧氯丙烷的开环聚合，叠氮化后得到数均相对分子质量为 2500～3000 的官能度为 3 的叠氮缩水甘油醚(GAP)，然后以合成的 TGAP 为大分子引发剂，使 AMMO 聚合生成新型的嵌段聚合物 P(GA－b－AMMO)。研究表明，在 n(BF$_3$·Et$_2$O)/n(TGAP)/n(AMMO) = 1.35/1/12～16 条件下，聚合物的数均相对分子质量以及分布相对可控，收率为 80.0%，官能度为 2.70，M_n 达到 4000～4400，表现出较好的力学性能。

5. GAP－THF 共聚物

GAP 黏合剂含能高，但力学性能较差，若将 THF 的－(CH$_2$)$_4$－O－引入链段之中，用来增加共聚物的柔顺性，可改善其力学性能。曹一林等人以四氢呋喃和环氧氯丙烷为原料，通过阳离子开环聚合生成 GAP－THF 共聚型黏合剂，共聚物的力学性能和感度均达到黏合剂的要求，优于均聚的 GAP 黏合剂，但与硝酸酯增塑剂的相容性变差，会影响到推进剂系统总能量。

6.3.5 三叠氮三聚氰(TTA)的性质及合成工艺

1. TTA 的性质

2006 年发明的三叠氮三聚氰(TTA)是绿色环保起爆药的典型代表，以其代替经典 NOL‐130 针刺药中的斯蒂芬酸铅和叠氮化铅应用于针刺雷管，可以成功起爆 RDX 和新型炸药 CL‐20。

三叠氮三聚氰为白色晶体，分子式为 $C_3N_3(N_3)_3$，其相对分子质量为 204。三叠氮三聚氰不溶于水，常温下稍溶于乙醇，易溶于苯、氯仿、丙酮、醚和沸腾的乙醇。因此，可利用乙醇进行重结晶，但经常得到非常敏感的大晶体，甚至用橡皮棒研磨时也往往可以发生爆轰。它的吸湿性很小，对于稀的无机酸是稳定的。

此化合物可作为起爆药，密度为 $1.15g/cm^3$ 时爆速为 5545m/s，每个叠氮基团可以释放 335kJ 的能量，爆炸威力相当于雷酸汞的 2 倍，起爆力较高，极限药量对特屈儿为 0.06g，在早期曾用于雷管装药。但三叠氮三聚氰的摩擦感度大于雷汞，熔融状态下的摩擦感度更大一些，撞击感度用弧形落锤测定为 150mm 落高，加上其挥发性和对火花等极其敏感而限制了实际应用。

三叠氮三聚氰热稳定性一般。加热到 100℃ 不分解，但是当温度达到 50℃ 后就开始升华，在 94℃ 熔化，连续加热稍高于 100℃ 即开始分解，在 150~160℃ 长时间加热则发生爆炸，其 5s 爆发点为 200℃。

2. TTA 的合成工艺

三叠氮三聚氰是由三聚氯氰与过量叠氮化钠在水相中发生取代反应制备的：

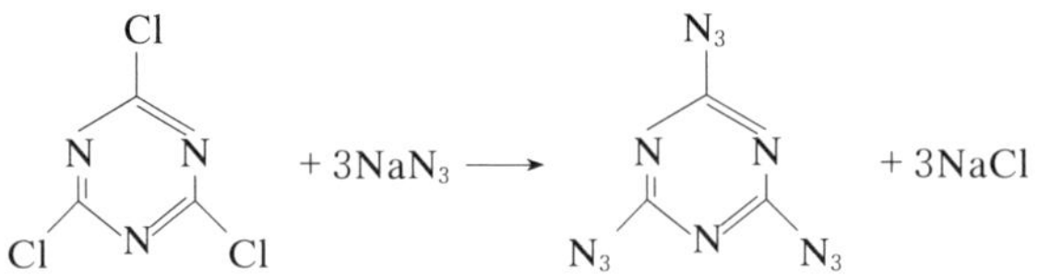

Ott 等人早在 1921 就报道其合成工艺：把粉碎的 6.2g 氰尿酰氯分小批于 1~2h 内逐渐加入到冷却和强烈搅拌下的 7g 叠氮化钠在 70mL 的水溶液中，在这种条件下不会出现不利于操作和有害的结块现象发生，重的结晶状氰尿酰氯固体会逐渐转变为轻的片状三叠氮三聚氰。当所有氰尿酰氯加料结束后，再保温静置 2~7h，过滤，水洗、空气中干燥至恒重，得 5.68g 产品，得率 83.5%，纯度约 80%。如果原料经过提纯和干燥预处理，并仔细控制条件，得率可以提高到 92.6%。

6.3.6　三叠氮基三硝基苯(TATNB)的性质及合成工艺

1. TATNB 的性质

2,4,6‐三叠氮基‐1,3,5 三硝基苯(TATNB)是黄色稍带绿色的结晶，熔点

130～131℃（从冰醋酸中重结晶），密度为 1.8g/cm³，易溶于丙酮、氯仿，不易溶于乙醇，几乎不溶于水。三叠氮基三硝基苯热安定性差，20℃下长期保存时就可观察到由于分解产生的减重。温度升高则分解加快，在 100℃时，大约 16h 就可以分解完全，在熔点下分解放出氮气，几乎全部变为六亚硝基苯。李金山等人用 PM3 - MO 方法，基于热力学、统计热力学和反应速率过渡态理论对其热解反应机理进行了计算研究，认为 N—N₂ 键断裂和 C NO₂ 自由基均裂反应活化能较高，TATNB 的各步热解优先取"氧化呋咱"机理，且生成 4,6 - 二叠氮基 - 3,5 - 二硝基并氧化呋咱的第一步反应为速率控制步骤，它与金属或水、二氧化碳均无作用。

三叠氮基三硝基苯的撞击和摩擦感度不小于叠氮化铅。压药压力过大时撞击感度进一步下降。当压药压力超过 30MPa 时，即有"压死"现象。其爆炸威力接近于猛炸药，表观密度为 1.54g/cm³ 时爆速为 7000m/s。铅铸实验炸孔值为 500cm³，大于特屈儿而小于泰安。因此，具有很大的起爆力，其极限药量对特屈儿为 0.01g，对 TNT 为 0.02g。

三叠氮基三硝基苯在许多国家用作火帽及雷管装药。其主要缺点是温度增高时，安定性下降，能 压死"，产品流散性较差。

2. TATNB 的合成工艺

三叠氮基三硝基苯可由均三氯苯为原料进行硝化和取代反应制备：

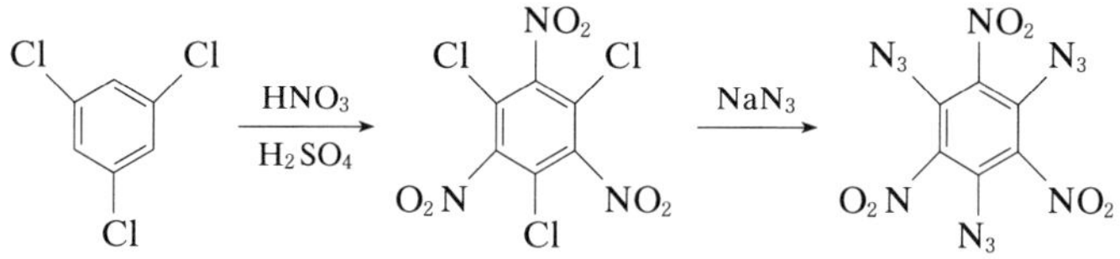

早期文献报道，均三氯苯(TCB)的硝化分两步进行，第一步把 TCB 硝化先制得三氯二硝基苯（TCDNB），第二步再把 TCDNB 硝化为三氯三硝基苯（TCTNB），这种制备方法操作比较麻烦。由 TCB 硝化上 3 个硝基比较困难，一般需要采用较强的硝化剂和在高温条件下反应。

易景缎采用了一步硝化法，获得用 95%硝酸和发烟硫酸硝化放大生产最优工艺为：采用 TCB 13kg，95% HNO₃395kg 和含 25%三氧化硫的硫酸 2220kg，加料温度 90℃，反应温度 150℃，反应时间为 2.5～4h，反应结束后冷却到室温，加水约 40kg 进行稀释，待混合物温度降至 30℃以下，过滤、水洗、干燥，得 TCTNB 340kg，得率为 91.5%。

参考文献

[1] 劳允亮. 起爆药化学与工艺学[M]. 北京:北京理工大学出版社,1997.

[2] 劳允亮,李振煜. $\alpha - Pb(N_3)_2$热分解和热爆炸机理的实验与论证[J]. 含能材料, 1994,2(2):1-6.

[3] COSTAIN T. A new method for making silver azide,technical report 4595:US, 3943235[P]. 1976.

[4] 刘瞻,朱顺官. 叠氮肼镍(Ⅱ)的化合及其结构田[J]. 火工品,2000,(2):16-19.

[5] 李平,陈强,李旭利,等. GAP共聚体系静态力学性能研究[J]. 火炸药学报, 2000,(2):23-28.

[6] HATICE F,JALE H. Thermal decomposition of glycidyl azide polymer by direct insertion probe massspectrometry[J]. Journal of Analytical and Applied Pyrolysis,2002,63:327-338.

[7] 朱慧,张炜,武湃,等. AP/KP/GAP富燃料推进剂的热分解特性[J]. 推进技术,2002,23(4):339-341.

[8] 赵孝彬,侯林法. GAP/AN推进剂热分解性能研究[J]. 推进技术,1999,20(3):86-90.

[9] 朱慧,张炜,王春华,等. GAP贫氧推进剂的常压热分解特性研究[J]. 固体火箭技术,2001,24(1):39-42.

[10] 武湃,朱慧,张炜,等. GAP贫氧推进剂及其组分的热失重特性研究[J]. 含能材料,2002,10(1):18-20.

[11] 朱慧,张炜,王春华,等. GAP贫氧推进剂组分的常压热分解特性研究[J]. 火炸药学报,2001,(1):57-60.

[12] 陈智群,刘艳,刘子如,等. GAP热分解动力学和机理研究[J]. 固体火箭技术,2003,26(4):52-54.

[13] 王永寿. GAP/HMX推进剂的燃速特性[J]. 飞航导弹,2001,(3):49-51.

[14] 曹一林,张九轩. 四氢呋喃共聚型GAP黏合剂研究[J]. 固体火箭技术,1997,20(1):45-50.

[15] 赵孝彬,侯林法. GAP/AN推进剂燃速特性研究[J]. 含能材料,1999,7(3):137-140.

[16] 胡润芝,侯林法,张汝文. GAP推进剂的燃烧特性[J]. 固体火箭技术,1996,19(2):30-37.

[17] 王永寿. GAP贫氧推进剂的燃速特性[J]. 飞航导弹,2001,(10):38-40.

[18] 周阳,龙新平,舒远杰. 均聚类含能黏结剂的研究进展[J]. 含能材料,2010,18(1):115-120.

[19] FRANKEL M B，FLANAGAN J E. Energetic hydroxyl－terminated azido polymer：US，4268450[P].1981.

[20] EERL R A. Use of polymeric ethylene oxides in the preparation of glycidyl azide polymer：US，4486351[P].1984.

[21] 李再峰，冯增国，侯竹林.叠氮黏合剂 GAP 的合成及性能分析[J].青岛化工学院学报，1997，18(2)：155－160.

[22] WANGER R I，WILSON E R，GRANT L R，et al. Glyddyl azide polymer and method preparation：US，4937361[P].1990.

[23] JOSHUA A. The synthesis and characterization of energetic materials from sodium azide[D]. Atlanta：Georgia Institute of Technology，2004.

[24] JOHANNESSEN B. Low polydispersity glycidyl azide polymer：US，5741997 [P]. 1998.

[25] 汪存东，潘洪波，张丽华，等.氧鎓离子法合成端羟基聚四氢呋喃－聚环氧丙烷嵌段共聚醚[J].高分子材料科学与工程，2013，29(11)：15－18.

[26] 王永寿.BAMO－THF/AN 推进剂的燃烧特性[J].飞航导弹，2002，(5)：53－57.

[27] 庞爱民.叠氮黏合剂推进剂热分解及燃烧性能研究综述[J].固体火箭技术，1998，21(4)：26－30.

[28] FRANKEL M B. Synthesis of energetic compounds [R]. ADAl03844，1981.

[29] MANSER G E. Cationic polymerization：US，4393199[P]. 1983.

[30] WARDLE R B，HINSHAW J C，EDWARDS W W. Synthesis of ABA triblock polymers and B star polymers from cyclic ethers：US，4952644[P]. 1990.

[31] MALIK A A，ARCHIBALD T G，CARLSON R P. Polymerization of energetic，cyclic ether monomers using boron trifluoride tetrahedrofuranate：US，5468841[P]. 1996.

[32] 卢先明，甘孝贤.3,3－双叠氮甲基氧丁环及其均聚物的合成与性能[J].火炸药学报，2004，27(3)：49－52.

[33] 张炜，朱慧.聚叠氮氧丁环类黏合剂－AMMO[J].推进技术，1996，17(3)：72－75.

[34] 李娜，甘孝贤，邢颖，等.含能黏合剂 PAMMO 的合成与性能研究[J].含能材料，2007，15(1)：53－55.

[35] BARBIERI U，POLACCO G，PAESANO E，et al. Low Risk Synthesis of Energetic Poly（3－Azidomethyl－3－Methyl Oxetane）from Tosylated Precursors[J]. Propellants Explosives Pyrotechnics，2006，31(5)：369－375.

[36] 董军，甘孝贤，卢先明，等.含能黏合剂 PAMMO 的间接法合成[J].化学推进剂与高分子材料，2008，6(2)：33－36.

[37] 张弛，罗运军. 相转移催化法合成 PAMMO 均聚物[J]. 高分子材料科学与工程，2012(2)：13-15.

[38] OSAMU E, HIDEAKI K, KIMIHISA Y. Synthesis and properties of a novel phenylazomethine dendrimer with a tetraphenylmethane core.[J]. Organic Letters, 2006, 8(4)：569-571.

[39] WILK K A, SYPER L, DOMAGALSKA B W, et al. Aldonamide-type gemini surfactants：Synthesis, structural analysis, and biological properties[J]. Journal of Surfactants & Detergents, 2002, 5(3)：235-244.

[40] 赵一搏，罗运军，李晓萌. BAMO/GAP 无规共聚物的合成与表征[J]. 高分子材料科学与工程，2012(9)：1-4.

[41] 赵一搏，罗运军，张弛. BAMO/GAP 无规共聚物/N100/IPDI 体系胶片性能研究[J]. 含能材料，2013, 21(1)：64-67.

[42] MANSER G E. Energetic copolymers and method of making same[P]. US4483978, 1984.

[43] LIU Y L, HSIUE G H, CHIU Y S, et al. New addition reaction of polymers carrying pendent oxetane rings：Synthesis of a nonlinear optical polymer[J]. Journal of Polymer Science Part A Polymer Chemistry, 1994, 32(16)：3201-3204.

[44] 屈红翔，冯增国，于永忠. 3,3-双(叠氮甲基)氧杂环丁烷/四氢呋喃共聚醚的合成[J]. 火炸药学报，1998(2)：10-12.

[45] 王永寿. BAMO 系聚合物的合成与特性评价[J]. 固体火箭技术，1992(4)：67-76.

[46] MANSER G E, FLETCHER R W. Nitramine oxetanes and polyethers formed therefrom：US, 4707540[P]. 1987.

[47] WARDLE R B, EDWARDS W W, HINSHAW J C. Method of producing thermoplastic elastomers having alternate crystalline structure such as polyoxetane ABA or star block copolymers by a block linking process：US, 5516854[P]. 1996.

[48] SANDERSON A J, EDWARDS W, CANNIZZO L F, et al. Synthesis of energetic thermoplastic elastomers containing both polyoxirane and polyoxetane blocks：US, 7101955[P]. 2006.

[49] 张弛，罗运军，李晓萌. BAMO/AMMO 三嵌段共聚物的合成、表征及热分解动力学[J]. 火炸药学报，2010(6)：11-15.

[50] 张弛，李杰，罗运军，等. BAMO-AMMO 三嵌段共聚物相分离及晶体结构的解析[J]. 火炸药学报，2011, 34(5)：5-8.

[51] 张弛,张向飞,翟滨,等.P(BAMO-r-AMMO)在推进剂中的应用[J].火炸药学报,2013,36(4):61-64.

[52] 甘孝贤,李娜,卢先明,等.BAMO/AMMO 基 ETPE 的合成与性能[J].火炸药学报,2008,31(2):81-85.

[53] 卢先明,姬月萍,李娜,等.端羟基 P(GA-b-AMMO)的合成与表征[J].含能材料,2013,21(3):313-318.

[54] 曹一林,张九轩.四氢呋喃共聚型 GAP 黏合剂研究[J].固体火箭技术,1997(1):45-50.

[55] 盛涤伦,朱雅红,陈利魁.绿色火工含能材料的发展与评述[C]//第十六届中国科协年会——分9含能材料及绿色民爆产业发展论坛论文集,昆明,2014.

[56] OTT E. Explosive and process of making same:US,1390378[P]. 1921.

[57] 李金山,肖鹤鸣.均三叠氮基三硝基苯热解反应的理论研究[J].化学物理学报,1999,12(5):597-602.

[58] 易景绶.均一三氯三硝基苯及其在炸药合成中的应用[J].火炸药学报,1994,(2):1-7.

[59] 王建伟,池俊杰,常伟林,等.烷烃叠氮化合物合成及性能表征[J].化学推进剂与高分子材料,2019,17(01):69-71.

[60] 李冠琼.五唑类化合物的研究进展[J].广东化工,2017,44(06):101-103.

[61] 杨旭,郝爱友,冯维春.叠氮化钠的水相合成方法及其废液处理[J].应用化工,2014,43(06):1156-1158,1164.

[62] 赵宝东,高福磊,汪营磊,等.火药用叠氮含能增塑剂[J].化学进展,2019,31(Z1):475-490.

[63] 李承虎,孙忠祥,杜芳,等.PBAMO-GAP-PBAMO 三嵌段共聚物的制备及表征[J].高分子材料科学与工程,2018,34(11):21-26.

[64] 张永丽,杨慧群.聚 BAMO 的合成及在火药中的应用[J].化工中间体,2012,9(09):6-9.

[65] 王文浩,周集义.BAMO 及其均聚物的合成研究进展[J].含能材料,2010,18(05):599-603.

07 / 第7章
呋咱类含能化合物

7.1 概述

呋咱类含能化合物作为一类新型的含能化合物，由于其高能低感的呋咱环含能结构单元已经引起了国内外的广泛重视。呋咱环由于独特的优良性能，对设计或构建分子中含 C、H、O、N 原子的杂环高氮化合物，是一个非常有效的高能结构单元。近年来，呋咱在有机合成领域的研究越来越倾向于活性中间体，并引起科学家们对呋咱在药物和农药方面的研究兴趣。自 1968 年 Colouru 首次合成出 3,4 -二氨基呋咱（DAF），其良好的应用前景引起了研究者的关注。俄罗斯在呋咱类含能化合物上的研究工作一直占领先地位，取得了突出的成就，已合成出上百种呋咱类含能化合物；20 世纪 90 年代美国锡奥科尔公司根据集成高性能火箭推进技术（IHPRPT）计划合同安排也顺利得到很多高能量的呋咱类化合物及其衍生物；最近几十年来德、法两国在呋咱类含能化合物上也做了许多理论和实验工作；我国也一直重视呋咱类含能材料的理论和实验研究，并开展了相关工作，取得了一定的进展，但总体研究规模与国外相比较小。

呋咱环空间构型是一个平面结构，环上的六个电子形成了一个共轭大 π 键，具有较大的芳香性，能够提高呋咱化合物的热稳定性和安全性。由于环内的一个活性氧原子，使其具有较高的氧含量和分子结晶密度。呋咱含能衍生物具有能量密度高、氮含量高及标准生成焓高等优势，已成为高能量密度化合物研究领域备受关注的研究方向之一。如果将呋咱环氧化成为氧化呋咱环，结构中会出现两个活性氧原子，其中一个是配位氧原子，更能改善化合物的氧平衡并提高化合物的密度。研究表明，氧化呋咱基团代替硝基可以提高炸药的密度、爆速、爆压及生成焓。如果将高能量化合物中的硝基替换成氧化呋咱基团，该化合物的结晶密度可以提高 $0.06\sim0.08\mathrm{g/cm^3}$，爆速也可提高 $300\mathrm{m/s}$ 左右。在呋咱化合物结构中引入硝氨基（—$\mathrm{NHNO_2}$）、偶氮桥（—N═N—）或氧化偶氮桥（—N═$\mathrm{N(O)}$—）等基团可获得高爆速爆压、高标准生成焓、良好的氧平衡、氮氧含量高、能量密度高、耐热性能好的目标物。用相关理论研究和实验测得数据计算其标准生成焓可以得出，引入硝氨基（—$\mathrm{NHNO_2}$）可以使得其化合物的标准生成焓提高 $307\mathrm{kJ/mol}$。目前，国内外对呋咱氮杂环含能化合物的研究主要有单呋咱、链状呋咱、大环呋咱及稠环呋咱化合物。

7.2 单呋咱化合物

单呋咱化合物是只含有一个呋咱环结构的化合物，在呋咱类化合物中是最简单、最基本的化合物，其本身可作为含能材料，也可作为其他呋咱衍生物的原料。3,4-二氨基呋咱（DAF）、3-氨基-4-硝基呋咱（ANF）和 3,4-二硝基呋咱（DNF）为最典型的、也为最常见的单呋咱化合物。

7.2.1 3,4-二氨基呋咱（DAF）的性质及合成工艺

1. DAF 的性质

DAF 又称为 3,4-二氨基 1,2,5 噁二唑，为白色至略米色结晶粉末，相对分子质量为 $100.08\mathrm{g/mol}$。结构式如下：

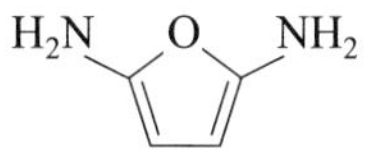

DAF

DAF 密度为 $1.582\mathrm{g/cm^3}$，熔点 $179\sim180℃$，沸点 $(304.0\pm45.0)℃$（标准大气压条件下），折射率 1.621，闪光点 $137.7℃$。爆速达 $9.43\mathrm{km/s}$，爆压 $41.9\mathrm{GPa}$。

2. DAF 的合成工艺

1968 年 Coburn 首次合成出 DAF 后的十几年间，DAF 的合成方法[如反应式(7-1)所示]虽然较多，但所用试剂危险或成本较高，从而阻碍了呋咱化学的进展。

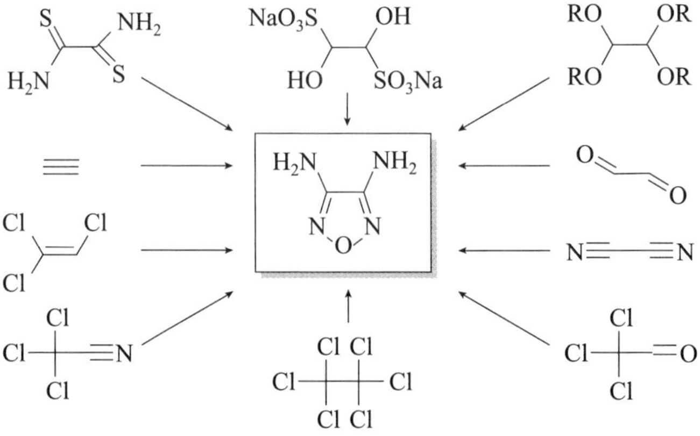

$$(7-1)$$

1995 年美国新奥尔良大学 Gunasekaran 等人探索了以一种市售羟胺经 3,4 -二氨基乙二肟(DAG)成功合成 DAF 的方法，如反应式(7-2)所示，使得一系列呋咱化合物的合成成为可能，开辟了呋咱化合物的新前景。

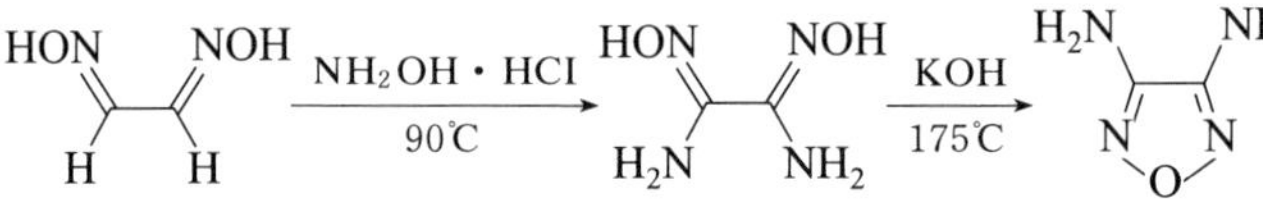

$$(7-2)$$

目前合成 DAF 均经由 3,4 -二氨基乙二肟(DAG)分子内脱水成环，一般合成 DAF 主要有三种方法，黄明等人对这三种方法做了较为详细的归纳。

一步法[反应式(7-3)]：在常压下将 40% 乙二醛、盐酸羟胺、氢氧化钠、水，尿素一锅煮回流，加入尿素提高回流温度至 105℃ 左右，粗品得率 43%。

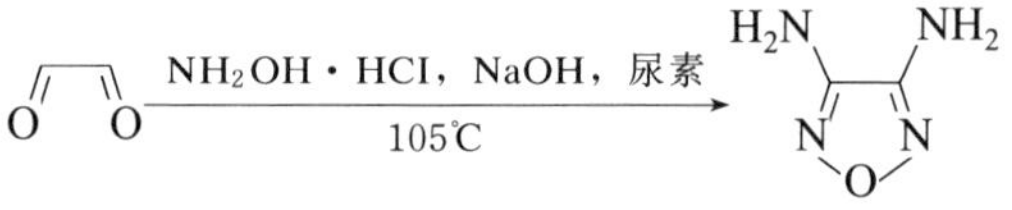

$$(7-3)$$

二步法[反应式(7-4)]：首先在常压下将 40% 乙二醛、盐酸羟胺、氢氧化钠、水于 90℃ 合成 3,4 -二氨基乙二肟(DAG)，再将 DAG、尿素和水在 110℃ 回流得到 DAF。整个过程以乙二醛计总得率为 11%。

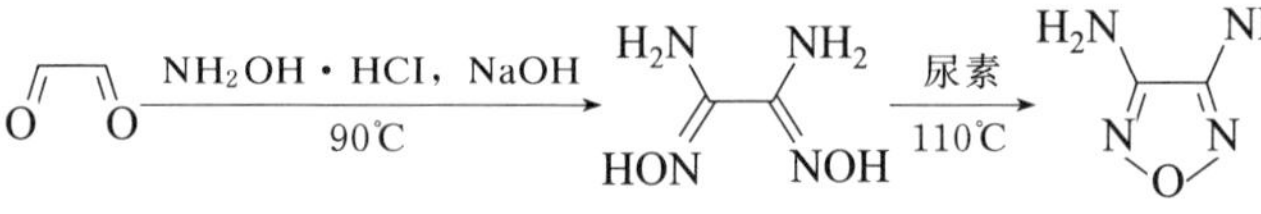

$$(7-4)$$

三步法[反应式(7-5)]：首先常压下将乙二醛、盐酸羟胺以及等摩尔的氢氧化钠在 40℃ 反应合成乙二肟；乙二肟、氢氧化钠和盐酸羟胺于 90℃ 反应合成 DAG；最后在高压釜中将 DAG 于 170℃ 在碱性氢氧化钾环境下脱水成环合成 DAF。整个过程以乙二醛计总得率为 39%。

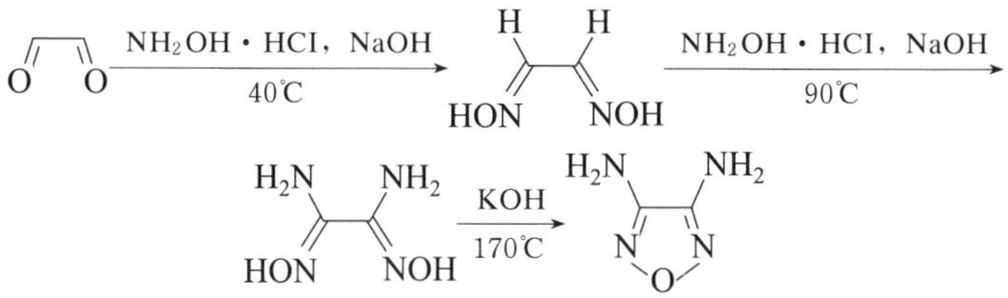

$$(7-5)$$

2008 年葛忠学、王锡杰等人继续改进了 DAF 的一锅法合成工艺条件，改回流装置为蒸馏装置，反应过程中蒸出 NH_4Cl 水溶液，同时引入尿素提高了回流温度，有利于反应的正向进行，大大缩短了反应时间，并且也大大提高了一锅法合成 DAF 的得率，得率可达到 56.4%。

7.2.2　3-氨基-4-硝基呋咱(ANF)的性质及合成工艺

1. ANF 的性质

ANF 又称为 4-氨基-5 硝基呋咱，为亮黄色晶体，其相对分子质量为 130.06g/mol，它的结构式如下：

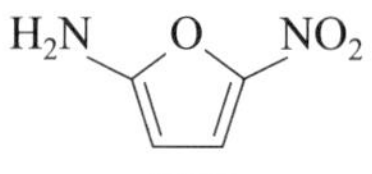

ANF 密度为 $(1.786 \pm 0.06)g/cm^3$（20℃，760Torr 条件下），熔点 122.5～123℃，沸点 (337.9 ± 45.0)℃（压力 760Torr 的条件下），折射率 1.618，闪光点 158.1℃。它的爆速为 8.38km/s，爆压为 30.52GPa。

2. ANF 的合成工艺

呋咱环上的氨基碱性较弱，在呋咱环的电子作用下被严重钝化，因此将呋咱环上的氨基官能团氧化是往呋咱环上引入硝基官能团的唯一方法。氨基呋咱的氧化条件比较苛刻，目前国内外合成 ANF 的氧化体系主要有以下几种。

1) $H_2SO_4/H_2O_2/(NH_4)_2S_2O_8$

1994 年 Novikova 等人使用以硫酸为介质的 H_2O_2 与 $(NH_4)_2S_2O_8$ 混合物为氧化剂氧化 DAF 获得 ANF，得率为 35%。这是合成 ANF 最基本的氧化体系，其主要的缺点是硫酸的使用使反应温度和速度极难控制，在很多情况下难以得到目标产物，重现性比较差。

2) $H_2O_2/H_2SO_4/NaWO_4$

1998 年 Alexander K. Zelenin 以 50%高浓度过氧化氢为氧化剂，钨酸钠-浓硫酸为共催化剂，反应 18h 得到 ANF，效率较低，得率为 35%。

3) H_2O_2/草酸/NaWO_4

2007 年张君启以 3,4-二氨基呋咱为原料,过氧化氢为氧化剂,以钨酸钠-草酸为共催化剂,代替传统合成方法的过氧化氢/硫酸/过硫酸铵混合物,合成了 3-氨基-4-硝基呋咱,得率可达 33.7%。改进后的合成方法具有操作简单、反应条件温和、反应周期短、成本低等优点。

4) CH_3SO_3H/H_2O_2/NaWO_4

2009 年李洪珍改进了 ANF 合成工艺,通过引进甲烷磺酸代替草酸,用新的氧化体系过氧化氢/甲烷磺酸/钨酸钠混合物[H_2O_2/Na_2WO_4/CH_3SO_3]氧化DAF,以 65% 的得率获得了 ANF。CH_3SO_3H 的使用可以很好地控制反应温度和速度,且具有较强的选择氧化性,采用该氧化体系可使 ANF 的收率达到65%。反应过程如反应式(7-6)所示。

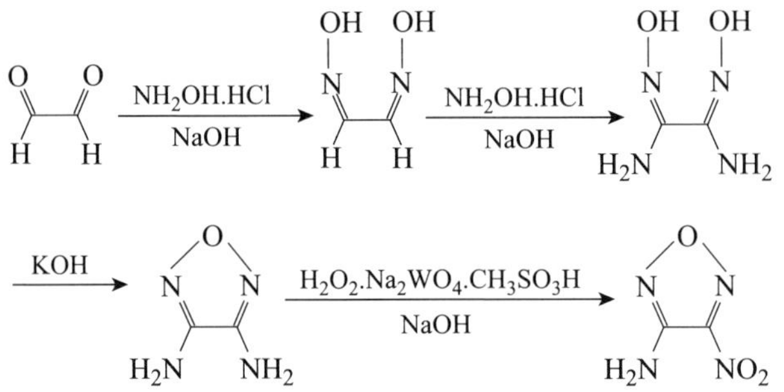

$$(7-6)$$

7.2.3　3,4-二硝基呋咱(DNF)性质及合成工艺

1. DNF 的性质

DNF 的相对分子质量为 160.05g/mol,其结构式如下:

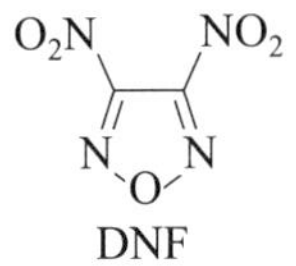

DNF 密度为 (1.943 ± 0.06)g/cm^3(20℃,760Torr 条件下),熔点 -15℃,沸点 168℃,爆速为 9.5km/s。

2. DNF 的合成工艺

1994 年俄罗斯研究者首次采用 93% H_2O_2、H_2SO_4、Na_2WO_4 混合氧化剂成功合成出高能量密度化合物 DNF;2008 年葛忠学等人采用"一步法"氧化合成工艺,以 50% H_2O_2 为氧化剂,H_2SO_4 与 Na_2WO_4 或 $(NH_4)_2S_2O_8$ 为助氧化剂反应,由 DAF 合成出 DNF,得率为 62.5%;2011 年任华平等人以 50% H_2O_2

为氧化剂，$(C_8H_{15}N_2)_4W_{10}O_{23}$ 为催化剂，氧化 DAF 得到 DNF，得率为 58%。

7.3 二呋咱化合物

二呋咱含能化合物是以桥接基团将两个呋咱环有效地连接在一起的化合物，典型的桥接基团主要有偶氮基(—N＝N—)、氧化偶氮基(—N(O)＝N—)、硝氨基(—NNO₂—CH—NNO₂—)、氧原子(—O—)等，也可以不用桥接基团直接进行相连。目前国内外研究很热门且爆炸性能优良的二呋咱化合物主要是以偶氮基或氧化偶氮基桥接的含能化合物，最常见的二呋咱化合物有 3,3'-二氨基-4,4'-偶氮呋咱(DAAF)及 3,3'-二氨基-4,4'-氧化偶氮呋咱(DAOAF)。由于 DAAF 和 DAOAF 对摩擦、撞击及火花等钝感，在钝感含能材料领域中有很重要的意义。

表 7-1 列出了俄罗斯、美国等国已经成功合成出的主要二呋咱化合物及其性能。

表 7-1　二呋咱化合物物理性能和爆轰性能

名称	生成焓/(kJ·mol⁻¹)	密度/(g·cm⁻³)	爆速/(km·s⁻¹)	爆压/GPa
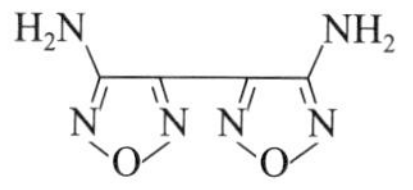 二呋咱（—NH₂/—NH₂）	342	1.65	7.11	21.24
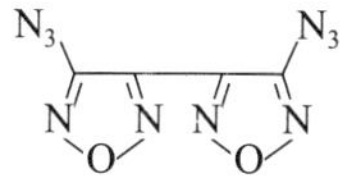 二呋咱（—N₃/—N₃）	1039	1.75	8.08	28.45
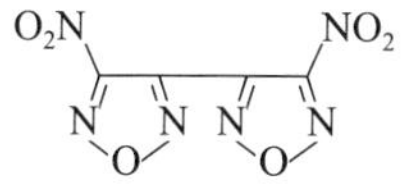 二呋咱（—NO₂/—NO₂）	421	1.92	8.98	37.13
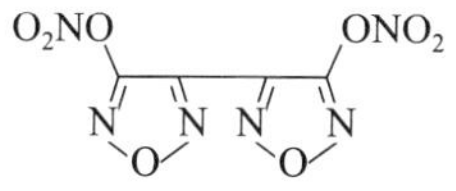 二呋咱（—ONO₂/—ONO₂）	281	1.96	9.32	40.51
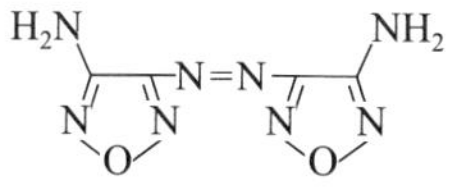 偶氮桥（—NH₂/—NH₂）	498	1.73	7.6	26.2
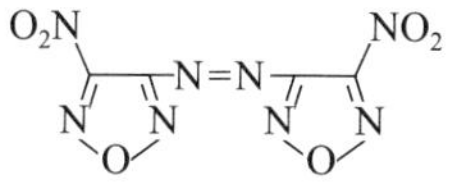 偶氮桥（—NO₂/—NO₂）	703	1.84	9.7	18.7
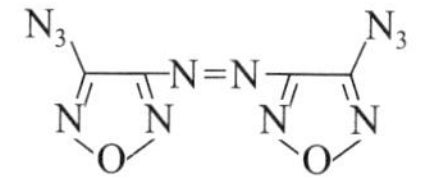 偶氮桥（—N₃/—N₃）	1362	1.75	8.37	30.59

（续）

名称	生成焓/(kJ·mol^{-1})	密度/(g·cm^{-3})	爆速/(km·s^{-1})	爆压/GPa
（结构式：O_2NO—呋咱—N=N—呋咱—ONO_2）	567	1.93	9.41	40.92
（结构式：H_2N—呋咱—N=N(→O)—呋咱—NH_2）	423	1.82	8.032	29.9
（结构式：O_2N—呋咱—N=N(→O)—呋咱—NO_2）	694	1.91	9.8	45.6
（结构式：O_2N—呋咱—N=N(→O)—呋咱—NO_2）	675	1.93	9.35	40.31
（结构式：O_2N—氧化呋咱—N=N(→O)—氧化呋咱—NO_2）	668	2.02	10.2	—

7.3.1　3,3'-二氨基-4,4'-偶氮呋咱(DAAF)及其衍生物的性质及合成工艺

1. DAAF 的性质

DAAF 为橙黄色粉末，相对分子质量为 196.13g/mol，其结构式如下：

（结构式：H_2N—呋咱—N=N—呋咱—NH_2，标注 DAAF）

DAAF 密度为 1.70g/cm^3，熔点 325～326℃，沸点(515.6±60.0)℃（压力 760Torr 的条件下）。DAAF 爆速为 7.6km/s，爆压为 26.2GPa。它具有较好的性能，不仅耐热性能好，而且具有标准生成焓高、临界直径小以及感度低等特点。由于它的这些性质都要优于 HNS，可以预测 DAAF 有潜力成为良好的钝感炸药。但是 DAAF 也具有真空热安定性差的缺点，即放气量大于 5mL/g，因此不能单独作为推进剂组分。

2. DAAF 的合成工艺

国内外对 DAAF 的制备主要有以下两种方法。

（1）氧化法：用高锰酸钾，过硫酸按等氧化剂氧化 DAF，得到的产物为含有 3,3'-二氨基-4,4'-偶氮呋咱（DAAF）和 3,3'-二氨基-4,4'-氧化偶氮呋咱（DAAzF）的混合物。不同氧化剂的得率不同，高锰酸钾氧化效果最好，得率为 52%。见反应式（7-7）。

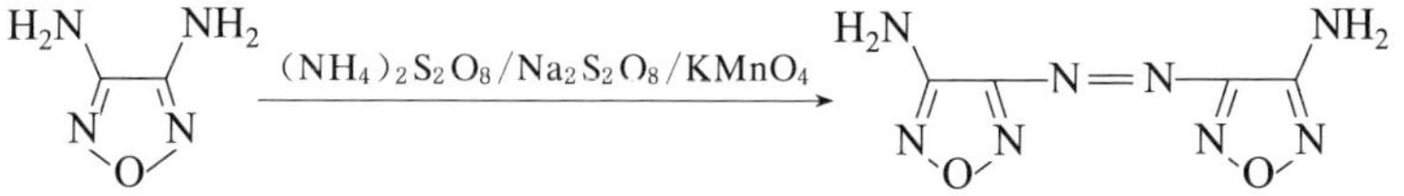

$$\text{（7-7）}$$

（2）还原法：在甲醇溶液中用锌粉还原 3,3'-二氨基-4,4'-氧化偶氮呋咱（DAAzF）得到 3,3'-二氨基-4,4'-氢化偶氮呋咱（DAHAF），然后用空气将 DAHAF 氧化为 DAAF。这种方法反应步骤长，效率低，得率也不高。见反应式（7-8）。

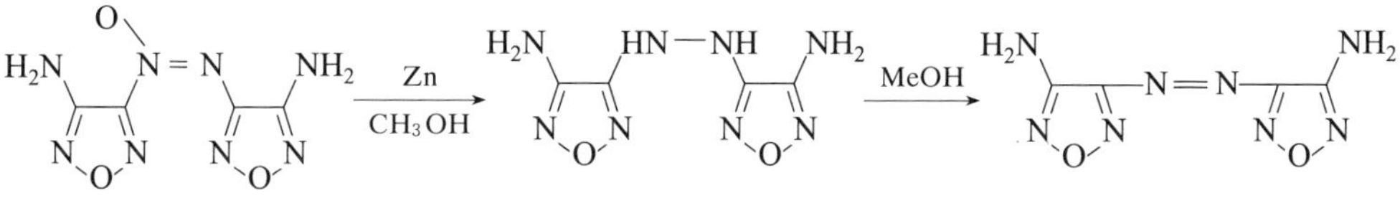

DAOAF   DAHAF   DAAF （7-8）

7.3.2 3,3'-二氨基-4,4'-氧化偶氮二呋咱（DAOAF）及其衍生物的性质及合成工艺

1. DAOAF 的性质

3,3'-二氨基-4,4'-氧化偶氮呋咱（DAOAF）为橙黄色粉末，相对分子质量为 332g/mol，其结构式如下：

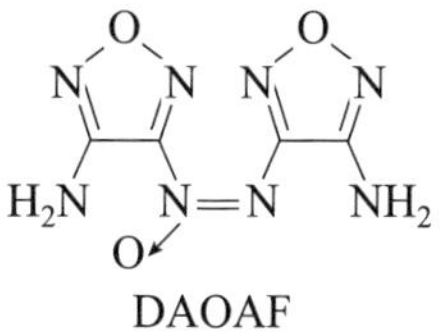

DAOAF

DAOAF 晶体密度为 $1.747g/cm^3$，比 DAAF 高，在丙酮/水体系中重结晶可得到较大的晶体颗粒，虽然其生成焓低于 DAAF（442.6kJ/mol），但其爆轰性能优于前者，感度和 DAAF 相当。DAOAF 的爆速 $D = 8.02km/s$，爆压 $P_{C-J} = 29.9GPa（\rho = 1.69g/cm^3）$，其爆轰性能比 DAAF 和 HNS 都要好。据美国洛斯·阿拉莫斯国家实验室报道，其生成焓为 442.6kJ/mol。热失重试验表明，DAOAF 最大失重速率峰为 261.2℃，由于其分解点高（259℃），且具有和 DAAF 同样钝感的性质，可望作为爆轰性能良好的耐热炸药使用。

2. DAOAF 的合成工艺

DAOAF 首先由 Solodyuk 等人于 1981 报道，Solodyuk 用一系列的氧化剂氧化 DAF，氧化产物含有 4 种组分[反应式(7-9)]，其中生成的 ANF 含量虽然不多，但严重影响 DAOAF 的热稳定性；有人报道用浓硫酸和 30% 的双氧水为氧化剂，实验发现，通过改变 DAOAF 的合成规模、酸的滴加速度和 H_2O_2 的用量等实验条件，DAOAF 的纯度(大于 95%)和收率变化较小。2000 年 Francois 等人发布了 DAOAF 的爆炸性能、撞击感度和摩擦感度，表明 DAOAF 可作为一种高能化合物。2009 年 Elizabeth G Francois 报道用 Oxone 氧化 DAF，DAF∶Oxone＝1∶2，以 84% 的得率得到 DAOAF。

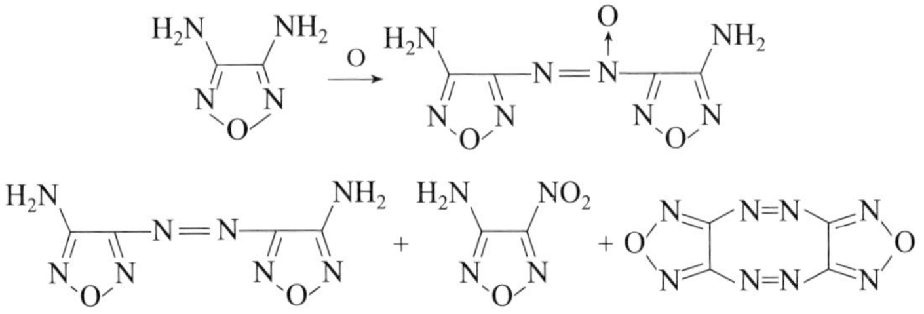

$$(7-9)$$

目前，文献报道的合成方法大都是以 3,4-二氨基呋咱为反应物，在浓硫酸或甲基硫酸中用 50% 双氧水氧化得到 DAOAF。反应温度控制较严格(18～20℃)，反应时间比较长(＞20h)，得率较低(10% 左右)，粗产物里还含有部分 3,3'-二氨基-4,4'-偶氮呋咱(DAAF)。见反应式(7-10)。

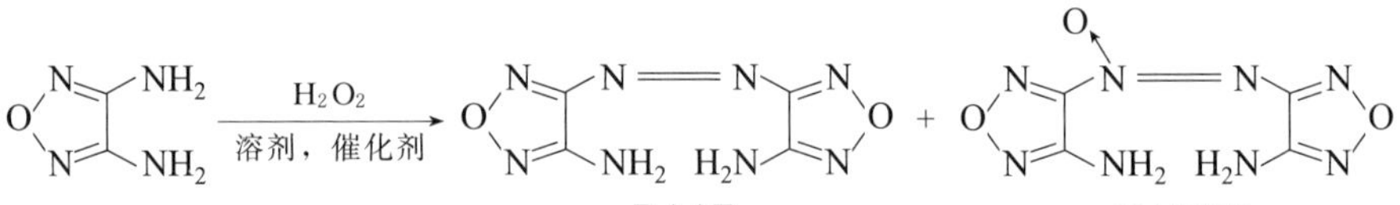

$$(7-10)$$

2013 年，陈树森、吴敏杰等人发现了一种合成 DAOAF 的新方法，他们以 3,4-二氨基呋咱 DAF 为原料，经过中间体 3-氨基-4 甲酰胺基呋咱或 3,4-二甲酰胺基呋咱，以 1,4-二氧六环为溶剂，30% 双氧水为氧化剂，加热回流 4h，得到产物 3,3'-二氨基-4,4'-氧化偶氮呋咱(DAOAF)，得率分别为 97% 或 89%。见反应式(7-11)。

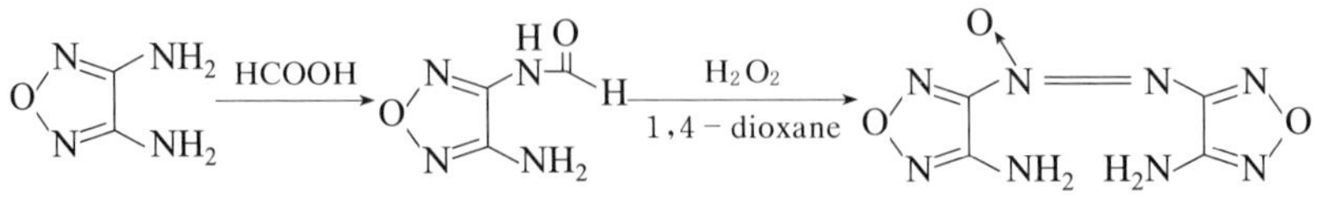

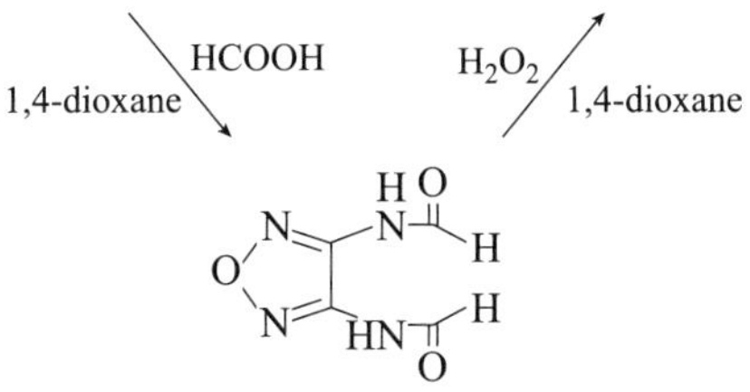

$$\xrightarrow[\text{1,4-dioxane}]{\text{HCOOH}} \quad \xrightarrow[\text{1,4-dioxane}]{\text{H}_2\text{O}_2}$$

(7-11)

7.3.3 3,3'-二硝基-4,4'-氧化偶氮二呋咱(DNOAF)及其衍生物的性质及合成工艺

1. DNOAF 的性质

此化合物简称为二硝基氧化偶氮呋喃,分子式为 $C_4H_8O_7$,相对分子质量为 272.12,其结构式如下:

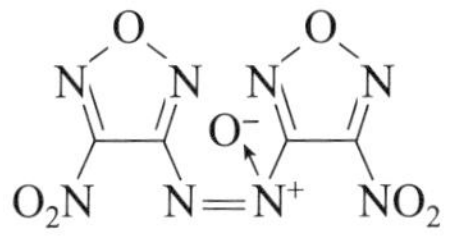

DNOAF

氧平衡为 -5.88%,标准生成焓 670kJ/mol,熔点约为 120℃,热分解放热峰温 170℃,撞击感度的特性落高(5kg 落锤)7cm,计算爆速为 9.41km/s,爆压为 41GPa。以 DNOAF 取代 NEPE 中的 HMX,与以 HNIW 取代 HMX 对推进剂的能量贡献相近。

2. DNOAF 的合成工艺

DNOAF 可用二氨基呋咱为原料,先合成二氨基氧化偶氮呋咱(DAOAF)或二氨基偶氮呋咱,再将后者氧化制得,也可由二氨基呋咱一步合成,但一步法得率很低,见反应式(7-12)。

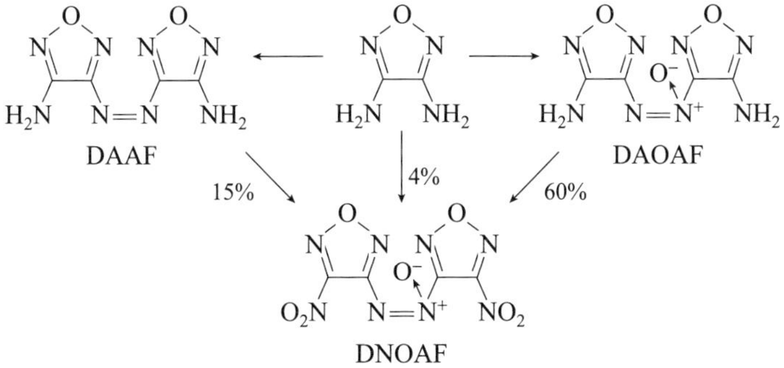

DAAF   DAOAF

15%   4%   60%

(7-12)

DNOAF

7.3.4　3,4-二硝基呋咱基氧化呋咱(DNTF)的性质及合成工艺

1. DNTF 的性质

DNTF 又称为双(硝基呋咱基)氧化呋咱，为白色结晶，其结构式如下：

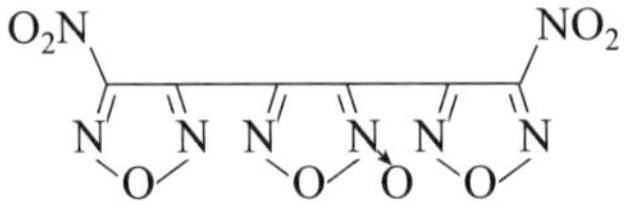

DNTF

DNTF 密度为 1.937g/cm^3，熔点 109～110℃，沸点(304.0±45.0)℃(压力 760 Torr 的条件下)，折射率 1.621，闪光点 137.7℃。溶于丙酮和醋酸，不溶于水，理论爆速 9.25km/s，实测爆速 8.93km/s(ρ=1.860g/cm^3)，撞击感度 94%(10kg，25cm)，摩擦感度 12%(3.92 MPa，92°)，100℃ 48h 气态产物生成量 0.42mL/5g，爆热 5.79MJ/kg，做功能力 168%(TNT 当量)。DNTF 可与 TNT 形成低共熔物，最低共熔点为 60℃。DNTF 的特点是能量水平较高，熔点高，热稳定性好，感度适中，合成工艺简单，成本较低。

2. DNTF 的合成工艺

2005 年，Aleksei B. Sheremetev、Elena A. Ivanova 等人发布了一种以 3-氨基-4-甲基呋咱为原料合成 DNTF 的三步法工艺，总收率约为 20%。工艺路线如反应式(7-13)。

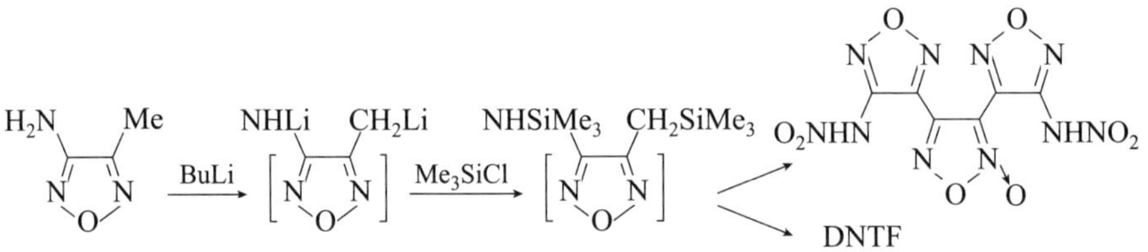

$$(7-13)$$

国内西安近代化学研究所和中国工程物理研究院化工材料研究所分别实现了 DNTF 的合成。西安近代化学研究所设计了以丙二腈为原料合成 DNTF 的合成方法，并于 2002 年申请了国防发明专利。2005 年，俄罗斯发布了以 3-氨基-4-甲基呋咱为原料，三步法合成 DNTF 的方法。周彦水等人发布了以丙二腈为原料，经亚硝化、重排、肟化、脱水环化、分子间缩合环化以及氧化等反应合成出 DNTF 的工艺，总收率为 43%，合成路线如反应式(7-14)。

$$(7-14)$$

参考文献

[1] 李加荣.呋咱系列含能材料的研究进展[J].火炸药学报,1998,21(3):56-59.

[2] PAGORIA P F,LEE G S,MITCHELL A R,et al.A review of energy materials synthesis[J].Themochimica Acta,2002,384(1):187-204.

[3] BADGUJAR D M,TALAWAR M B,ASTHANA S N,et al.Advances in science and technology of modernenergetic materials:an overview[J].Journal of Hazardous Materials,2008,151(2):289-305.

[4] 高莉,杨红伟,汤永兴,等.偶氮及氧化偶氮呋咱化合物的合成与表征[J].火炸药学报,2013(1):47-51.

[5] 柳沛宏,曹端林,王建龙,等.3,4-二氨基呋咱及其高能量密度衍生物合成研究进展[J].化工进展,2015,34(5):1357-1364.

[6] FRANCOIS E G,CHAVEZ D E,SANDSTROM M M.The Development of a New Synthesis Process for 3,3'-Diamino-4,4'-azoxyfurazan(DAAF)[J].Propellants,Explosives,Pyrotechnics,2010,35(6):529-534.

[7] BENNION J C,SIDDIQI Z R,MATZGER A J.A melt castable energetic cocrystal[J].Chemical Communications,2017,53(45):6065-6068.

[8] 高莉.呋咱类含能化合物的合成研究[D].南京:南京理工大学,2013.

[9] 李洪珍,周小清,李金山,等.3-氨基-4-硝基呋咱和3,3'-二硝基-4,4'-偶氮呋咱的合成研究[J].有机化学,2008,28(9):1646-1648.

[10] SHERERNETEV A B,IVANOVA E A,SPIRIDOMVA N P,et al.Desilylative nitration of C,N-disilylated 3-amino-4-rnethylfurazan[J].Journal of heterocyclic chemistry,2005,42(6):1237.

[11] 范艳洁,王伯周,周彦水,等.3,3'-二氰基-4,4'-偶氮呋咱(DCAF)合成及晶体结构[J].含能材料,2009,17(4):385-388.

[12] 李战雄,唐青松,欧育湘,等.呋咱含能衍生物合成研究进展[J].含能材料,2002,

10(2):59 - 65.

[13] PAGORIA P F, LEE G S, MITCHELL A R, et al. A Review of Energetic Materials Synthesis[J]. ThermochimicaActa,2002;384(1):187 - 204.

[14] 王小旭,张勇,黄明,等. 高纯3,3'-二氨基-4,4'-氧化偶氮呋咱（DAOAF）的合成工艺[J]. 含能材料, 2017, 25(10): 838 - 842.

[15] LUK'YANOV O A, PARAKHIN V V, POKHVISNEVA G V, et al. 3 - Amino - 4 - (α - nitroalkyl - ONN - azoxy) furazans and some of their derivatives[J]. Russian Chemical Bulletin, 2012, 61(2): 355 - 359.

[16] 王小旭. 百克级高纯 DAOAF 的合成技术及工艺研究[D]. 绵阳:西南科技大学, 2018.

[17] KOCH E C. Insensitive High Explosives Ⅱ: 3, 3' - Diamino - 4, 4' - azoxyfurazan（DAAF）[J]. Propellants, Explosives, Pyrotechnics, 2016, 41 (3): 526 - 538.

[18] GUNASEKARAN A, JAYACHANDRAN T, BOYER J H, et al. A Convenient Synthesis of Diaminoglyoxime and Diaminofurazan: Useful Precursors for the Synthesis of High Density Energetic Materials[J]. Journal of Heterocyclic Chemistry, 1995,32(4):1405 - 1407.

[19] 黄明,李洪珍,李金山.3,4 - 二氨基呋咱的三种简便合成方法[J].含能材料, 2006,14(2):114 - 115.

[20] KAKANEJADIFARD A, FARNIA S M, NAJAFI G. A Modified - One Pot Synthesis of Diaminoglyoxime[J]. Iranian Journal of Chemistry & Chemical Engineering,2004,23(1):117 - 118.

[21] 李战雄,唐松青,刘金涛,等. 3,4 - 二氨基呋咱 500 克级合成[J].含能材料, 2001,10(2):72 - 73.

[22] ZELENIN A K, TRUDELL M L. A Two-step Synthesis of Diaminofurazan and Synthesis of N-monoarylmethyl and N, N'diarylmethyl Derivatives[J]. Jouмal of Heterocyclic Chemistry, 1997,34(3):1057 - 1060.

[23] 葛忠学,王锡杰,姜俊,等.3,4 - 二硝基呋咱的合成[J].合成化学,2008,16(3): 260 - 263.

[24] REN X N, LIU Z R, WANG X H, et al. Investigation on the Flash Thermolysis of 3,4-Dinitrofurazan-furoxan by T-Jump/FTIRSpectroscopy[J]. Acta Physico-Chimica Sinica, 2010, 26(3): 547 - 551.

[25] 李亮亮,王江宁,刘子如. DNTF 含量对改性双基推进剂动态力学性能的影响 [J]. 含能材料,2010, 18(2): 174 - 179.

[26] NOKIVOA T S, MELNIKOVA O V, et al. An effective method for the oxidation of aminofurazans to nitrofurazans[J]. Mendeleev Communication, 1994,(4):138 – 140.

[27] ZELEIN A K, TRUDELL M L, GILARDI R D. Synthesis and Structure of Dinitroazofurazan [J]. Journal of Heterocyclic Chemistry, 1998, 35(1): 151 – 155.

[28] 张俊启,张炜,朱慧,等. 一种改进的 3 – 氨基 4 – 硝基呋咱合成方法[J]. 含能材料,2007,15(6):577 – 579.

[29] 李洪珍,李金山,黄明,等. 氨基呋咱氧化为氨基硝基呋咱的合成研究[J]. 有机化学,2009,29(5): 798 – 801.

[30] REN H P, LIU Z W, LU J, et al. The [Bmim]$_4$W$_{10}$O$_{23}$ catalyzed oxidation of 3,4 – diaminofurazan to 3, 4 – dinitrofurazan in hydrogen peroxide [J]. Industrial&Engineering Chemistry Research, 2011,50(11): 6615 – 6619.

[31] GUNASEKARAN A, TRUDELL M L, BOYER J H. Dense energetic compounds of C, H, O and N atoms[J]. Heteroatom Chemistry, 1994,5(5): 441 – 446.

[32] CHAVEZ D, HILL L, HISKEY M. Preparation and explosive properties of azo- and azoxy-furazans[J]. Journal of Energetic Materials, 2000, 18(2): 219 – 236.

[33] 李战雄. 几种呋咱含能衍生物的性能研究[J]. 含能材料,2005,13(2):90 – 93.

[34] SOLODYUK G D,BOLYDREV M D,GIDASPOV B V, et al. Oxidation of 3,4 – Diaminofurazan by Some Peroxide Reagents[J]. ChemInform,1981,17(4):861 – 865.

[35] 黄明,李洪珍,黄奕刚,等. 呋咱类含能材料合成进展[J]. 含能材料,2004,12(z1):73 – 78.

[36] FRANCOIS E G, CHAVEZ D E,SANDSTROM M M. The Development of a New Synthesis Process for 3,3' – Diamino – 4,4' – azoxyfurazan(DAAF)[J]. Propellants,Explosives,Pyrotechnics,2009,35(6):529 – 534.

[37] CHAVEZ D E, FRANCOIS E G. Preparation of 3,3' – Diamino – 4,4' – azoxyfurazan,3,3' – Diamino – 4,4' – azofurazan, and Pressed Articles:US, 0306355[P].2009.

[38] 吴敏杰,陈树森,等. 一种合成 3,3'-二氨基-4,4'-氧化偶氮呋咱的新方法[J]. 含能材料,2013,21(2):273 – 275.

[39] 周彦水,王伯周,等. 3,4 –双(4'-硝基呋咱-3'-基)氧化呋咱合成、表征与性能研究[J]. 化学学报,2011,69(14):1673 – 1680.

[40] 林智辉,高莉,李敏霞,等. 几种呋咱类含能化合物的合成,热行为及理论爆轰性能预估[J]. 火炸药学报, 2014, 37(3): 6 – 10.

[41] 王晶禹,李旭阳,武碧栋,等. 3,3'-二氨基-4,4'-氧化偶氮呋咱(DAAF)的合成、

细化和热分析[J].火炸药学报,2019,42(03):232-235.

[42] 孟俞富,王小旭,张勇,等.3,3'-二氨基-4,4'-偶氮呋咱的合成及纯化[J].火炸药学报,2018,41(06):549-553.

[43] 李静.3,4-二氨基呋咱衍生物的合成、结构及性质研究[D].西北大学,2018.

[44] 王小旭,张勇,黄明,等.高纯3,3'-二氨基-4,4'-氧化偶氮呋咱(DAOAF)的合成工艺[J].含能材料,2017,25(10):838-842.

[45] 刘燕,安崇伟,王晶禹.3,3'-二氨基-4,4'-氧化偶氮呋咱的合成[J].合成化学,2016,24(10):899-902.

[46] 贾青.DNTF 中间体的合成反应研究[D].北京:北京理工大学,2015.

[47] 张寿忠,冯晓晶,朱天兵,等.新型含能材料呋咱类化合物的研究进展[J].化学推进剂与高分子材料,2013,11(02):1-5.

第8章
其他含能化合物

现代武器弹药的迅速发展对含能材料的性能提出了新的要求，钝感和超高能含能材料的研发能够提高武器装备的性能，在国防工业中发挥着重要的作用。在武器装备的实际应用中，炸药、发射药和推进剂等均为混合含能材料，因此其他类型的含能化合物也是不可或缺的。其他含能化合物按照功能不同可分为黏合剂、增塑剂、氧化剂、燃烧剂、安定剂、催化剂、键合剂、固化剂等。从1863 年 TNT 的合成到 1987 年 CL－20 的成功研制，含能材料的爆炸能量提高缓慢，目前这些含能材料的复合是发展钝感、超高能含能材料的有效途径。多年以来，国内外的科学家在其他含能材料的研发方面进行了不懈的努力并取得了不错的成果，研制出了全氮含能化合物、含能离子液体、含能氧化剂等不同类型的新型含能化合物，极大地促进了含能材料学科的发展。本章对其中较为典型的几类其他含能化合物进行了介绍。

8.1 全氮含能化合物

8.1.1 概述

全氮含能化合物作为一种高能量密度化合物，深受人们的关注。人们期望将其应用在推进剂和炸药当中，以获得更远的射程和更大的毁伤威力。全氮类物质只含有 N 元素，其分解产物为极其稳定和清洁的 N_2，因而全氮分子中蕴含着巨大的能量，同时爆炸后不产生有害物质，因而被称为"绿色含能材料"。由于氮的电负性(3.04)仅次于 F 元素(3.98)和 O 元素(3.44)，能形成较强的化学键，即全部或部分由氮元素组成的全氮类衍生物具有一定的稳定性。相对于传统的 C、H、N、O 类含能材料，全氮物质密度高、生成焓高、能量高、爆轰产物无污染，有望成为下一代超高能含能材料而被广泛用作炸药、推进剂、发射药、烟火剂等武器弹药的核心能源，极大地提高武器的效能。

全氮类物质主要包括离子型、共价型和聚合氮三类。随着研究的深入，人们逐渐发现、认识并合成出一些全氮物质及全氮衍生物。相关的研究工作主要集中在两个方面：一是理论上的设计和预估，二是实验室层面的合成。

1772 年 Rutherford 首先在其论文中报道了氮气，与此同时，Scheele、Cavendish 和 Priestley 也独立地报道了氮气。这是一种非常稳定的物质，其键长 1.10Å，振动拉伸频率 2359cm^{-1}，键能 954kJ/mol。在自然界中不难检测到这种全氮物质，地球的大气中氮气占了 79%。然而，比氮气分子更大的全氮分子(N_n，$n>2$)并没有在自然界中被检测到，也很少在实验室中被提取或者合成出来。究其原因，如表 8-1 所示的氮氮单、双、三键的键能可以简单地予以解释。

表 8-1　氮氮单、双、三键的键能表

氮氮键类型	N—N	N=N	N≡N
键能/(kJ·mol^{-1})	160	418	954

如表中数据，氮气中三键的键能(954kJ/mol)要比 3 个单键($3\times160=480$kJ/mol)或者 1.5 个双键($1.5\times418=627$kJ/mol)的键能大得多，根据能量最低原则，全氮物质的分子倾向于分解成 N_2 分子。这就解释了为何自氮气发现后 200 多年来，仅有极少量的氮同素异形体在实验中被观测到。

过去 30 余年的理论计算工作，中外学者评估了众多可能的 N_n 分子($n=3\sim60$)的结构和稳定性。尽管这些 N_n 分子与 N_2 之间都有很高的势能差，表现出极高的能量水平，但其中仅有一部分氮同素异形体有着独特的性质而脱颖而出，成为高能量密度材料的候选分子。这些独特的性质包括明显的分解能垒、相对长的寿命、在实验室可提取或合成以及由此带来的实用可能性。

与丰富的理论计算和预估结果相对，至今仍然没有一种简单且普通的方法来合成这些分子。虽然有个别的报道，但多数是仅在谱图上被检测到的仅以纳秒量级、甚至更短时间存在的某一不稳定状态，还有一部分报道甚至难以重复。

1864 年化学家 Philos 制备出叠氮酸，1890 年 Curtius 和 Radenhausen 发现了第一种全氮离子——叠氮阴离子 N_3^-，引发轰动，这是理论意义上的第一种全氮物质。1907 年 Dennis 和 Isham 分离出大量的 HN_3 并对其性质进行了研究。此后，由于高吸热性导致的不稳定和不可预知的爆炸性给全氮含能化合物的合成带来了挑战，只有那些具有明显分解能垒的亚稳态全氮含能化合物才能较稳定地存在于环境中，具有实际的使用价值，全氮物质的合成工作因此一度止步不前。

不过可喜的是，过去的 20 年间，全氮类物质的实验报道多了 2 倍。1999 年 Christe 及其同事报道了稳定存在于 $N_5^+ AsF_6^-$ 盐中的 N_5^+ 离子。2001 年，更加稳定的 $N_5^+ SbF_6^-$ 被合成出来，$N_5^+ Sb_2 F_{11}^-$ 的晶体结构也被确定。2002 年，Cacace 等人观测到了寿命大于 $1\mu s$ 的 N_4 氮同素异形体。与此同时，Christe 团队又通过碰撞诱导解离对 - 五唑苯酚阴离子检测到了环状 N_5^- 的存在。2003 年，Hansen 和 Wodtke 报道了环状 N_3 存在的证据，之后的一些实验和理论计算工作再次证明了环状 N_3 的存在。2004 年，Christe 及其同事又将 N_5^+ 与其他一些阴离子结合，制备并表征了 $N_5^+ [P(N_3)_6]^-$、$N_5^+ [B(N_3)_4]^-$、$N_5^+ [HF_2]^-$ · nHF、$N_5^+ [BF_4]^-$ 等多个 N_5^+ 盐。实验中不到 500mg 的 $N_5^+ [P(N_3)_6]^-$ 盐将 Teflon - FEP 安瓿炸坏的情景轰动了全世界，被称作盐粒炸弹。2007 年，Christe 及其同事通过在无水 HF 溶液中使 $[NF_2O]^+$ 与 HN_3 反应，得到了线性 N_4^+ 阳离子的衍生物——$[N_3 NFO][SbF_6]$ 盐。

可以预测，在科技工作者的不懈努力下，全氮含能化合物终将实现，这将带来武器装备性能质的飞跃。

8.1.2 全氮含能化合物的性质及合成工艺

全氮含能化合物是含能材料界十分前沿的课题，很多优秀的科学家以极强的兴趣和极大的精力投入到全氮含能化合物的研究中，无论是理论上还是实验层面都取得了丰硕成果。但是，需要特别强调的是，目前全氮含能化合物还处于科学探索阶段，没有任何投入实际生产和使用的报道。因此，本节在内容上做一调整，着重介绍各种全氮含能化合物在实验室中的制备；由于研究的不透彻、能量高、不稳定等因素，一些新型的全氮含能化合物的性质得不到充分地表征，本节也只能做一简单介绍。

注意：全氮物质能量高，且性质研究不够深入，可能引发严重的爆炸事故。实验中必须做好安全防护(佩戴面罩、手套，穿着防护服，必要时在防护板后进行实验)，严格控制剂量，注意检查实验设备的状况，时刻监控反应温度和压力。安全第一。

1. N_4 (Tetranitroge)

1) 寿命大于 $1\mu s$ 的中性 N_4 结构

2002 年，Cacace 等人在 Science 上报道了通过对氮气进行电子轰击得到的

亚稳态的 N_4^+，然后再对 N_4^+ 进行加速碰撞，检测到了 N_4 结构，存在的寿命超过 $1\mu s$，激光蒸发能得到极少量的 N_4^+，并证明其结构为线型。

2) N_4^+ 阳离子衍生物的性质与合成工艺

美国空军科研所和南加州大学的 Karl O. Christe 教授团队于 1998 年成功合成了 N_5^+ 阳离子（详细介绍见后文"N_5（Pentanitrogen）"中"N_5^+ AsF_6^- 盐的性质与制备"），见反应式（8-1）。

$$[N_2F]^+ + HN_3 \longrightarrow N_5^+ + HF \qquad (8-1)$$

2007 年他们探究了 HN_3 与类似的阳离子 $[NF_2O]^+$ 之间的反应，当 $[NF_2O][SbF_6]$ 与等化学计量的 HN_3 在无水 HF 溶液中于 $-45℃$ 和室温之间混合时，$[NF_2O]^+$ 中的一个 F 原子被一个叠氮基团所取代，生成 $[N_3NFO][SbF_6]$ 盐，如式 8-2 所示。过量的 HN_3 则导致 $N_5^+[SbF_6]^-$ 和 N_2O 的生成，如反应式（8-3）。

$$[NF_2O][SbF_2] + HN_3 \longrightarrow [N_3NFO][SbF_6] + HF \qquad (8-2)$$

$$[N_3NFO][SbF_6] + HN_3 \longrightarrow N_5^+[SbF_6]^- + N_2O + HF \qquad (8-3)$$

（1）N_4^+ 阳离子衍生物的性质。

$[N_3NFO][SbF_6]$ 盐是一种白色固体，在室温下是稳定的，极易溶解于无水 HF 中。用锤子砸或者用金属铲子刮，$[N_3NFO][SbF_6]$ 盐均未爆炸；当在明火中加热时，它会发生爆燃。$[N_3NFO][SbF_6]$ 盐会点燃乙醇，与水发生剧烈的反应，将溴化物氧化成溴。它的一般物性与 $N_5^+[SbF_6]^-$ 类似。

当加热到 $50 \sim 60℃$，$[N_3NFO][SbF_6]$ 盐主要分解成 $[NO][SbF_6]$，然后进一步分解为 N_2 和 NF_3，如反应式（8-4）所示。

$$3[N_3NFO][SbF_6] \longrightarrow 3[NO][SbF_6] + 4N_2 + NF_3 \qquad (8-4)$$

利用核磁共振氮谱在溶液中研究了式（8-4）的反应。将 $[N_3NFO]^+$ 的 α 和 γ 位置用 ^{15}N 标记，反应后，产生了 ^{15}N 标记的 N_2 以及未被标记的 $[NO]^+$。还进行了 $[N_3NFO][SbF_6]$ 盐的真空热解实验。拉曼光谱表明，真空热解后残留的固体为 $[NO][SbF_6]$；热解的挥发性产物，在 $-196℃$ 下冷凝后，经红外光谱分析包含 NF_3。上述反应最有可能的机理为：$[N_3NFO]^+$ 的氟配体进攻同一分子内叠氮基团上的富电子的 N_α 原子，进而产生 $[NO]^+$ 离子和中间产物 FN_3，后者在此条件下分解成为 N_2 和 NF_3，如反应式（8-5）。

$$3FN_3 \longrightarrow NF_3 + 4N_2 \qquad (8-5)$$

(2)N_4^+阳离子衍生物的合成工艺。

所有的反应都在不锈钢阀门封闭的 Teflon – FEP 或 Kel – F 安瓿中进行。挥发性物质在不锈钢/Teflon – FEP 真空管线中处理。所有的反应容器在使用前都经过 ClF_3 钝化。非挥发性物质在充满干燥氮气的手套箱中处理。起始物 $[NF_2O][SbF_6]$ 和 HN_3 制备。将 HF 储存在 BiF_5 上干燥。

$[N_3NFO][SbF_6]$ 的制备：将 0.3mmol $[NF_2O][SbF_6]$ 加入到预先钝化好的、薄壁的、5mm 外径的 Kel – F 安瓿中，并由不锈钢阀门封闭。在真空管线中，270mg 无水 HF 气体在 $-196℃$ 下冷凝成液体，导入到安瓿中，升温至室温使 $[NF_2O][SbF_6]$ 溶于 HF 中。之后将安瓿冷却至 $-196℃$，并将 0.3mmol HN_3 和 750mg HF 的混合物冷凝至安瓿中。将得到的混合物加热到 $-45\sim-20℃$，在 HF 溶液中生成所期望的 $[N_3NFO][SbF_6]$ 盐。在 $-30℃$ 下降压抽去所有的挥发性物质，得到固体产物。

2. N_5(Pentanitrogen)

1) $N_5^+AsF_6^-$ 盐的性质与合成工艺

美国空军科研所和南加州大学的 Karl O. Christe 教授团队在 1998 年成功合成了 N_5^+ 阳离子，它是一种状如白色盐粒的有着巨大爆炸力的物质，这是在化学史上自 N_3^- 以后百年来第一次得到 N_5 分子，是氮原子簇化学很大的一个进展，在全世界引起轰动。

Karl O. Christe 教授所合成的 N_5^+ 氮原子簇呈线型，具有独特的共振结构，避免了独立的 N—N 单键，因而具有较高的稳定性而存在于一般的环境中。

(1) $N_5^+AsF_6^-$ 盐的性质。

Karl O. Christe 等人合成出的 $N_5^+AsF_6^-$ 盐是一种微溶于无水 HF 的白色固体。22℃时，它几乎是稳定的，而在 $-78℃$ 下，$N_5^+AsF_6^-$ 盐不会发生明显的分解，可以稳定地储存数周。因为相对较好的安定性和稳定性，这种高能量物质既可以在 HF 溶液中，也可以以固体的形式来储存。Karl O. Christe 教授的实验中，小心地、正常地储存操作，甚至是在 $-196℃$ 下用不锈钢刮刀压扁它，都没有发生爆炸。在 $-130℃$ 下，这种物质经受住了波长 488nm 的 Ar 激光束(1.5W)的多次照射，尽管确实有一个 5mg 的样品发生了爆炸，且其爆炸的威力足够破坏低温拉曼装置。$N_5^+AsF_6^-$ 盐是一种强氧化剂，即使在低温下也能点燃泡沫橡胶等有机物质。$N_5^+AsF_6^-$ 盐与水的反应是剧烈的、爆炸性的，应避免其与水接触。考虑到 O_2^+ 是一种强氧化剂且 N_2 的第一电离势(1503kJ/mol)明显高于

O_2 的(1206kJ/mol)之后，上述的这些性质也就不足为奇了。

（2）$N_5^+AsF_6^-$ 盐的合成工艺。

根据先前的研究，使用顺 - N_2F_2 和 AsF_5 制备 $N_2F^+AsF_6^-$。然后在动态真空下加热 NaN_3 和 3 倍过量的硬脂酸混合物至大约 80℃，使用液氮冷阱收集产生的 HN_3。通过 - 64℃、- 95℃ 和 - 196℃ 下的一系列捕集器分离冷凝纯化 HN_3，最终使用 - 95℃ 下捕集的物质。

在装配有无润滑脂的 Kontes 玻璃-聚四氟乙烯阀门的 Pyrex 玻璃真空管中收集和处理 HN_3。HF 则在不锈钢-聚四氟乙烯 FEP 真空管中处理。合成得到的 $N_5^+AsF_6^-$ 样品在 - 196℃ 下于充满干燥的 N_2 的手套箱中处理。

$N_5^+AsF_6^-$ 的制备：1.97mmol 的 $N_2F^+AsF_6^-$ 置于干燥盒中，后放置在外径 1.9cm、带有不锈钢阀门的 Teflon-FEP 安瓿中。在 - 196℃ 下加入约 3mL 的无水 HF，然后该混合物被加热到室温以溶解 $N_2F^+AsF_6^-$。之后再在 - 196℃ 下向体系中加入 2.39mmol 的 HN_3。此时，将温度升至 - 78℃，放置 3 天，伴随偶尔的温和搅动。之后，再次降温至 - 196℃ 以检测挥发性产物的存在。质谱测试表明体系中含有 0.76mmol 的氮。在 - 64℃ 下抽真空 8h 以除去反应体系中所有的挥发性的物质，留下白色的固体。低温振动光谱和 ^{14}N 以及 ^{15}N 核磁共振谱表明，该白色的固体为 $N_5^+AsF_6^-$（约 80mol%）和 $H_2N_3^+AsF_6^-$（约 20mol%）的混合物。

2）$N_5^+SbF_6^-$ 盐的性质与合成工艺

虽然只有很微弱的稳定性，但是可以以宏观规模存在的 $N_5^+AsF_6^-$ 盐还是引起了人们的极大兴趣。$N_5^+AsF_6^-$ 盐中的 N_5^+ 是人类自 N_2、N_3^- 以后获得的第三种全氮物种。受 $N_5^+AsF_6^-$ 盐的启发，人们开始找寻更加稳定的 N_5^+ 盐。Karl O. Christe 教授的团队于 2001 年又制备出了两种更加稳定的 N_5^+ 盐：$N_5^+SbF_6^-$ 和 $N_5^+Sb_2F_{11}^-$，还获得了后者的晶体结构。现将他们的工作介绍如下。

（1）$N_5^+SbF_6^-$ 盐的性质。

$N_5^+SbF_6^-$ 盐是一种无色吸湿性固体，它可以在环境温度下稳定存在。根据差示扫描量热(DSC)的数据，该物质在 70℃ 时开始分解。令人十分惊讶的是，$N_5^+SbF_6^-$ 盐对撞击不敏感，即使在撞击感度仪的最大撞击能量设置下（200kg·cm），只有局部由于样品的绝热放热而发生热分解，但没有发生爆炸。$N_5^+SbF_6^-$ 盐可以溶于 HF，SO_2 以及 CHF_3，并与之相容。

$N_5^+Sb_2F_{11}^-$ 盐是一种无色固体，它在室温下可以稳定地存在。根据 DSC 的结果，$N_5^+Sb_2F_{11}^-$ 盐的热分解发生在 70℃。相比于 $N_5^+SbF_6^-$ 盐的热稳定性，$N_5^+Sb_2F_{11}^-$ 盐在大约 30℃ 时经历一个可逆的吸热过程（熔化）。所以，用

$Sb_2F_{11}^-$ 置换 SbF_6^- 并没有提高热稳定性，也没有对 N_5^+ 盐的反应化学研究起到很大的作用。

（2）$N_5^+SbF_6^-$ 盐的合成工艺。

与先前报道的 $N_5^+AsF_6^-$ 的合成方法大致相同，$N_5^+SbF_6^-$ 是由 $N_2F^+SbF_6^-$ 与 HN_3 在无水 HF 溶液中于 $-78^\circ C$ 发生反应，之后在室温下抽去挥发性物质得到的。具体实验操作如下。

使用 ClF_3 钝化、装配有不锈钢阀门和 Teflon 包覆的磁力搅拌桨的 Teflon 安瓿。将该安瓿连接到金属真空管线当中，并用无水 HF 多次洗涤，直至在 $-196^\circ C$ 下冷冻 HF 时看不到任何颜色变化。然后在手套箱中将 4.97mmol 的 $N_2F^+SbF_6^-$ 装入安瓿，并连接到金属真空管线当中。之后将安瓿抽空并冷却至 $-196^\circ C$。大约 2mL 的无水 HF 冷凝在安瓿中，在偶尔的搅拌下 HF 被加热到环境温度。等到所有的 $N_2F^+SbF_6^-$ 溶解后，安瓿被再次冷却到 $-196^\circ C$，一些额外的纯 HF 被冷凝在管的上壁，HN_3 也将会在这些地方冻结。之后，将冷冻的安瓿连接到玻璃管线当中，在 $-196^\circ C$ 下缓慢加入 5.00mmol 的 HN_3。反应物被缓慢地加热到室温，但要特别注意的是，加热过程必须在安全盾牌之后进行。之后在室温下保持大约 45min。在 $20^\circ C$ 下用泵抽几个小时以去除挥发性的物质，留下白色的粉末（1.502g，由 4.97mmol 的 N_5SbF_6 计算应得到 1.520g）。该白色粉末由振动光谱确认为 N_5SbF_6。

这个反应还有另一种操作方法：在 $-196^\circ C$ 下冷凝 HN_3 于钝化并预先称重的、装有已知重量的 HF 的 Teflon 安瓿中。在室温下将反应物分散均匀。然后将安瓿置于手套箱，并在 $-196^\circ C$ 下加入化学计量的 $N_2F^+SbF_6^-$。将冷的安瓿连接到金属真空管线当中并抽空。随后，用大约 30min 缓慢加热反应物到室温。最后，抽走挥发性物质，留下得率大于 99% 的 $N_5^+SbF_6^-$。

为了安全地收集 HN_3 并使之与 $N_2F^+SbF_6^-$ 反应，使用两个安装有多孔 Teflon 过滤器的 Teflon-FEP U 形管，并将其连接到金属真空管线当中。第一个 U 形管装有已知重量的 NaN_3，第二个则装有化学计量的 $N_2F^+SbF_6^-$。足够用于溶解管中固体的无水 HF 在 $-196^\circ C$ 被冷凝到两个 U 形管中，固体则在室温下溶解于 HF 中。装有 $N_2F^+SbF_6^-$ 溶液的第二个 U 形管被冷却至 $-196^\circ C$，第一个 U 形管中聚集的 HN_3 和过量的 HF 在真空中一同冷凝在第二个 U 形管中。缓慢加热反应物至室温，使用真空抽去 HF，以获得得率大于 99% 的非常纯的 $N_5^+SbF_6^-$。这个操作过程较为安全，Karl O. Christe 教授团队多次重复 5g 量级的反应而没有发生任何事故。

（3）$N_5^+Sb_2F_{11}^-$ 的合成工艺。

用蒸馏过的 1.449mmol 的 SbF_5 在手套箱中被加入到钝化过的 Teflon-FEP 安瓿中，1.9mL 液体 HF 在 -196℃ 下加入到金属真空管线中。在室温下均匀分散上述混合物，然后再次放入手套箱中。在手套箱中冷却安瓿至 -196℃ 并将其打开，加入 1.444mmol 的 $N_5^+SbF_6^-$。将上述混合物加热至室温，并将所有的挥发性物质抽掉，得到白色固体残留物（758mg，由 1.444mmol $N_5^+Sb_2F_{11}^-$ 计算应为 755mg），振动光谱表明其为 $N_5^+Sb_2F_{11}^-$。

3）一些其他的 N_5^+ 盐

在世界上首次制备出含 N_5^+ 离子的 $N_5^+AsF_6^-$ 盐，以及更加稳定的 $N_5^+SbF_6^-$、$N_5^+Sb_2F_{11}^-$ 盐之后，2004 年，Christe 及其同事又将 N_5^+ 与其他一些阴离子结合，制备并表征了 $N_5^+[P(N_3)_6]^-$、$N_5^+[B(N_3)_4]^-$、$N_5^+[HF_2]^- \cdot nHF$、$N_5^+[BF_4]^-$ 等多个 N_5^+ 盐。实验中不到 500mg 的 $N_5^+[P(N_3)_6]^-$ 盐将 Teflon-FEP 安瓿炸坏的情景轰动了全世界，被称作盐粒炸弹。得到 $N_5^+SbF_6^-$ 盐之后，可以通过反应式（8-16）所示的复分解反应间接制备其他的 N_5^+ 盐。

$$N_5^+[SbF_6]^- + M^+Y^- \rightarrow N_5^+Y^- + M^+[SbF_6]^- \qquad (8-6)$$

为了能够成功实现复分解反应，每一个离子都必须与溶剂相容，并且起始物和产物之一必须极易溶解，而另一个产物必须十分难溶。因为 $N_5^+SbF_6^-$ 盐较高的氧化能力，它只与少数的几种溶剂相容，如 HF、SO_2 和 CHF_3，这限制了它的复分解反应。另外，SbF_5 是已知最强的 Lewis 酸之一，因此通过一个更强的 Lewis 酸来置换 $N_5^+SbF_6^-$ 中的 SbF_5 几乎是不可能的。因此，一方面发展一种更为合适的制备 N_5^+ 盐的方法迫在眉睫；另一方面，如何将 N_5^+ 与其他高能组分结合在一起也是学者们所关注的重点。之前的一些工作，诸如将 N_5^+ 与 N_3^-、$[ClO_4]^-$、$[NO_3]^-$ 或者 $[N(NO_2)_2]^-$ 结合在一起，均未获得成功。

Christe 及其同事利用比 HF 酸性更强的 Lewis 酸，比如 PF_5、BF_3 和 HSO_3F 等与 $N_5HF_2 \cdot nHF$ 盐发生置换反应，而制备出 N_5PF_6、N_5BF_4 和 N_5SO_3F，如反应式（8-7）～（8-9）。

$$N_5HF_2 \cdot nHF + PF_5 \xrightarrow[-64℃]{HF} N_5PF_6 + (n+1)HF \qquad (8-7)$$

$$N_5HF_2 \cdot nHF + BF_3 \xrightarrow[-64℃]{HF} N_5BF_4 + (n+1)HF \qquad (8-8)$$

$$N_5HF_2 \cdot nHF + HSO_3F \xrightarrow[-64℃]{HF} N_5SO_3F + (n+2)HF \qquad (8-9)$$

这些全新的 N_5^+ 盐都是白色固体,具有轻微的稳定性。

尽管 $[N_5^+]_2[SnF_6]^{2-}$ 盐含有 2 倍的全氮离子,显著提高了其潜在的性能,但其仍然不含含能的阴离子。为了提高能量,人们尝试采用复分解反应将 N_5^+ 与含能的 $[ClO_4]^-$、$[NO_3]^-$ 和 N_3^- 阴离子结合,但都以失败告终。不过,Christe 及其同事于 2004 年成功地制备出了两种阴、阳离子均含能的新型 N_5^+ 盐。他们采用 N_5SbF_6 和 $NaP(N_3)_6$ 之间的复分解反应将 N_5^+ 与含能离子 $P(N_3)_6^-$ 相结合来制备 $N_5P(N_3)_6$,如反应式(8−10)。

$$N_5SbF_6 + NaP(N_3)_6 \xrightarrow[-64℃]{SO_2} N_5P(N_3)_6 + NaSbF_6 \qquad (8-10)$$

然而,这个化合物对撞击十分敏感,轻微的扰动或者加热到室温就会发生猛烈的爆炸,仅仅不到 500mg 的 $N_5^+[P(N_3)_6]^-$ 爆炸后,就对 Teflon-FEP 安瓿产生了巨大破坏。由于该盐卓越的氮含量(91.2%质量含量),其所含的能量十分巨大。

相似地,由 N_5SbF_6 和 $NaB(N_3)_4$ 制备了 $N_5B(N_3)_4$,如反应式(8−11)。

$$N_5SbF_6 + NaB(N_3)_4 \xrightarrow[-64℃]{SO_2} N_5B(N_3)_4 + NaSbF_6 \qquad (8-11)$$

类似地,该盐对撞击十分敏感,室温即可发生爆炸。它的氮含量(质量含量)为 95.7%,明显超过了前面所述的 $N_5^+[P(N_3)_6]^-$ 的氮含量。采用 $CsP(N_3)_6$ 和 $CsB(N_3)_4$ 作为复分解反应物的尝试宣告失败,因为其与 HF 发生反应生成了 $[PF_6]^-$ 和 $[BF_4]^-$,最终导致 N_5PF_6 和 N_5BF_4 的生成。

$N_5HF_2 \cdot nHF$ 的制备:1.00mmol 的 CsF 在 2mLHF 中配制成溶液,通过 Teflon−FEP 管抽到 Teflon−FEP 安瓿中。安瓿中装有 −64℃ 下的 1.00mmol N_5SbF_6 在 3mL 的 HF 中制成的溶液。立刻,白色沉淀生成。搅拌反应混合物 10min,确保反应完全。之后,将上清液虹吸到第二个 Teflon−FEP 安瓿中,保持 −64℃。残留的 $CsSbF_6$ 固体用 HF(每次大约 1mL)洗涤两次。将上清液与洗液混合,在 −64℃ 下将 HF 完全抽掉,得到无色液体(0.156g,由 1.00mmol $N_5HF_2 \cdot 2.5HF$ 计算应为 0.159g)。

N_5PF_6 和 N_5BF_4 的制备:过量的 PF_5 或 BF_3(2.0mmol)在 −196℃ 下冷凝在一个安瓿中,安瓿中装有冷冻的 1.00mmol $N_5HF_2 \cdot nHF$ 与 1mLHF 形成的溶液。将温度升至 −64℃,并将反应物保持在此温度下 1h,确保完全反应。将所有的挥发性物质在 −64℃ 下抽掉,留下白色固体(N_5PF_6:0.220g,由 1.00mmolN_5PF_6 计算应为 0.215g;N_5BF_4:0.167g,由 1.00mmol N_5BF_4 计算应为 0.157g)。

N_5SO_3F 的制备:在 −64℃ 下,1.00mmol 的 HSO_3F 在 2mL HF 中形成的

溶液被加到 1.00mmol 的 $N_5HF_2 \cdot nHF$ 在 1mL HF 中形成的溶液中去。在此温度下持续搅拌反应物 30min，确保完全反应。在 -64℃ 下，抽去所有的挥发性物质，留下白色的固体。

$N_5P(N_3)_6$ 和 $N_5B(N_3)_4$ 的制备：在 -64℃ 下，0.50mmol 的 N_5SbF_6 在 3mL SO_2 中形成的溶液被加到 0.50mmol 的 $NaP(N_3)_6$ 或 $NaB(N_3)_4$ 在 3mL SO_2 中形成的溶液中去。反应物混合好后，液相被转移到另一个已冷却至 -64℃ 的 Teflon - FEP 安瓿中，留下的 $NaSbF_6$ 沉淀用大约 1mL SO_2 洗涤两次。在 -64℃ 下抽液相，得到白色固体：$N_5P(N_3)_6$，0.184g，理论应获得 0.50mmol/0.177g；或 $N_5B(N_3)_4$，0.137g，理论应获得 0.50mmol/0.124g。

4）五唑阴离子盐的性质与合成工艺

根据波恩-哈伯循环（Born - Haber cycle），一种离子盐要稳定存在，受 3 种因素制约：①晶格能；②阳离子的电子亲和力；③阴离子的第一电离电位。另外，离子盐的分解必须经过足够高的活化能垒。因此，非常有必要寻找一种具有较高的第一电离电位的阴离子，使之与已合成出的 N_5^+ 结合，形成一种稳定的、具有极高能量的全氮离子盐。理论计算结果表明，五唑阴离子（图 8-1）拥有令人满意的第一电离电位和分解活化能垒，足够形成稳定的 $N_5^+N_5^-$ 全氮离子盐。因此，五唑阴离子的合成成为了研究的热点。

图 8-1 平面五唑阴离子的能量最低结构

尽管 20 世纪 50 年代 Huisgen 和 Ugi 就报道了芳基取代的五唑环状化合物，并且该化合物也得到了充分的表征，但制备 HN_5 或它的阴离子 N_5^- 的努力却始终不尽如人意。直到 2002 年，Ashwani Vij、James G. Pavlovich、William W. Wilson、Vandana Vij 和 Karl O. Christe 才在实验中检测到了五唑阴离子的存在。

2017 年 1 月，发表在世界顶级期刊 Science 上的一篇来自南京理工大学的文章，再次将人们的注意力吸引到了五唑阴离子上。这次，科学家们带来了令人更加振奋的好消息：人类首次合成出了室温下稳定存在的五唑阴离子盐，热分析结果显示这种盐分解温度高达 116.8℃，具有非常好的热稳定性，可以作为各种五唑阴离子盐的起始原料。

与前人的思路类似，南京理工大学的学者们选择了芳基间/对位取代有供电子基团的芳基五唑作为起始物，然后选用合适的试剂来切断五唑与芳基之间的

C—N 键，同时保证不破坏五唑的结构。学者们还向反应体系中加入了其他物质，用以在 C—N 键切断的瞬间，稳定独立的五唑阴离子。经过长期的探索和尝试，学者们最终以 3,5 -二甲基- 4 -羟基苯基五唑(HPP)为起始物，利用间氯过氧苯甲酸(m - CPBA)和甘氨酸亚铁[Fe(Gly)$_2$]来切断 C—N 键并稳定五唑阴离子，制备出了稳定的五唑阴离子盐，(N$_5$)$_6$(H$_3$O)$_3$(NH$_4$)$_4$Cl。

在这项实验中，Fe(Gly)$_2$ 起到了双重作用：五唑阴离子的稳定剂以及 m - CPBA 的介质。在 - 45℃下，当 2.5 当量的 Fe(Gly)$_2$ 水溶液加入到 1 当量的 HPP 乙腈/甲醇(v/v = 1/1)溶液中，没有化学反应发生，表明该亚铁复合物对 HPP 是非活性的，不会破坏 HPP 分子中的 N 五元环。之后，再加入 4 当量的 m - CPBA 冷甲醇溶液，通过电喷雾电离(ESI)质谱，可以在反应体系中检测到五唑阴离子：质荷比 $m/z = 70.09$ 处出现了强烈的负离子峰。反应完全后，通过过滤分离不溶性物质，并将收集到的产物真空干燥，得到深棕色的固体。纯净的产物可以通过硅胶柱色谱分离，得到室温下稳定的白色固体——(N$_5$)$_6$(H$_3$O)$_3$(NH$_4$)$_4$Cl盐，得率为 19%。

(1)五唑阴离子盐的性质。

对(N$_5$)$_6$(H$_3$O)$_3$(NH$_4$)$_4$Cl 盐进行单晶 X 射线衍射分析，结果为立方空间群 Fd - 3m，晶胞体积为 5801.0 ± 0.5Å^3。(N$_5$)$_6$(H$_3$O)$_3$(NH$_4$)$_4$Cl 盐的椭球图如图 8 - 2 (a)所示，含有 5 个 N 原子的五唑环 N$_5^-$ 呈现出完美的平面结构，扭转角(N1'—N1—N2—N3 为 0°；N1—N2—N3—N2'为 0°)给出了证明。五唑阴

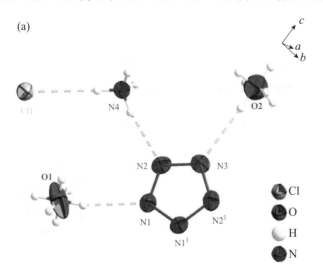

图 8 - 2　(a) (N$_5$)$_6$(H$_3$O)$_3$(NH$_4$)$_4$Cl 盐 50%概率水平下的椭球图；

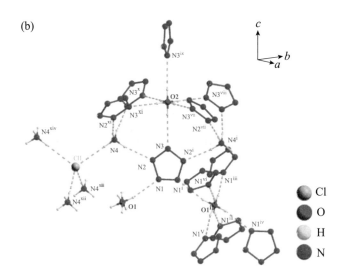

图 8 - 2   (b) $(N_5)_6(H_3O)_3(NH_4)_4Cl$ 盐晶体结构中的氢键示意图(续)

离子中，每个 N 原子提供一个 p 电子，加之另外一个单电子，共同形成一个共轭的 π_5^6 键，原则上符合芳香性的几何标准。五唑阴离子中的 N—N 键长分别为 1.309Å、1.310Å、1.310Å、1.324Å 和 1.324Å，其平均值(1.315Å)处于 N—N 单键(肼中，1.452Å)和 N≡N 双键(反式二胺中，1.252Å)之间，且明显短于实验测定的 4 -二甲基-氨基苯基五唑的 N—N 键长(平均 1.323Å)，亦短于理论计算得到的五唑阴离子的 N—N 键长(D_{5h}，1.327Å)。

相对于不稳定的五唑阴离子，$(N_5)_6(H_3O)_3(NH_4)_4Cl$ 盐表现出优异的热稳定性，这归因于阴阳离子之间广泛的氢键作用，如图 8 - 3 和图 8 - 4 所示，图中绿色的虚线代表氢键。

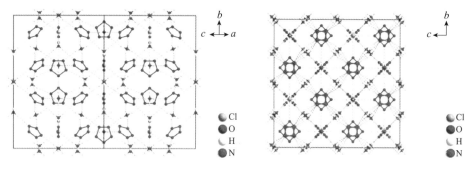

图 8 - 3   元胞当中氢键的示意图   图 8 - 4   元胞当中氢键的示意图

(沿着[101]方向观察)   (沿着 a 轴方向观察)

　　氯在五唑阴离子盐的稳定中起到了至关重要的作用。使用硝酸银将 Cl^- 沉淀出来后，五唑阴离子在室温下快速分解，图 8-5 所示的硝酸银处理后的五唑盐水溶液的质谱图给予了证明。类似地，使用奈斯勒试剂将 NH_4^+ 去除之后，五唑盐的稳定性也消失了。

　　此外，使用热重-差示扫描量热-微商热重法-质谱-红外光谱联用（TG-DSC-DTG-MS-IR，N_2，10K/min）研究了 $(N_5)_6(H_3O)_3(NH_4)_4Cl$ 盐的热稳定性和分解行为。热重曲线在 40～300℃ 有两次重量损失，如图 8-5 所示。

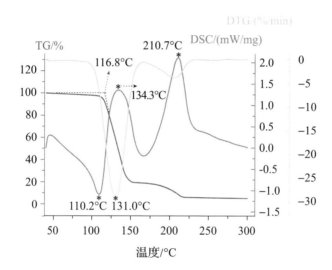

图 8-5　$(N_5)_6(H_3O)_3(NH_4)_4Cl$ 盐的 TG-DSC-DTG 曲线

　　(2)五唑阴离子盐的合成工艺。

　　$Fe(Gly)_2$(2.65g,13mmol)的水溶液加入到 HPP(0.993g，5.2mmol)的溶液(160mL 的乙腈和甲醇混合溶剂，$V/V=1/1$)中，在 -45℃ 下搅拌 30min。之后加入间氯过氧苯甲酸(4.26g，21mmol)冷甲醇溶液。将反应混合物在 -45℃ 下搅拌超过 24h，然后将不溶性的物质过滤分离。收集到的滤渣真空干燥得到深棕色的固体。纯净的产物可以通过硅胶柱色谱(乙酸乙酯/乙醇，10/1)分离，得到室温下稳定的白色固体——$(N_5)_6(H_3O)_3(NH_4)_4Cl$ 盐，得率 19%(基于 HPP)。图 8-6 是五唑阴离子盐合成及 ^{15}N 标记的路线图。

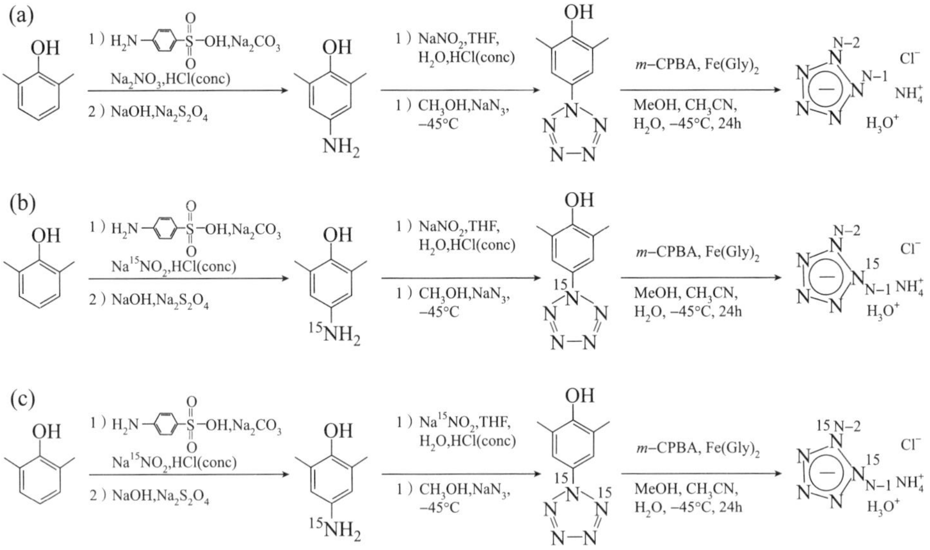

图 8-6   五唑阴离子盐合成及 15、标记的路线图

8.2 含能离子液体

8.2.1　概述

　　离子液体(iconic liquids)是近年来化学和材料科学领域兴起的一类环境友好的介质和功能材料，主要是指一类完全由有机阴阳离子构成的盐类材料，通常熔点低于 100℃。由于离子液体几乎没有蒸气压，同时具有低熔点、高热稳定性、高导电性、结构易于设计等优点，在化学化工和材料领域均得到了广泛的应用。自 2000 年以来，美国军方科研人员尝试将离子液体的阴阳离子进行含能化设计，探索离子液体在含能材料领域应用的可行性。从分子结构角度，利用离子液体结构的可设计性，通过对阴阳离子进行"含能化"(如引入叠氮、硝基等含能基团)和"可燃化"(如引入较强还原性单元)设计并进行合理搭配，理论上可获得成千上万种新型的含能离子液体材料，这就为针对某一特定的配方、型号、武器等工程应用找到最适宜的含能材料提供了可能。

　　根据用途不同，含能离子液体大致可分为两大类：离子炸药和绿色推进剂燃料。与传统共价型炸药分子相比，含能离子液体具有不挥发、液态操作区间宽、环境友好、无腐蚀、对外界刺激如撞击、摩擦、静电等敏感度更低等特点，因此在新型炸药配方和绿色双基推进剂中都展现出一定的研究价值和应用潜力。

1. 含能离子液体作为高能低感炸药

当前发展新型高能低感单质炸药的难点主要是如何确保分子在高能量的同时相对安全。与传统共价型炸药分子不同，含能离子液体通过阴阳离子间的强静电作用和离子间"空穴"缓冲力，增加了化合物内部的作用力，大幅度降低材料的感度；另外，大量含能阴阳离子的组合和搭配，有望使得材料在能量与安全性能之间达到更好的平衡，从而大大增加了获得新一代高能低感炸药分子的可能性。目前大量咪唑、三唑、四唑类含能离子液体已经被报道，其中部分含能离子液体的计算能量甚至超过奥克托今（HMX），而感度仅与 TNT 相当，但由于含能离子液体的其他性能如吸湿性、力学性能、与分子含能材料的相容性等，以及材料成本本身方面仍存在缺陷或不足，至今仍然未有离子液体炸药被用于工业应用中。考虑到很多含能离子液体的熔点与 TNT 相近，通过分子含能化设计并结合高通量组合化学筛选，发展可用作熔铸炸药的熔融介质替代传统 TNT 的新型含能离子液体材料研究将具有一定的学术价值和现实意义。

2. 含能离子液体作为绿色推进剂燃料

与传统的肼类衍生物燃料（剧毒、强致癌、高挥发性）相比，含能离子液体作为推进剂燃料更加绿色环保。离子液体本身具有的不挥发性和低毒性特点使其作为推进剂燃料非常安全，便于运输、储存和实际操作，部分含能离子液体，特别是最近研究十分活跃的含硼氢键的自燃型离子液体，在熔点、热稳定性、点火延迟等方面基本达到人们的期望。然而，由于大多数离子液体阳离子源自咪唑、吡啶、季铵离子等有机骨架，烃基密度大、碳含量较高，在能量和比冲方面距离实际工程应用要求仍有差距。此外，理想的液体推进剂燃料除了满足上述特性外，较低的黏度、较高的安全性以及对水和空气稳定等也是重要的因素，需要通过对离子液体材料进行整体功能化设计、结构优化和组成搭配，有效提升推进体系的性能，进而推动和实现航空航天系统液体推进剂燃料的"无毒化"进程。

8.2.2 含能离子液体性质及合成工艺

1. 三唑盐的合成工艺

三唑是含有 3 个氮原子的五元杂环化合物，3 个氮原子分别在环的 1,2,3 -或 1,2,4 -位，三唑衍生物的离子盐已被证实可用作含能材料。1,2,4 -三唑和 1,2,3 -三唑有很高的正生成焓，分别为 109kJ/mol 和 272kJ/mol，它们形成最简单的盐是其与浓硝酸、高氯酸和二硝酰胺反应分别生成的 1,2,4 -三唑硝酸盐（1a）或 1,2,3 -三唑硝酸盐（2a）、1,2,4 -三唑高氯酸盐（1b）或 1,2,3 -三唑高氯酸盐（2b）、1,2,4 -三唑二硝酰胺酸盐（1c）或 1,2,3 -三唑二硝酰胺酸盐（2c）

（图8-7），所有反应均为计量反应，产品纯度高，可从浓的甲醇溶液中重结晶。

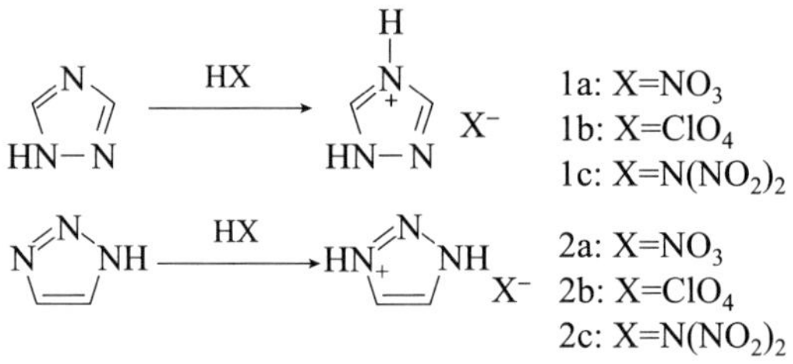

图8-7　未取代的1,2,4-三唑和1,2,3-三唑盐的合成

　　研究表明，在杂环上引入氨基是提高热稳定性的最简单方法，这些杂环化合物可与硝酸、高氯酸或二硝酰胺反应生成相应的含能离子盐。1-氨基-1,2,4-三唑与浓 HNO_3 或 $HClO_4$ 反应生成相应的盐（4a）或（4b），而且得率都很高。1-氨基-1,2,4-三唑与 CH_3I 反应生成季铵盐，该季铵盐与 $AgNO_3$ 或 $AgClO_4$ 发生置换反应以极高的得率分别生成相应的硝酸盐（6a）和高氯酸盐（6b）。同样，当1-甲基-4-氨基-1,2,4-三唑碘化物（7）与 $AgNO_3$ 或 $AgClO_4$ 发生置换反应则生成硝酸盐（8a）和高氯酸盐（8b）（图8-8）。1,5-二氨基-1,2,4-三唑硝酸盐和高氯酸盐的合成也有报道。

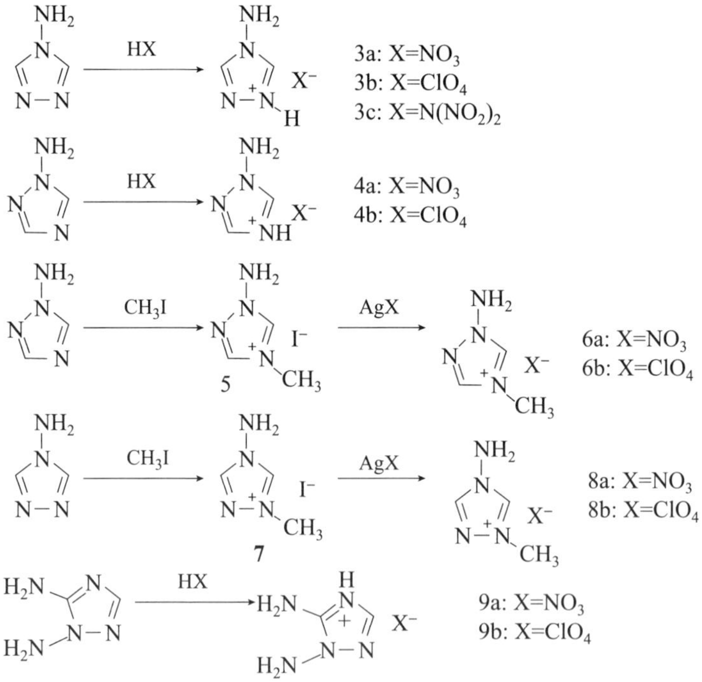

图8-8　含氨基的三唑盐的合成

Drake 等人合成了 1 -氨基-3 -烷基-1,2,3 -三唑硝酸盐，其中的烷基有甲基、乙基、正丙基和正丁基，如图 8 - 9 所示。

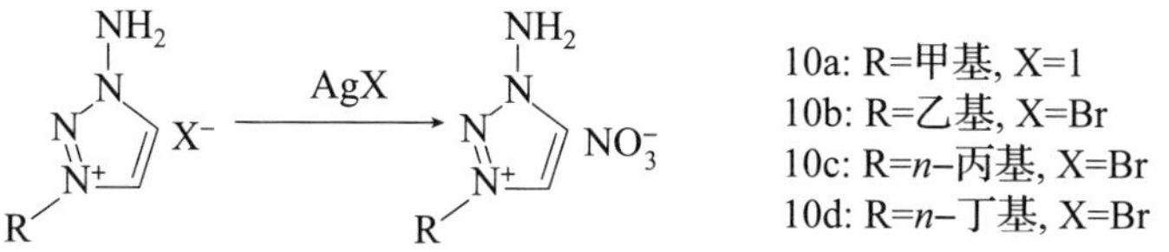

10a: R=甲基, X=I
10b: R=乙基, X=Br
10c: R=n-丙基, X=Br
10d: R=n-丁基, X=Br

图 8 - 9 1 -氨基-3 -烷基-1,2,3 -三唑硝酸盐的合成

在杂环上引入吸热性的叠氮基可以显著增加叠氮唑类化合物的生成焓。例如，3 -叠氮基-1,2,4 -三唑($\Delta H_f^0 = 458kJ \cdot mol^{-1}$)的标准生成焓大约是 1H - 1,2,4 -三唑($\Delta H_f^0 = 109kJ \cdot mol^{-1}$)的 4 倍。这些唑与硝酸、高氯酸、4,5 -二硝基咪唑或 5 -硝基四唑反应生成含能离子盐。1 -(2 -叠氮乙基)-1,2,4 -三唑(11)与碘甲烷反应生成它的碘盐(12)，然后(12)与 AgNO₃ 或 AgClO₄ 发生置换反应生成相应的盐(13)和(14)。1 -(2 -叠氮乙基)-1,2,4 -三唑(11)直接与硝酸、高氯酸、4,5 -二硝基咪唑或 5 -硝基四唑在甲醇溶液中反应分别生成 N₄ 季铵化的盐(15a)、(15b)、(15c)和(15d)(图 8 - 10)。4,5 -二硝基咪唑和 5 -硝基四唑是很强的酸，其中 5 -硝基四唑的 pKa 为 0.8。

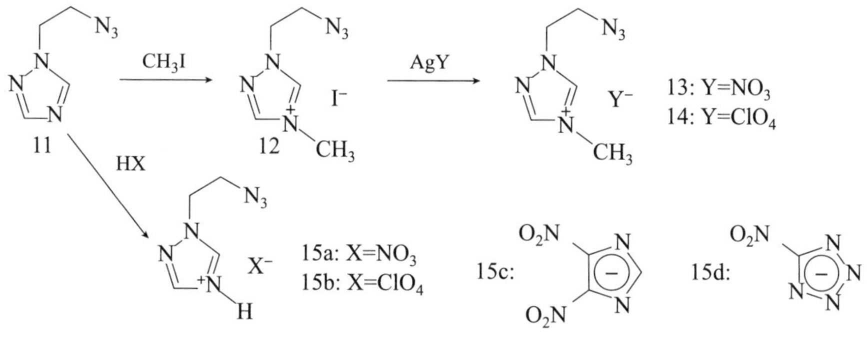

13: Y=NO₃
14: Y=ClO₄

15a: X=NO₃
15b: X=ClO₄

15c:

15d:

图 8 - 10 以 1 -(2 -叠氮乙基)-1,2,4 -三唑为起始原料的叠氮三唑盐的合成

1 -甲基-1,2,4 -三唑和 4 -氨基-1,2,4 -三唑分别与 1 -叠氮基-2 -溴乙烷反应生成季铵盐(17)和(18)。(17)和(18)再与 AgNO₃ 或 AgClO₄ 发生置换反应生成(19a)和(19b)、(20a)和(20b)，得率都很高 (图 8 - 11)。

1 -甲基-3 -叠氮基-1,2,4 -三唑分别与浓硝酸或高氯酸反应生成 1 -甲基-3 -叠氮基-1,2,4 -三唑硝酸盐(25a)和 1 -甲基-3 -叠氮基-1,2,4 -三唑硝酸盐(25b)。当 1 -甲基-3 -叠氮基-1,2,4 -三唑用碘甲烷季铵化时得到盐(23)，然后(23)与 AgNO₃ 或 AgClO₄ 发生置换反应得到(26a)和(26b)(图 8 - 12)。

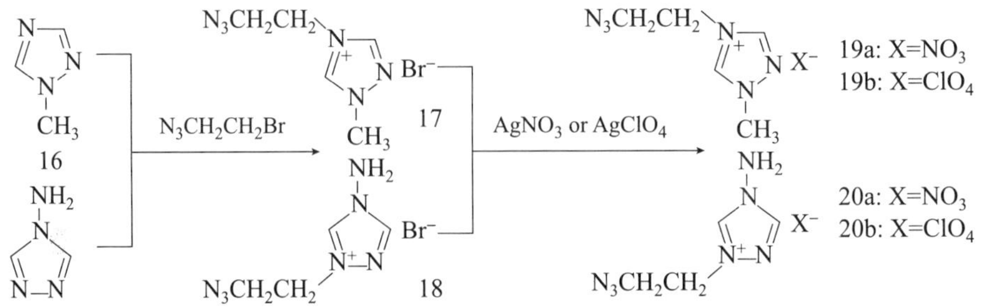

图 8-11　以 1-甲基-1,2,4-三唑和 4-氨基-1,2,4-三唑为起始原料的叠氮三唑盐的合成

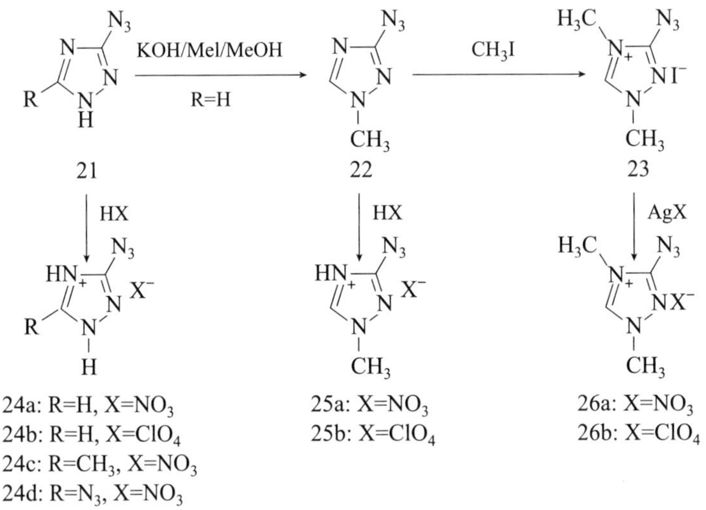

图 8-12　以含叠氮基的三唑为起始原料的叠氮三唑盐的合成

　　以上介绍的几类三唑盐主要是以硝酸根和高氯酸根为阴离子(15c、15d 除外)。另外,唑也可以作为含能离子盐的阴离子,二氰基三唑锂(27)是最早报道的阴离子,1-丁基-3-甲基咪唑-3,5-二硝基-1,2,4-三唑盐(28)是通过 1-丁基-3-甲基咪唑卤盐与 3,5-二硝基-1,2,4-三唑钾盐发生置换反应生成的。还有文献报道了新颖的由唑阳离子和唑阴离子组成的盐,包括前面已经介绍的(15c)和(15d),这些盐有 1-乙基-3-甲基咪唑-1,2,4-三唑盐(29)和 1-乙基-3-甲基咪唑四唑盐(30)。

　　利用 4,5-二硝基咪唑和 5-硝基四唑的强 NH 酸性质,已经得到了许多以1,2,4-三唑衍生物为阳离子、以 4,5-二硝基咪唑和 5-硝基四唑负离子为阴离子组成的含能离子盐(图 8-13)。

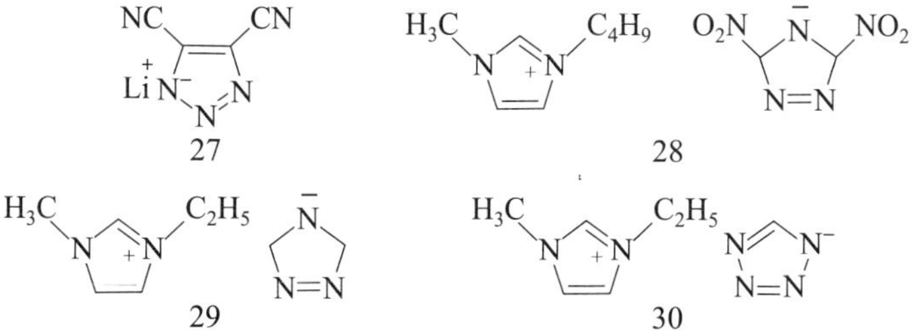

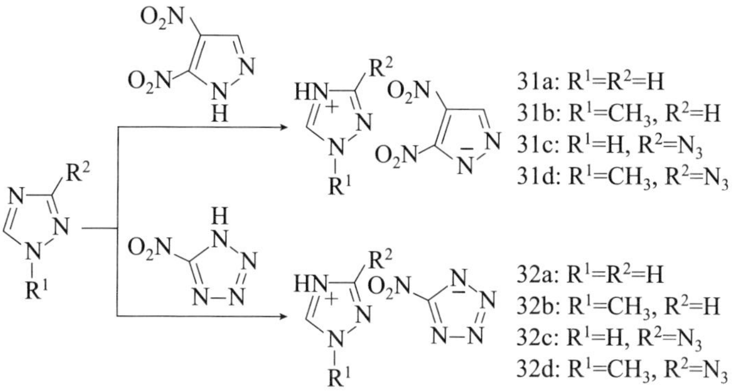

图 8 - 13　以唑负离子作为阴离子的三唑盐的合成

2. 四唑盐的合成工艺

四唑是含有 4 个氮原子的五元杂环化合物。随着杂环上氮原子的增多，它们的生成焓也相应地增加，例如，咪唑的生成焓为 58.5kJ/mol，三唑为 109.0kJ/mol，而四唑为 237.2kJ/mol。

氨基四唑不仅氮含量很高，有很高的正生成焓，而且也具有较好的热力学稳定性，因此是很有前景的高能材料。通过 1 -氨基-5 -甲基四唑或 2 -氨基-5 -甲基四唑与碘甲烷反应生成季铵盐的方法合成了四唑盐(33)和(34)。它们分别与 AgNO₃ 或 AgClO₄ 发生置换反应生成相应的 1 -氨基-5 -甲基四唑硝酸盐(35a)或高氯酸盐(35b)和 2 -氨基-5 -甲基四唑硝酸盐(36a)或高氯酸盐(36b)(图 8 - 14)。

1,5 -二氨基-1H -四唑的离子盐也有报道，通过 1,5 -二氨基-1H -四唑直接与硝酸、高氯酸反应可以得到离子盐(37a)和(37b)。通过 1,5 -二氨基-1H -四唑与碘甲烷反应生成磺盐后再与各种银盐发生置换反应可以得到相应的离子盐(38a)～(38c)(图 8 - 15)。

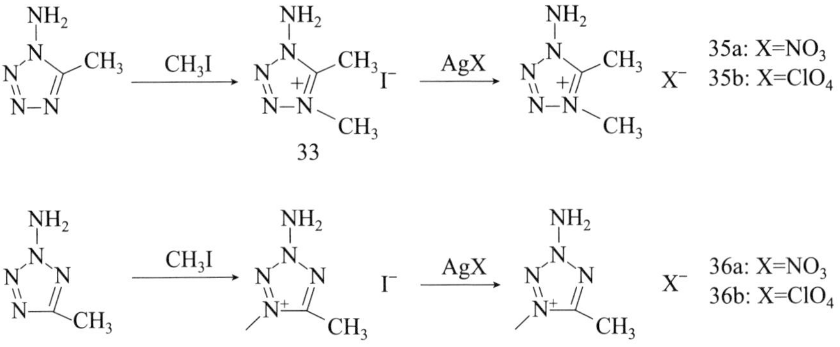

图 8-14　氨基四唑盐的合成

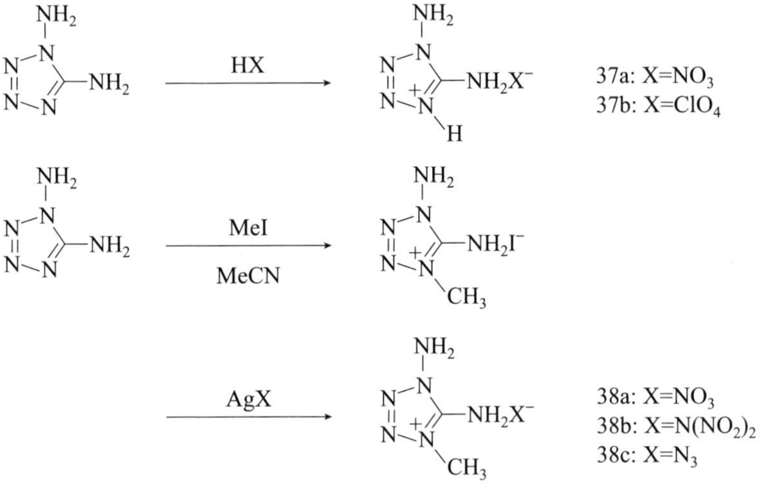

图 8-15　以 1,5-二氨基-1H-四唑为起始原料的四唑盐的合成

Xue 等人报道了一个以 3,5-二硝基-1,2,4-三唑负离子作为阴离子的四唑含能离子盐(39)。它由 4,5-二甲基-1-氨基四唑碘盐与 3,5-二硝基-1,2,4-三唑银在乙腈中反应得到。

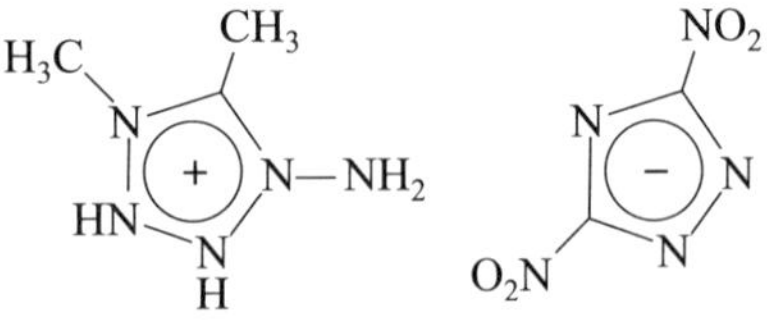

39

很多含能离子液体由小阴离子如 ClO_4^-、NO_3^- 或 $N(NO_2)_2^-$ 与季铵化的氮杂环组成,其最严重的缺点是它们的阳离子不能被充分氧化。阴离子带的氧不

足以把阳离子完全氧化成一氧化碳，从而导致它们的性能差。在火箭推进中能够产生低分子量的产物是非常重要的，而含有卤素的化合物燃烧时还会造成环境污染。基于此，Jones 等人合成了高氧平衡的含能离子液体四硝基铝 1-乙基-4,5-二甲基四唑(42)。离子液体(42)中不含有卤素，因此就不存在因卤素而造成环境污染的问题。四硝基铝中含有 12 个氧，而 10.5 个氧就足以氧化 1-乙基-4,5-二甲基四唑阳离子。四硝基铝的离子盐由阳离子的盐酸盐与三氯化铝、四氧化二氮在硝基甲烷中反应得到。起始原料 1-乙基-4,5-二甲基四唑盐酸盐(40)先通过 1,5-二甲基四唑与碘乙烷得到碘盐，然后再用阴离子交换树脂把碘换成氯。四唑的盐酸盐(40)在硝基甲烷中与一当量的无水三氯化铝反应生成四氯铝离子盐(41)，这是一种黏稠的离子液体，然后中间体直接与过量的四氧化二氮在硝基甲烷中反应得到终产物 42(图 8-16)。

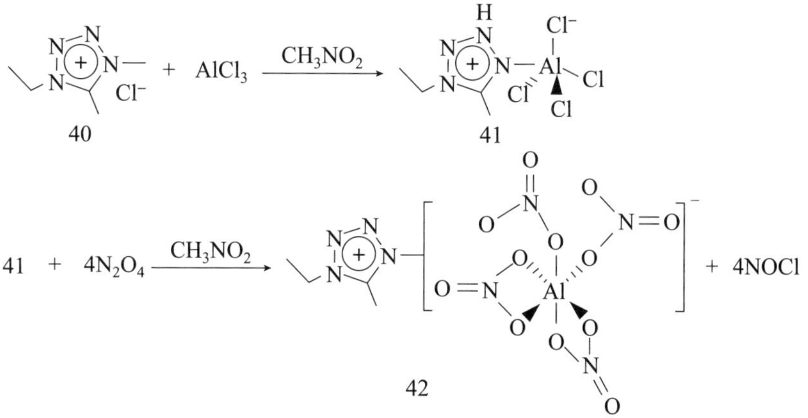

图 8-16　四硝基铝 1-乙基-4,5-二甲基四唑的合成路线

3. 六次甲基四胺含能离子盐的合成工艺

Xue 等人合成了基于六次甲基四胺的含能离子盐，这类盐的制备方法如图 8-17 所示。在甲醇中 3,5-二硝基吡啶、4,5-二硝基咪唑、3,5-二硝基-1,2,4-三唑、5-硝基四唑很容易使六次甲基四胺发生季铵化。N-甲基六次甲基四胺碘酸盐是通过六次甲基四胺与碘甲烷反应来制备的。N-甲基六次甲基四胺碘盐再分别与 3,5-二甲基-1,2,4-三唑银、硝酸银、高氯酸银和氟化银发生置换反应生成化合物(48)～(51)，其中(51)在甲醇中与(CH₃)₃SiN₃反应得到含叠氮根的化合物(52)(图 8-17)。

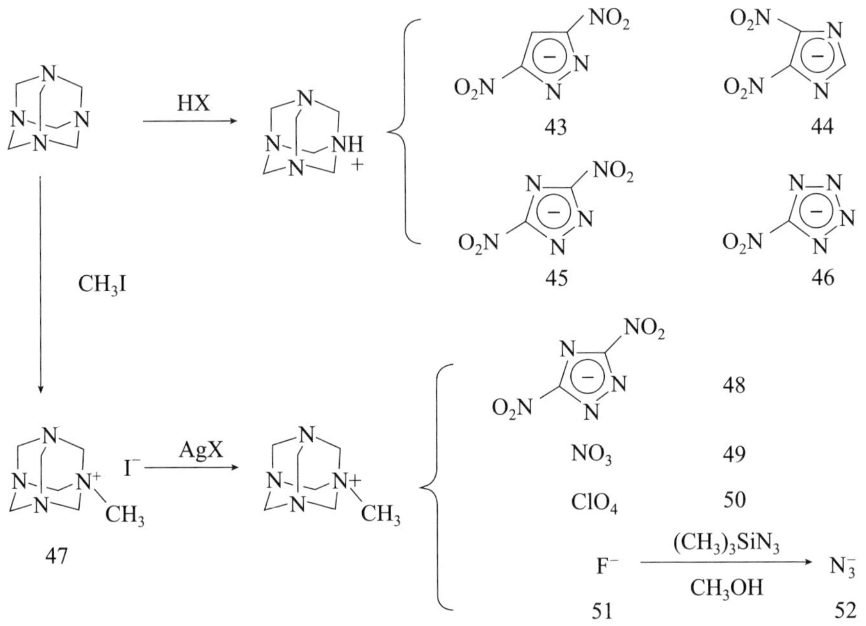

图 8 - 17　六次甲基四胺的含能离子盐的合成

4. 苦味酸盐合成工艺

Jin 等人合成了单唑苦味酸盐和桥联唑苦味酸盐。用苦味酸对三唑衍生物进行质子化或相应的季铵盐与苦味酸银发生复分解反应可合成含能的单咪唑、三唑和四唑的苦味酸盐(58)~(64)(图 8 - 18)。桥联的苦味酸盐的合成首先是咪唑或三唑与二溴甲烷或二氯甲烷在碱性条件和相转移催化剂存在下反应得到桥联的二咪唑(67)和三唑甲烷(68),然后它们直接与苦味酸反应或与碘甲烷反应得到碘盐后再与苦味酸银发生复分解反应得到(71)~(73)(图 8 - 19)。

5. 咪唑为阳离子的含能离子盐的合成工艺

Katritzky 等人合成了 1 -丁基- 3 -甲基咪唑 3,5 -二硝基- 1,2,4 -三唑盐这种含有刚性平面阴离子的新颖离子液体。环上有吸电子取代基往往会形成能量高、密度高、感度低和抗热性能好的含能材料,而且可增加芳香性,并提高热稳定性。在环上引入供电子基团会使化合物的 pKa 值减小,从而难发生烷基化或质子化;相反,在环上引入吸电子基团会使它更容易形成阴离子。1 -丁基- 3 -甲基咪唑、3,5 -二硝基- 1,2,4 -三唑由相应的有机卤盐与 3,5 -二硝基- 1,2,4 -三唑钠反应制得。用 DSC 和 TAG 对产物进行了热分析,化合物(74)在 35~36℃时迅速熔化形成具有中等流动性的离子液体,分解温度为 239℃。

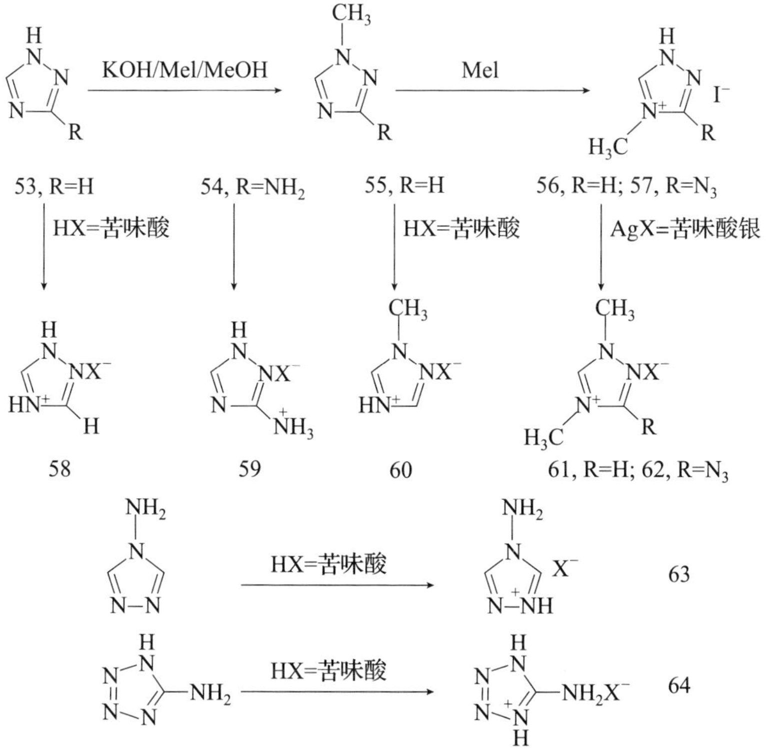

图 8 - 18   单唑苦味酸盐的合成

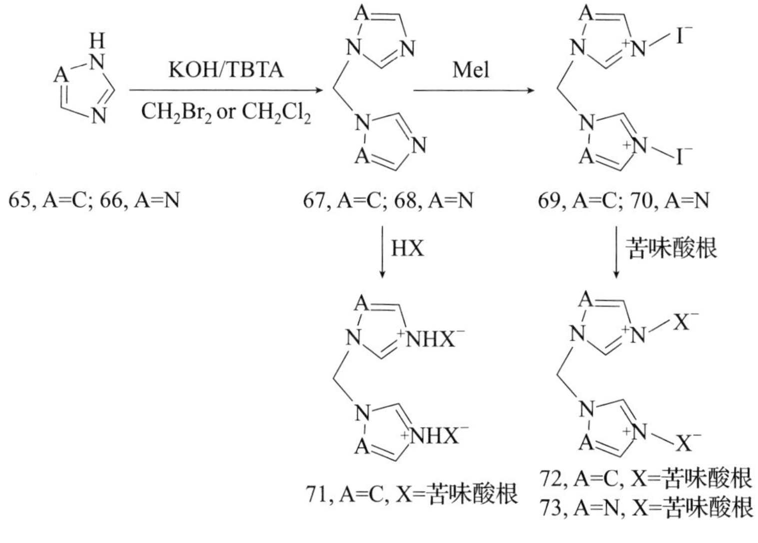

图 8 - 19   桥联唑苦味酸盐的合成

Xue 等人合成咪唑的叠氮或硝基取代衍生物形成的含能离子盐(74)～(81)。它们的结构、熔点和分解温度列于表 8-2。这些盐中只有(80)(T_m = 65℃)的熔点低于 100℃。一般而言，硝酸盐的熔点比高氯酸盐的低，热稳定性也较差。

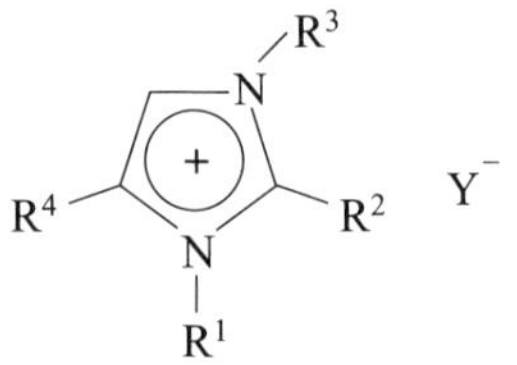

74～81

表 8-2 咪唑季铵盐的结构、熔点和分解温度

化合物	R^1	R^2	R^3	R^4	Y	熔点/℃	分解温度/℃
74	CH_3	H	CH_3	NO_2	ClO_4	172	259
75	CH_3	H	CH_3	NO_2	NO_3	163	174
76	CH_3	CH_3	CH_3	NO_2	ClO_4	186	307
77	CH_3	CH_3	CH_3	NO_2	NO_3	161	166
78	Et	CH_3	CH_3	NO_2	ClO_4	146	237
79	Et	CH_3	CH_3	NO_2	NO_3	65	146
80	H	N_3	H	H	ClO_4	116	132
81	H	N_3	H	H	NO_3	124	124

6. 联双唑离子盐的合成

Gao 等人合成了 2-甲基-5-(咪唑-2-基)-2H-四唑、2-甲基-5-(1,2,4-三唑-2-基)-2H-四唑、1-甲基-5-(咪唑-2-基)-1H-四唑、1-甲基-5-(1,2,4-三唑-2-基)-1H-四唑、1-甲基-4-硝基-2-(1,2,4-三唑-2-基)-1H-咪唑和 1-甲基-4-硝基-2-(1,2,4-三唑-1-基)-1H-咪唑这 6 种联双唑和它们的硝酸盐、高氯酸盐。联双唑由甲磺酰基取代的咪唑、三唑和四唑与咪唑钠或三唑钠在温和的条件下反应得到。联双唑直接与硝酸或高氯酸反应生成相应的季铵盐或先与碘甲烷反应后再与 $AgNO_3$ 或 $AgClO_4$ 发生复分解反应得到相应的联双唑离子盐(图 8-20)。

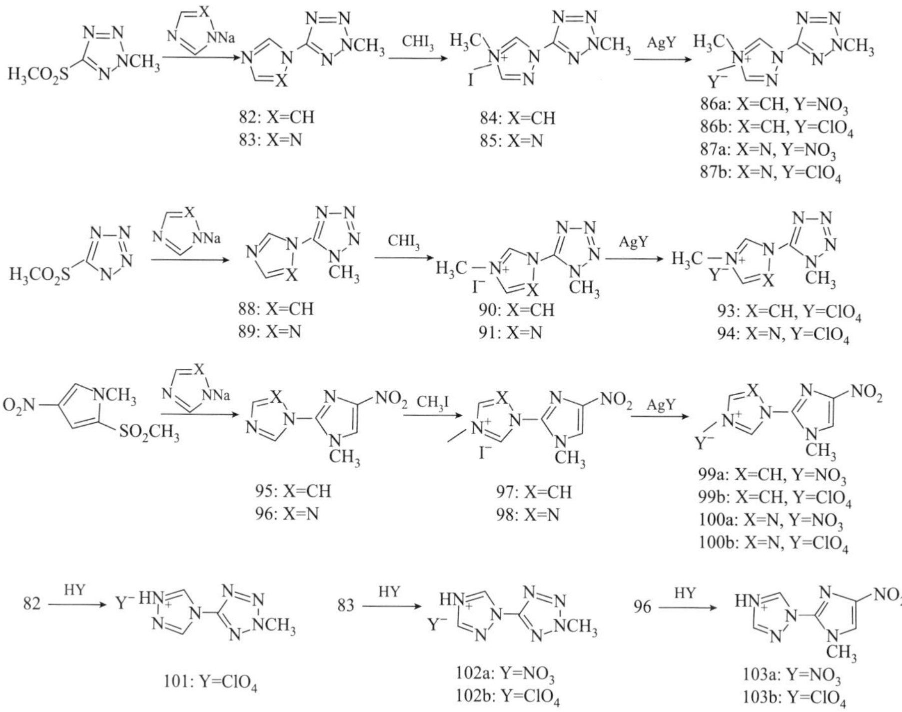

图 8 - 20　联双唑盐的合成

7. 多氰基含能离子盐的合成

Gao 等人合成了多氰基含能离子盐。将氰基引入含能离子盐的设计主要是利用氰基具有较高的标准摩尔生成焓，标准摩尔生成焓是化合物的基本热力学性质，是其含能高低的标志，也是计算高能化合物爆轰性能（如爆速和爆压）的必备参数。采用此方法从理论上预测、计算高能化合物的生成热对含能材料的分子设计和品优炸药的筛选具有重要意义。利用含多氰基的化合物设计合成含能材料有助于提高材料的标准摩尔生成焓。合成方法主要是采用富氮阳离子盐酸盐或硫酸盐与含多氰基阴离子的银盐或钡盐进行复分解反应（图 8-21）。

8. 基于 1,3-二硝基脲(DNU)的含能离子盐

Ye 等人合成了以 1,3-二硝基脲(121)为阴离子的含能离子盐，1,3-二硝基脲中硝氨基具有较强的酸性，利用它与富氮杂化化合物的中和反应制备了一系列含能离子盐(122a)～(122i)，这些盐具有很高的密度，其中(122a)和(122c)的密度都达到了 1.80g/cm³ 以上（图 8-22）。

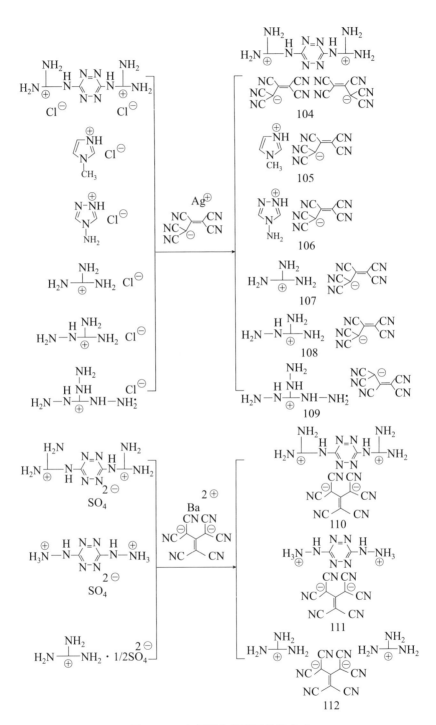

图 8-21   多氰基含能离子盐的合成

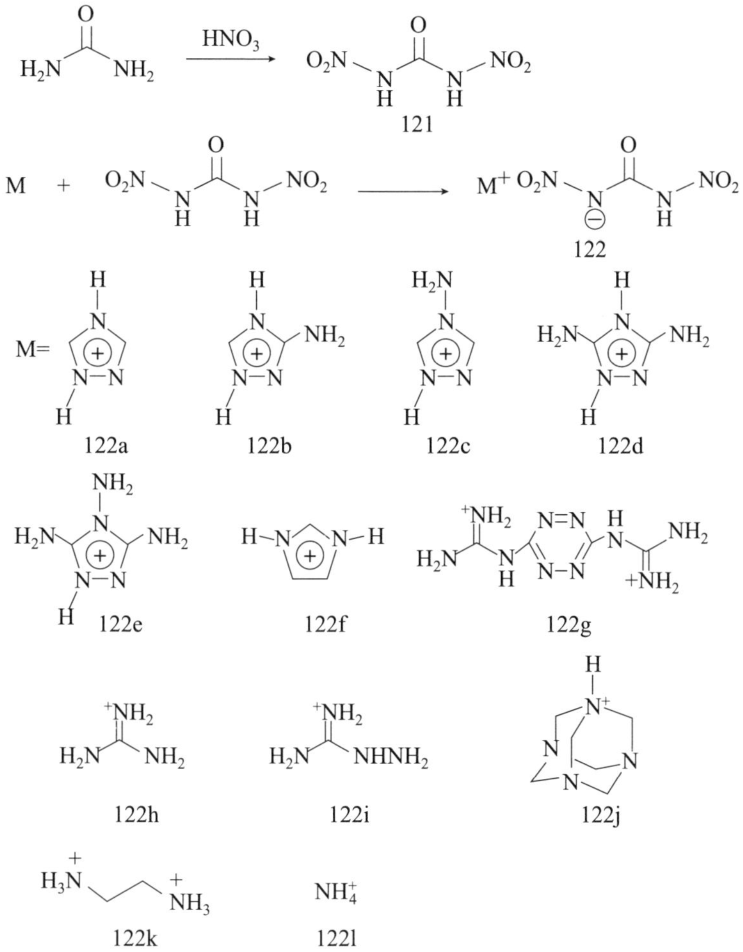

图 8 - 22　1，3 -二硝基脲含能离子盐的合成

8.3　共晶含能化合物

随着军事科学技术的不断发展和现代战场形势的复杂化，新型武器对含能材料性能的要求越来越高，不仅要求炸药具有高能量，还要求炸药具有更高的安全性，以避免运输和使用过程中意外引发事故和爆炸。为了达到这看似矛盾却又相互统一的目标，获得新一代高能钝感含能材料成为国内外含能材料领域研究的热点。目前对高能顿感含能材料的研究主要有两个方向：一是设计和合成新型含能化合物，该方法存在研究周期长、短时间较难取得突破的问题；另一个是对现有含能材料进行综合改性，该方法研究周期短，改性效果显著，因

而受到很大关注。

含能材料改性研究主要有 4 个方面：①改善炸药晶体缺陷，提高晶体质量和晶体结构的完整性；②炸药颗粒的纳米化，以提高炸药的起爆性能和能量释放速率；③选择合适的包覆材料对高能炸药进行表面包覆，改善其安全和力学性能；④从分子层面把不同分子混合形成共晶。共晶是两种或两种以上在常温下为固体的中性分子组分，在非共价键（范德华作用，氢键，π-π 堆积等）作用下，以一定化学计量比结合在同一晶体内形成的具有特定结构和性能的多组分分子晶体。共晶在不破坏原有炸药分子化学结构情况下，改变炸药的内部构成和晶体结构，给研究者们提供了一条改善炸药分子的物化性能以及克服一些炸药单体缺点的新思路，通过形成共晶炸药能有效改善部分炸药的密度、感度，提高其爆热、做功能力及安全性能等，具有重要的学术价值和广阔的应用前景。

8.3.1　概述

共晶的形成主要依靠分子间相互作用力。在共晶体系内不同分子间的相互作用主要有氢键、π-π 堆积作用、范德华力、卤键等。这些不同的相互作用不是孤立的，它们多呈现协同性，多种作用力达到平衡以稳定晶格。这些非共价键连接分子不会破坏分子内部的共价键，分子本身的一些性质也不会改变。因此，共晶炸药既保留了单组分炸药的某些性能，也获得了优于各单组分的其他性能。由于大多数高能炸药含有 $-NO_2$ 基团。而钝感炸药大多含有 $-NH_2$ 基团，这为通过氢键连接不同的炸药分子形成共晶提供了机会。

共晶作为一种新的改性技术，是热力学、动力学、分子识别的平衡结果。形成共晶的条件是比较苛刻的，归纳起来其形成条件主要有以下几点。

1. 组分间具有较强的分子间作用力

形成共晶的单一组分应该有相适宜的结构，分子之间能形成较强的两两相互作用，以形成较稳定的超分子合成子，从而进一步形成共晶。在共晶的设计中，能否形成较强的氢键作用及其他分子间作用是关键因素之一。

2. 溶解度相近

在共晶的生长过程中固相和溶剂相的平衡是影响共晶析出的重要因素。可用三元相图来解释共晶的形成，相图会随着各组分溶解度的不同而变化。不同的溶解度将改变相图中热力学有利的共晶相区域的位置和大小。对于溶解度相近［图 8-23(a)］且物质的量相等的两组分，其共晶形成相图较简单、有规律，共晶的形成相对容易；而溶解度相差较大的两组分形成共晶时的相图较复杂［图

8-23(b)]，不便于观察分析，共晶也不易形成。因此，在共晶炸药的制备中，应尽可能选择对各组分溶解度都相近的溶剂，以扩大共晶区，利于共晶的产生。

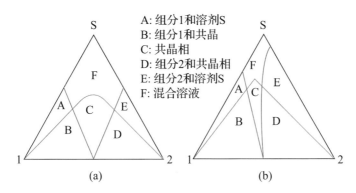

A：组分1和溶剂S
B：组分1和共晶
C：共晶相
D：组分2和共晶相
E：组分2和溶剂S
F：混合溶液

(a)   (b)

图 8-23　两种组分在溶剂中的等温三元相图

3. 热力学有利

形成共晶的另一个重要前提是共晶的形成过程是热力学自发过程。ΔG_0 反映了共晶及其形成物之间的能量大小。当 $\Delta G_0 < 0$ 时，共晶为最稳定形态，即溶解平衡自发地向析出共晶的方向移动，体系有利于共晶生成；当 $\Delta G_0 > 0$ 时，各组分的单一晶体稳定，此时体系有利于单组分晶体的形成。研究共晶形成的反应自由能对反应溶剂的选择及反应温度的控制都有重要意义。ΔG_0 的计算公式为

$$\Delta G_0 = -RT\ln\frac{S_A S_B}{K_{SP}}$$

式中，S_A、S_B 分别为形成共晶的 A、B 组分的溶解度；K_{SP} 为溶度积。反应物与生成物的溶解度因溶剂的不同而有差异，它直接影响了反应自由能的大小，而且反应自由能也容易受到反应温度的影响。因此，要制备共晶就需要选择合适的溶剂，并控制一定的反应温度，使得反应自由能小于零。

8.3.2　共晶含能化合物的性质及合成工艺

共晶的制备方法很多，目前常用的有溶剂挥发法、降温结晶法、研磨法和溶剂-非溶剂法、喷雾干燥法等。溶剂挥发法主要用于溶解度随温度变化不大的物质，能够有效控制结晶的形貌和尺寸大小，但耗时较长。降温结晶法适用于炸药组分在溶剂中的溶解度随温度变化较大的体系，但降温速率的控制对设备要求较高且难以精确控制。研磨法一般分为干磨法和溶液辅助研磨两种。干磨法是将一定比例的两种或两种以上组分混合均匀后，利用研钵或球磨机将混合

成分经过一段时间的处理制备共晶。溶液研磨法是将少量的溶剂添加到制备晶体的混合体系中，在含有溶剂的情况下研磨混合体系。研磨法避免了溶剂的过量使用，很少有副产物生成且不需考虑各组分的溶解度问题，体系组成简单，但不能有效控制结晶形貌。溶剂-非溶剂法周期较短，通过采用不同的溶剂-非溶剂体系、控制工艺条件等来改变结晶环境，从而控制晶体形貌和尺寸。喷雾干燥技术可使炸药共溶液被雾化成为微小雾滴，增大其比表面积，与热气体接触时，溶剂挥发，溶液可瞬间获得高过饱和度，缩短晶体生长过程，有利于形成超细共晶颗粒。

由于含能材料对热、电、摩擦、冲击波和撞击等刺激十分敏感，出于安全性考虑，一般情况下含能材料共晶都是利用溶液体系制备，而不采用研磨法等非溶液体系进行制备。

共晶技术虽然经过了较长时间的发展，但其在炸药领域的应用却并不广泛，目前还处于起步阶段，已报道的共晶炸药并不多。但含能材料共晶对于新型先进含能材料研发的重要性得到了广泛的认可。

1. TATB/HMX 共晶炸药

2,4,6-三氨基-1,3,5-三硝基苯（TATB）对热、摩擦和冲击等非常钝感，具有良好的热稳定性和较低的撞击感度，但 TATB 几乎不溶于有机溶剂，限制了其应用。奥克托今（HMX）能量高、热安定性好，但感度差，容易因高温、撞击等刺激而发生意外殉爆。侯聪花等人采用溶剂-非溶剂法，在超声辅助的情况下制备了 TATB/HMX 共晶炸药。将投料比（TATB 与 HMX 的摩尔比）为 3:7 的 TATB 与 HMX 溶解于质量比为 5:95 的[Emin]Ac/DMSO 复合溶剂中，在超声振荡仪中水浴加热，搅拌，混合均匀形成共溶液，将溶解温度和搅拌速率控制在 80℃ 和 500r/min，缓慢滴加适量的非溶剂水（溶剂与非溶剂的体积比为 1:10），抽滤，水洗 5 次，干燥 5h，得到 TATB/HMX 共晶炸药。

TATB/HMX 共晶炸药晶体形状规则、大小均匀、表面平整没有缺陷（图 8-24）。由表 8-3 中可以看出共晶的分解温度与 HMX、TATB 相比均发生了偏移，分解峰温略高于 HMX，表明其热安定性优于原料 HMX。TATB/HMX 共晶、原料 HMX 和 TATB 的特性落高由大到小的顺序为 TATB > TATB/HMX 共晶 > HMX，撞击感度较 HMX 明显降低。计算得到 TATB/HMX 共晶炸药的理论密度为 $1.891g/cm^3$，介于原料 HMX 与 TATB 之间；理论爆速为 8758m/s，高于原料 TATB（7452m/s）；表明共晶炸药爆轰性能良好。TATB/HMX 共晶炸药的表征结果说明通过共晶技术可以改善炸药综合性能。

图 8-24   TATB/HMX 共晶炸药的扫描电镜图像

表 8-3   TATB、HMX、TATB/HMX 共晶的性能对比

样品	分解峰温/℃	撞击感度 H_{50}/cm	密度/(g·cm^{-3})	爆速/(m·s^{-1})
TATB	370.14	320	1.857	—
HMX	278.78	26	1.905	—
TATB/HMX 共晶	281.09	100	1.891	8758

2. HMX/TNT 共晶炸药

2,4,6-三硝基甲苯(TNT)是广泛使用的炸药,具有熔点低、撞击感度较低、价格低等优点,但其能量严重制约了其在高能武器弹药中应用。HMX 能量高,但感度差,容易因高温,撞击等刺激而发生意外殉爆。Hequn Li 等人采用喷雾干燥法制备了 HMX/TNT 共晶炸药,共晶实验在瑞士 BUCHI Labortechnik AG 公司生产的 B-290 微型喷雾干燥机上进行。首先将 HMX (2.4g)和 TNT (0.6g)溶解在 100mL 的丙酮中,在适当的温度和搅拌下形成均匀的炸药共溶液。对此共溶液用 BUCHI 微型喷雾干燥机进行喷雾干燥制备炸药微粒。进料温度 65℃,出料温度 45℃,进料速率 5mL/min,喷雾干燥气体 (N$_2$)的速率为 300L/h。最后,通过旋涡分离器将喷雾干燥气体(N$_2$)与炸药颗粒分离,在玻璃收集器中收集 HMX/TNT 共晶炸药颗粒。

无数微小的共晶炸药粒子(50~200nm)凝聚成 1~10μm 的球状 HMX/TNT 共晶微粒[图 8-25(c)、(d)]。拉曼光谱表明共晶的形成是由于 HMX 中的—NO$_2$ 和 TNT 中的—CH$_3$ 之间的 N—O···H 氢键作用。粗品 HMX、粗品 TNT、HMX/TNT 混合物(质量比为 80:20)、HMX/TNT 共晶的表征结果列于表 8-4。由表 8-4 中可以看出,HMX/TNT 共晶的 50%爆炸的特性落高 H_{50} 约为粗品 HMX 的 3 倍,比 HMX/TNT 混合物高 30.8cm。与粗品 HMX 和

HMX/TNT 混合物相比，HMX/TNT 共晶的活化能分别提高了 57.84kJ/mol 和 70.2kJ/mol。撞击感度与活化能的变化说明 HMX/TNT 共晶不是 HMX/TNT 的混合物，与 HMX 和 HMX/TNT 混合物相比，HMX/TNT 共晶具有更低的撞击感度和更高的热稳定性。

图 8 - 25　(a)粗品 HMX；(b)粗品 TNT；
(c) (d) HMX/TNT 共晶的扫描电镜图像。

表 8 - 4　HMX、TNT、HMX/TNT 共晶的性能对比

样品	撞击感度 H_{50}/cm	表观活化能/(kJ·mol^{-1})
粗品 HMX	19.6	520.76
粗品 TNT	149.6	508.40
HMX/TNT 混合物	31.3	—
HMX/TNT 共晶	62.1	578.60

3. TNT /TNCB 共晶炸药

2,4,6-三硝基氯苯(TNCB)能量、感度均高于 TNT，熔点接近于 TNT，常用作合成高能炸药的中间体。若能通过共晶技术使低感度的 TNT 与高能量的 TNCB 在分子水平上通过非共价键结合在同一晶格中，形成具有独特结构的共晶炸药，则有望在提高 TNT 能量的同时保持其低熔点与低感度特性，从而获得高能、低感及低熔点炸药以取代 TNT 作为新的熔铸炸药载体。

马媛等人采用溶剂挥发法，将 10mmol 的 TNT 与等摩尔数的 TNCB 溶于 100mL 无水乙醇中，得到炸药溶液。取上述溶液 100mL，置于 30℃ 恒温培养箱，缓慢挥发溶剂，一周左右即可得到淡黄色柱状共晶炸药及其单晶。

TNT/TNCB 共晶内部呈现层状波浪形堆积，通过 C—H…O 键和 C—Cl…O 键作用 TNT 和 TNCB 分子被连接成有序的锯齿链状结构，且层与层之间存在有 π—π 作用，这就使得二者形成的共晶在感度及热性能方面有别于单组分。由表 8-5 可知，TNT/TNCB 共晶炸药的熔化温度为 72.7℃，低于单组分 TNT 与 TNCB。通常共晶熔点介于两组分熔点之间，作者认为这可能是由于 TNT/TNCB 共晶分子中存在较弱的 Cl…O 键作用，使得分子间作用强度降低，熔点降低。TNT/TNCB 共晶炸药的特性落高高于原料 TNT 和 TNCB，TNT/TNCB 共晶炸药的感度比 TNT 和 TNCB 低，安全性提高。这可能是因为通过共晶技术，低感度的 TNT 与高感度的 TNCB 在分子水平上结合，改变了炸药的内部组成和晶体结构；此外，共晶分子内呈现层状波浪形堆积，这样的分子堆积方式提高了共晶分子对机械外力的抗振性，从而提高了共晶分子的安全性。TNT/TNCB 共晶的爆速和爆压明显高于 TNT，接近 TNCB，爆轰性能良好。

表 8-5 TNT、TNCB、TNT/TNCB 共晶的性能对比

样品	熔点/℃	撞击感度 H_{50}/cm	爆速/(m·s^{-1})	爆压/GPa
TNT	83.3	83.5	7508	24.52
TNCB	84.1	59.6	6670	19.24
TNT/TNCB 共晶	72.7	92.9	7460	22.99

4. CL-20/TNT 共晶炸药

六硝基六氮杂异伍兹烷(CL-20)是目前能量最高的单质炸药之一，具有广阔应用前景。但是，由于 CL-20 感度高，不能很好满足现代战争和更多新型武器对安全性的更高要求。为了获得高能钝感炸药，基于共晶原理，若能将 CL-20 与 TNT 实现共晶，形成同时具有高能和低感特性的独特结构，将大大拓展 CL-20 和 TNT 的应用范围。

2012 年杨宗伟等人采用溶剂挥发法制备了 CL-20/TNT 共晶炸药。溶剂挥发法制备 CL-20/TNT 共晶过程如下：选择甲醇作为溶剂，分别将 2g CL-20 和 TNT 在室温下搅拌溶解在溶剂体系中，配制形成炸药溶液备用；各取 50mL 上述炸药溶液，相互混合，超声振荡混合均匀，形成略带黄色透明结晶液，缓慢挥发溶剂，得到摩尔比为 1:1 的无色棱柱状 CL-20/TNT 共晶炸药。

CL-20/TNT 共晶为几十到几百微米的棱柱状颗粒，表面光滑完整，大小

均匀(图 8-26)。通过分子间 C—H···O 氢键相互作用，CL-20 与 TNT 以 1∶1 的比例被连接成有序的锯齿链状结构，并结合形成稳定结构的 CL-20/TNT 共晶炸药。对制备的样品进行了密度、撞击感度等测试，结果列于表 8-6。CL-20/TNT 共晶密度比 CL-20 的晶体密度稍低，远高于单斜晶系或斜方晶系 TNT 的晶体密度。CL-20/TNT 共晶的爆速、爆压、熔点等较 TNT 炸药均有所提高。表征结果说明 CL-20/TNT 共晶炸药与 TNT 相比有更好的爆轰性能，与 CL-20 相比具有更高的热稳定性。

杨宗伟以同样的方法采用乙酸乙酯为溶剂制备了摩尔比同为 1∶1 的 CL-20/TNT 共晶炸药，其性能与以甲醇为溶剂制备的 CL-20/TNT 共晶相差不大。杨宗伟对所得样品进行了撞击感度测试。测试结果表明 CL-20/TNT 共晶炸药的 H_{50}(28cm) 与 CL-20 的 H_{50}(15cm) 相比显著提高，降感效果明显。

图 8-26   CL-20/TNT 共晶的扫描电镜图像

表 8-6   CL-20、TNT、CL-20/TNT 共晶的性能对比

样品	密度/(g·cm⁻³)	爆速/(m·s⁻¹)	爆压/GPa	熔点/℃
CL-20	2.04	9500	43	210
TNT	1.63	6900	21	80.9
CL-20/TNT 共晶	1.91	8600	35	133.8

5. CL-20/NQ 共晶炸药

硝基胍(NQ)是一种钝感炸药，在火炸药技术和军贸中具有较大应用，但能量较低。如果运用共晶技术将高能量的 CL-20 和 NQ 的优缺点结合形成新的复合材料，对发展高能钝感炸药具有重要意义。

2017 年 Han Gao 等人采用真空冷冻干燥法制备了纳米 CL-20/NQ 共晶。将 0.0438g CL-20 与 0.0104g NQ (摩尔比为 1∶1)加入到 10mL 二甲基亚砜中，超声搅拌 1h 后形成均匀的炸药共溶液；将用滤纸盖住的装有炸药溶液的烧杯放进冷冻干燥设备中，将干燥过程的温度和真空度分别设定为 −45℃ 和 5Pa；干燥 2 天后，溶剂完全升华，得到 CL‐20/NQ 白色纳米共晶。真空冷冻干燥的原理是将溶剂冻结到固态，然后使溶剂在真空条件下直接升华，达到干燥的目的。在真空冷冻干燥过程中，溶液迅速冻结，晶体微粒不能在固体中生长和团聚，晶体生长和聚合的时间非常短暂，有助于形成纳米级共晶。

　　CL‐20/NQ 共晶大部分都是不到 500nm 的球形粒子[图 8‐27(c)、(d)]，根据热点理论，球形有助于均匀地将热量扩散到粒子内部，并形成较少的热点，有利于降低机械感度。由表 8‐7 可以得出 CL‐20/NQ 共晶的分解有两个峰，且分解峰温均小于原料 NQ 和 CL‐20，作者认为是纳米粒子的比表面积更大，可以在相同的加热时间内吸收更多的热量导致的。在相同的撞击和摩擦刺激下，共晶的撞击感度和摩擦感度均低于原料 CL‐20 和 CL‐20/NQ 混合物。钝感 NQ 组分、氢键形成的稳定共晶结构和球形纳米粒子形状均有利于降低机械感度。

图 8‐27　(a)NQ；(b)CL‐20；(c)(d) CL‐20/NQ 纳米共晶的扫描电镜图像

表 8‐7　NQ、CL‐20、CL‐20/NQ 混合物、CL‐20/NQ 共晶的性能对比

样品	分解峰温/℃	撞击感度/%	摩擦感度/%
NQ	245.3	0	0
CL‐20	242.6	100	100
CL‐20/NQ 混合物	—	76	80
CL‐20/NQ 共晶	222.5(峰 1) 238.8(峰 2)	36	52

6．CL‐20/HMX 共晶炸药

为了在尽量保证高能量的同时改善 CL‐20 感度高的问题，采用 CL‐20/HMX 共晶的方法对 CL‐20 进行改性研究引起了重视，但目前所报道的 CL‐20/HMX 大都存在晶体颗粒过小的问题。

2018 年 Mrinal Ghosh 等人介绍了一种基于溶剂蒸发的制备 CL‐20/HMX 共晶（摩尔比为 2∶1）的新方法：①将 β‐HMX 和 ε‐CL‐20 用烘箱烘干保证总含水率<0.1%；将 7.4g 的 β‐HMX（25mmol）溶解于 400ml 无水丙酮中，得到饱和溶液；②加入 21.9g 的 ε‐CL‐20（50mmol）并搅拌至溶解，过滤掉不溶性杂质；③加入一种高沸点的碳氢化合物非溶剂如二甲苯和结晶添加剂糊精，并采用超声分散；④将溶液转移到装有夹层的玻璃结晶器中，结晶器上连接玻璃搅拌器和加热循环装置，将转速调至 100～120r/min；⑤将结晶器中循环液温度逐渐升高至 60℃ 以上，使丙酮蒸发；⑥蒸发的溶剂经冷水冷凝，用烧杯收集；⑦根据整个结晶过程时间，计算得到的近似蒸发速率为 1mL/min；⑧将从反应器中回收的白色固体用低沸点的碳氢溶剂洗涤除去残余的非溶剂，并在 50℃ 下干燥；⑨用蒸馏水洗涤去除结晶添加剂；⑩得到的固体在 50℃ 的热风烘箱中干燥 24h，得到 CL‐20/HMX 共晶。溶剂蒸发速率是控制共晶得率的关键因素，当蒸发速率为 0.9mL/min 时，共晶得率可达 99%。

CL‐20/HMX 共晶呈透明的厚度约 30μm 菱形血小板形态（图 8‐28）。由表 8‐8 可知，实验测得晶体密度和爆速分别为 1.96g/cm^3 和 8268m/s，初步数值相当可观，进一步可通过改变共晶粒子的形态、改善晶体质量来改善爆轰性能。CL‐20/HMX 共晶的 H_{50} 约为 ε‐CL‐20 的 2 倍，接近 β‐HMX；摩擦

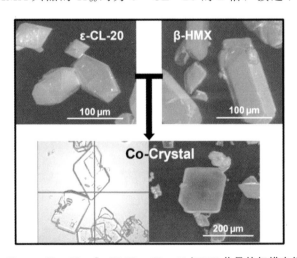

图 8‐28　ε‐CL‐20、β‐HMX、CL‐20/HMX 共晶的扫描电镜图像

表 8 - 8 ε - CL - 20、β - HMX 、CL - 20/HMX 共晶的性能对比

样品	密度/ $(g \cdot cm^{-3})$	爆速/ $(m \cdot s^{-1})$	撞击感度 H_{50}/cm	摩擦感度 /N	表观活化能/ $(kJ \cdot mol^{-1})$
ε - CL - 20	—	—	25 - 28	84 - 90	144.71
β - HMX	—	—	45 - 50	190 - 200	434.01
CL - 20/HMX 共晶	1.96	8268	43 - 48	300 - 330	273.29

感度的数值约为 ε - CL - 20 的 3 倍，且高于 HMX；说明 CL - 20/HMX 共晶对冲击和摩擦不敏感。此外 CL - 20/HMX 共晶的表观活化能高于 ε - CL - 20，共晶与 ε - CL - 20 相比有更好的热稳定性。

7. NTO/TZTN 共晶炸药

3 - 硝基 - 1,2,4 - 三唑 - 5 酮（NTO）是一种性能优良的高能钝感炸药，但晶体酸度较高。为了减小 NTO 的酸度，Jin - Ting Wu 等人采用溶剂挥发法将 NTO 与富氮弱碱化合物 TZTN 制备形成了 NTO/TZTN 共晶（摩尔比为 1 : 1）。具体制备过程如下：将摩尔比为 1 : 1 的 NTO（0.26g）和 TZTN（0.25g）的混合物溶解于 45℃的无水甲醇（20mL）中，搅拌 30min；在室温下溶剂在几个小时内蒸发完毕，形成一种新的高能炸药——NTO/TZTN 共晶。

NTO/TZTN 共晶是一种白色棱镜状的透明晶体，与 NTO 和 TZTN 相比，形态学完整，结构规则，大小均匀，表面光滑（图 8 - 29）。NTO/TZTN 共晶的形成主要是依赖于硝基、酮基与相邻的氢之间的强烈的分子间氢键作用。由表 8 - 9 可知，由于共晶结构中分子间氢键作用，共晶的熔点比 TZTN 增加了 12.3℃。与 TZTN 相比，共晶表现出对撞击不敏感的特性，但撞击感度高于 NTO。NTO/TZTN 共晶、NTO、TZTN 的晶体密度、爆速、爆压由大到小的顺序为：NTO＞NTO/TZTN 共晶＞TZTN，说明 TZTN 通过与高能量的化合物如 NTO 形成共晶，能改善其爆轰性能。与原料 NTO、TZTN 相比，共晶的酸度、感度、爆轰性能等均介于二者之间，表明共晶技术能有效调控现有炸药的性能。

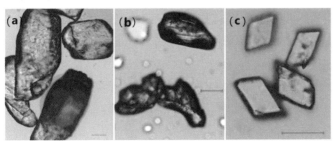

图 8 - 29 　(a) NTO；(b) TZTN 和 (c) NTO/TZTN 共晶的扫描电镜图像(刻度条为 10mm)

表 8 - 9   NTO、TZTN 、NTO/TZTN 共晶的性能对比

样品	熔点/℃	撞击感度/J	密度/(g·cm⁻³)	爆速/(m·s⁻¹)	爆压/GPa
NTO	261.7	>40	1.93	8446	33.0
TZTN	144.3	6	1.577	7272	21.6
NTO/TZTN 共晶	156.6	11	1.665	7458	23.5

共晶技术能有效调控现有炸药的性能，用共晶技术对现有的单质炸药加以改性，制备出高能低感的新型炸药，对含能材料的发展有着极为重要的意义。但共晶在含能材料领域中的应用刚刚起步，尚处于探索阶段。现有的共晶炸药研究体系仍比较单一，且存在表征手段少、形成机理不明的问题。共晶炸药的研究涉及溶解性、晶型转化和控制等问题，以及能量、感度、相容性等优化问题，因此其研究难度相对较大。总之，共晶技术对含能材料来说既是机遇，也是挑战。

综合国内外学者对共晶炸药的研究，在今后的研究工作中应重视以下几个方面问题：①在理论上深入研究共晶炸药形成的原理，设计出更多可信的、集能量与安全性能于一体的共晶炸药，为进一步的实验工作提供可靠的理论依据；②探寻制备共晶炸药的不同方法，寻找工艺简单且适用性强的制备手段；③应努力实现工业化生产。

8.4 含能氧化剂

8.4.1 概述

作为固体推进剂和高能混合炸药的重要组成部分，含能氧化剂在航空航天设备、气囊气体发生器、弹道导弹、深海石油作业中的压力发生器以及其他重要的军事领域有着广泛的应用。由于氧化剂在固体推进剂和高能混合炸药中的含量较高，氧化剂的性能直接决定了推进剂和炸药的能量大小，因此高能氧化剂的制备成为提高推进剂和混合炸药的有效途径。目前，最为常见的含能氧化剂包括高氯酸铵（AP）、硝仿肼（HNF）、二硝酰胺铵（ADN）、黑索今（RDX）和奥克托今（HMX）等。其中，高能化合物 RDX 和 HMX 等因具有高效的毁伤能力而作为炸药进行研制；高能化合物 AP、HNF 和 AND 等有助于提高燃烧热和降低燃气产物平均相对分子质量而能够提高固体推进剂的比冲，因此作为固体推进剂的高能氧化剂进行研制。

早在 20 世纪 60 年代，AP 就已经广泛应用于固体推进剂，其含氧量高，是

迄今为止使用最广泛、性能最好的高能氧化剂，然而由于其分子中含有卤元素，在受热时易释放有毒气体 HC1，并且易形成尾烟，难以满足推进剂低特征信号的要求。与此同时，国外对 HNF 进行了大量的研究，HNF 的能量高，并且分子中不含氯元素，为固体推进剂的进一步发展提供了无限可能，但当时 HNF合成过程中的安全问题难以保证，并且与当时应用广泛的黏合剂端羟基聚丁二烯（HTPB）的相容性差，所产生的气体导致推进剂发生膨胀，影响推进剂的性能。20 世纪 70 年代初，苏联化学研究所首先合成出 ADN 高能氧化剂，ADN的分子中无卤元素并且具备较高的氧平衡，符合环保型氧化剂的发展要求，但ADN 吸湿性较强，影响其长期储存的稳定性，并且与多种含能组分相容性较差，限制了其作为高能氧化剂的实际应用。20 世纪 90 年代以来，越来越多的新型高能氧化剂如六硝基六氮杂异伍兹烷（CL－20）、环四甲撑四硝胺（HMX）、三氨基三硝基苯（TATB）、八硝基立方烷（ONC）等成功合成，HNF 相容性差的问题也得到了进一步改善，为高能量密度材料（HEDM）的发展奠定了基础。部分含能氧化物的性能参数如表 8-10 所示。以下将对具有代表性的高氯酸铵、硝仿肼和二硝酸胺铵 3 种高能氧化剂进行介绍。

表 8-10 部分含能氧化剂的性能参数

含能氧化剂	氧含量/wt%	氧平衡/%	密度/(g·cm^{-3})	热焓/(J·g^{-1})
AP	54.5	34	1.95	-2520.57
ADN	51.6	25.8	1.8	-1247.73
HNF	52.5	21.8	1.87	-393.58
RDX	43.2	-21.6	1.82	315.32

8.4.2 高氯酸铵(AP)的性质及合成工艺

1. AP 性质

高氯酸铵（ammonium perchlorate，AP），化学式 NH_4ClO_4，常态下为白色晶体，密度为 1.95g/cm^3，相对分子质量为 117g/mol，易吸湿，在空气中长期存放容易结块；易溶于二甲基甲酰胺、水和甲醇，在乙醇和丙酮中的溶解度较小，几乎不溶于乙酸乙酯和乙醚中。AP 有两种晶型：斜方晶型和立方晶型。当温度低于 240℃时，AP 是以斜方晶形式存在的；当温度高于 240℃时，AP 则是以立方晶形式存在的，斜方晶型转变为立方晶型所需要的热量为 11.3kJ/mol。图 8-30 为 AP 的斜方晶型示意图，每个晶胞含有 4 个分子，晶胞参数：$a=0.9202$nm，$b=0.5816$nm，$c=0.7449$nm。4 个氧原子在氯原子周围形成四面体，氯和氧之间的距离为 0.143nm，每个铵离子被 12 个氧原子包围，其中 8 个距离为 0.294~0.308nm，另外 4 个的距离为 0.325~0.352nm。立方晶型的 AP 类似于氯化钠的结构，每个晶胞含有 4 个分子，$a = 0.763$nm。

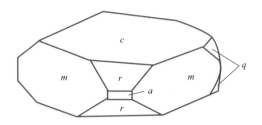

图 8-30　高氯酸铵的晶型示意图（a:100；c:001；m:110；r:102；q:011）

AP 的氧化性强，易与还原剂、易燃物、金属粉末发生爆炸，与强酸接触易发生燃烧爆炸。作为一种氧化剂，AP 的冲击感度、摩擦感度、热感度和起爆感度等与硝酸铵相接近。AP 被认为是相当稳定的化合物，其分解初始温度为 130℃，其分解速率远慢于硝酸铵。然而，AP 的热分解在很大程度上取决于获得晶体的方法、预处理时间和储存时间。AP 在 300℃ 以下时，受热分解的反应方程式为

$$4NH_4ClO_4 = Cl_2 + 2N_2O + 3O_2 + 8H_2O$$

除以上产物之外，还会生成 ClO_2，HCl 和 N_2。

在温度高于 380℃ 时，AP 受热分解的反应方程式为

$$2NH_4ClO_4 = Cl_2 + 2NO + O_2 + 4H_2O$$

此外，还会生成 HCl，NOCl 和 NO_2。

AP 不但是一种强氧化剂，也是一种极不敏感的炸药，其爆速为 2500m/s（密度为 1.17g/100mL 时），爆热为 1112kJ/kg，爆发点为 350℃。AP 由于过于钝感，故一般不单独作为炸药使用。此外，AP 也被用于烟火、腐蚀剂、分析试剂等。

2. AP 的合成工艺

制备 AP 的方法按照反应介质可以划分为固相法、液相法和气相法。固相法是通过从固相态到固相态的变化制备 AP 粉末，主要包括机械球磨法、气流粉碎法、热分解法、固相反应法、火花放电法、溶出法、超细粉碎法等；液相法是制得均相溶液后将溶质与溶剂分离而得到 AP 粒子，主要包括水热和溶剂热法、水解法、蒸发溶剂法、共沉淀法、喷雾法、氧化还原法、微乳液法、溶胶—凝胶法等；气相法是直接通过气相或者通过其他各种手段将原料物质变为

气体，使之在气态下发生物理或化学反应，最后在冷却凝聚过程中形成为 AP 粒子，主要包括化学气相反应法、化学气相凝聚法、喷射法等。

1）固相法

固相法制备 AP 具有工艺简单、成本低的优点，是最为传统的制备方法；但固相法制备 AP 效率低、能耗大，制备出的 AP 粒径较大。其中最为常用的是机械球磨法和气流粉碎法。

机械球磨法是将原料放入球磨机机中，利用球磨机中钢球的挤压力和剪切力混合与粉碎原料，原料与原料、原料与球磨罐壁发生摩擦、碰撞、挤压，于是原料发生形变并逐渐细化。在球磨的过程中，可以改变钢球的大小、球磨机的转速、球磨时间等参数调节与改善球磨工艺，得到粒径较小的 AP 粒子。

气流粉碎法是利用压缩空气在气流粉碎机喷嘴处产生高速气流，高速气流喷出时形成强烈多素流场，使其中的固体颗粒在自撞中或与冲击板、器壁撞击中发生变形、破碎。粉料由给料机加入给料喷嘴后受压缩空气作用喷入粉碎腔，气流带动物料在粉碎室不断回转，形成的旋转气流使得颗粒之间发生碰撞，同时物料颗粒与粉碎室内壁以及气流与物料颗粒之间也不断发生碰撞、剪切、摩擦，达到粉碎成微粉的目的。在粉碎过程中，不同细度的颗粒在旋转气流中会产生不同的离心力，合格细度的粉体颗粒由于向心气流作用力大于其离心力而被排气气流带至出料管而被收集，较大的颗粒因受离心力大于向心气流的作用力而被抛向周边，随物流高速运动而继续粉碎过程。气流粉碎法制备出 AP 粒子的 SEM 图如图 8-31 所示。

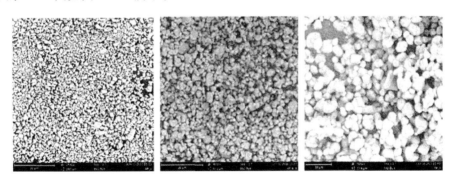

图 8-31 气流粉碎法制备 AP 粒子的 SEM 图

2）液相法

液相法制备 AP 具有反应条件可控，制得的 AP 粒子纯度高、粒径小、组分均匀的优点。其中，反溶剂重结晶法与喷雾干燥法制备工艺较为成熟，受到了广泛的关注。

反溶剂重结晶法又称溶剂-非溶剂法，具有产物浓度高、工艺简单、易于规模化生产和能耗低等优点。改变反应条件还可以生成不同的晶形。反溶剂重结晶法是利用溶质在不同溶剂中溶解度的不同，将一定浓度的溶液加入到一定量的非溶剂中，使溶质达到过饱和而析出。反溶剂重结晶法制备 AP，制品的结构及性能与温度、过饱和度、表面活性剂、溶液浓度等因素有着很大的关系。反溶剂重结晶法制备 AP 的缺点在于，在溶剂-非溶剂制备过程中需使用大量的具有污染性的溶剂，并且难以回收，造成环境污染。

喷雾干燥法是用雾化器将溶液分散成为小液滴，将处于雾化状态的小液滴喷入到热风中，然后烘干成为 AP 颗粒，是一种普遍使用的方法。喷雾干燥法主要包括两个步骤：①将原料在干燥室中雾化；②使雾化后的原料与热空气接触，使其迅速干燥而得到最终产品。喷雾干燥法还可以使糊状液、乳化液、悬浮液等溶液干燥成为粒度较小的粉末。喷雾干燥法干燥速度快、生产效率高、产品纯度高、环境卫生，可以创造良好的经济效益。反溶剂重结晶法和喷雾干燥法制备出 AP 粒子的 SEM 图如图 8 - 32 所示。

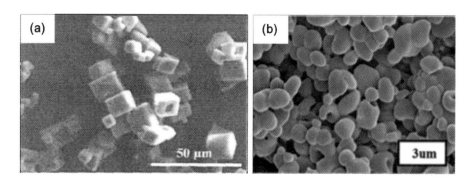

图 8 - 32　反溶剂重结晶法(a)和喷雾干燥法(b)制得 AP 粒子的 SEM 图

3)气相法

气相法按照反应类型可以划分为物理气相合成法和化学气相合成法，气相合成法成本高、合成工艺较为复杂。其中，冷冻干燥法和超临界流体法是两种较为常用的方法。

冷冻干燥法又称为溶剂升华法，是利用物质升华的原理进行干燥的一种方法。需要将原料配制成溶液或者溶胶，将溶液或溶胶在低温环境下迅速冷冻成为固体或者再制成凝胶，然后在真空条件下将溶剂直接升华后得到最终产品。冷冻干燥法制备出的 AP 颗粒具有流散性好、形貌规则、组分均匀的优点，但是制备工艺难以控制，所得制品的得率较低。

超临界流体是温度、压力高于其临界状态的流体。温度与压力都在临界点

之上的物质状态称为超临界流体。超临界流体法制备含能材料是利用超临界流
体的特点，在临界点附近对温度、压力等进行细小的改变，制得没有分散性好、
纯度较高、粒度分布范围窄的晶体。超临界流体法仅通过对反应参数的调控就
可以得到形貌多样、粒径分布较窄的超细晶体。但超临界流体法成本高、生产
过程复杂，并且生产过程涉及高温高压等操作隐患。

8.4.3 硝仿肼(HNF)的性质及合成工艺

1. HNF 的性质

硝仿肼(hydrazine nitroform，HNF)是弱酸肼(HZ)和弱酸三硝基甲烷
(NF)生成的一种盐，分子式为 $N_2H_5C(NO_2)_3$，属单斜晶系，其物理和化学性
质如表 8-11 所示。HNF 分子中不含卤素，分解产物相对分子质量小、能量
高，可以用来开发高比冲、无烟的火箭推进剂的氧化剂，是高能、低特征信号
推进剂的理想氧化剂之一。目前，以 HNF 为氧化剂、GAP 为黏结剂、Al 为燃
料的固体推进剂拥有能量高、感度低、环境友好的优点而得到了广泛的应用。

表 8-11 HNF 的物理和化学性质参数表

密度 /(g·cm^{-3})	熔点 /℃	氧平衡 /%	生成热 /(kJ·mol^{-1})	冲击感度 /J	摩擦感度 /N	毒性-LD$_{50}$ /(mg·kg^{-1})
1.82~1.83	115~124	13.1	-72	3	20	128

注：LD50 为生物每公斤体重的致死量

HNF 的热分解分为 3 个温度阶段，分别为低于 123℃、123~260℃ 以及高
于 260℃，不同温度区域内 HNF 热分解所产生的产物不同。

当温度低于 123℃ 时，HNF 会缓慢转变为 $NH_4C(NO_2)_3$(ANF)，ANF 不
稳定迅速分解为 $N_2H_4NO_3$ 和气相产物，反应式为

$$HNF \longrightarrow ANF \longrightarrow NH_4NO_3 + 气相产物$$

当温度在 123~260℃ 范围内时，在 HNF 表面形成熔融/泡沫状态，反应
式为

$$2HNF \longrightarrow 2ANF + N_2 + H_2$$
$$HNF(I) \longrightarrow HC(NO_2)_3(g) + N_2H_4(g)$$
$$2ANF(I) \longrightarrow NO_2 + 2CO + 4H_2O + 5/2O_2 + 3N_2$$

当温度高于 260℃ 时，发生自燃或爆燃，反应式为

$$HNF \longrightarrow 2NO + CO_2 + 2H_2O + 3/2N_2 + 1/2H_2$$

早在 20 世纪 60 年代，人们就发现硝仿肼与当时所广泛使用的黏合剂端羟基聚丁二烯（HTPB）不相容，导致了当时对硝仿肼研究的终止。其原因在于，两者相混合时，HNF 进攻 HTPB 黏合剂的不饱和双键，使黏合剂大分子链遭到破坏而释放出气体，导致推进剂膨胀。经过了大量的实验研究，人们发现虽然 HNF 与 HTPB 黏合剂不相容，但 NHF 与 GAP（聚叠氮缩水甘油醚）黏合剂具有良好的相容性。因此，具有正生成热（957kJ/kg）和较高密度（1.3g/cm³）的 GAP 含能黏合剂成为了当前新型黏合剂研究的热点。

2. HNF 的合成工艺

硝仿肼（HNF）成功合成的关键在于硝仿（NF）的成功制备，将合成出的 NF 与水合肼或肼直接发生酸碱中和反应即可得到 HNF。NF 的合成主要有异丙醇硝化法、醋酸酐硝化法、丙酮硝化法、乙炔硝化法等。

1）异丙醇硝化法

以异丙醇为原料，浓硝酸为硝化试剂合成 HNF 的安全方法是在 1978 年由美国率先提出的。将异丙醇与发烟硝酸反应生成硝化液，用二氯乙烷萃取硝化液，得到硝仿-二氯乙烷溶液，用氢氧化钠中和硝仿-二氯乙烷溶液中的硝酸，再用硫酸反滴，经过用水反萃和盐析得到硝仿。反应式如下：

$$(CH_3)_2CHOH + HNO_3 \xrightarrow[\text{NaOH}\quad H_2SO_4]{Cl(CH_2)_2Cl} CH(NO_2)_3$$

2）醋酸酐硝化法

醋酸酐硝化法以醋酸酐和氢氧化钾为原料生成硝仿钾，再用浓硫酸酸化后可得到硝仿。将发烟硝酸滴入醋酸酐中，制得四硝基甲烷，四硝基甲烷与氢氧化钾反应生成硝仿钾，然后将硝仿钾加入浓硫酸中用乙醚萃取制得硝仿-乙醚溶液，最后经水反萃、盐析得到 NF。反应式如下：

$$(CH_3CO)_2O + HNO_3 \longrightarrow C(NO_2)_4 + CO_2 + CH_3COOH$$
$$C(NO_2)_4 + 2KOH \longrightarrow C(NO_2)_3K + KNO_3 + H_2O$$
$$2C(NO_2)_3K + H_2SO_3 \longrightarrow 2CH(NO_2)_3 + K_2SO_4$$

3）丙酮硝化法

丙酮硝化法是以丙酮和浓硝酸为原料合成 NF 的方法。反应式如下：

$$H_3C\underset{\parallel}{\underset{O}{C}}-\underset{\overset{|}{NO_2}}{\overset{NO_2}{C}}-NO_2 + H_2O \longrightarrow CH_3COOH + CH(NO_2)_3$$

4）乙炔硝化法

乙炔硝化法是以浓硝酸和乙炔气体为原料，采用硝酸汞作为催化剂，将乙炔气体进行氧化与硝化制得 NF，反应式如下：

$$HC\equiv CH + 2HNO_3 \xrightarrow{Hg(NO_3)_2} (NO_2)_2CHCHO \xrightarrow{HNO_3} (NO_3)_2CCHO$$

$$(NO_3)_2CCHO \xrightarrow{HNO_3} (NO_3)_2CCOOH \longrightarrow CH(NO_2)_3$$

8.4.4 二硝酰胺铵（ADN）的性质及合成工艺

1. ADN 的性质

二硝酰胺铵（ammonium dinitramide，ADN）的化学式为 $NH_4N(NO_2)_2$，其主要物理化学性质如表 8‒12 所示。ADN 是一种可用于高能量密度材料中的新型氧化剂，它的氧含量和生成焓高，分子中不含有卤素，特征信号低，是低易损性弹药和低特征信号推进剂的有效高能氧化剂之一。与 AP 相比，其优点在于：①有利于提高推进剂的比冲和减少二次燃烧；②避免了因产生氯化氢而导致的环境污染和特征信号；③热稳定性和化学稳定性较好，安全性好。

表 8‒12 二硝酰胺铵的物理化学性质参数表

外观	无色片状或针状晶体
相对分子质量	124.07
氧平衡/%	25
熔点/℃	92~94
密度/(g·cm⁻³)	1.82~1.84
生成热/(J·g⁻¹)	‒1209

ADN 在 92℃ 开始熔化、120℃ 时熔融层形成少量气泡，气泡扩散至熔融层表面破裂，在 150~160℃ 时气泡形成量及扩散破裂速度剧增，在 170℃ 以上液体剧烈沸腾产生大量气体并形成苍白色烟。ADN 可分解为 N_2O、NO_2、NO、AN、HNO_3、N_2、HONO、H_2O、NH_3 等多种产物，它们相对量的变化取决于反应进度和反应条件。其中，N_2O、NO_2、AN、HDN 常被视为 ADN 的特征分解产物。ADN 受热分解的反应主要包括：

$$ADN \longrightarrow NH_3 + HDN$$
$$ADN \longrightarrow NH_3 + N_2O + HNO_3$$
$$ADN \longrightarrow NO_2 + AN$$

20 世纪 70 年代中期，苏联科学家首次合成出 ADN 分子，证明了 ADN 的巨大发展潜能，随后世界各国均展开了对 ADN 的研究并取得了突出的成果。将 ADN 作为固体推进剂是在 AP 推进剂基础上发展起来的，由于 ADN 性能优异，成为了近年来固体推进剂用高能氧化剂的研究热点。然而，ADN 的吸湿性能、安全性能、与推进剂其他组分的相容性等问题仍然面临着巨大的挑战。

2. ADN 的合成工艺

现有的 ADN 的合成方法有很多，按照原料的性质可以分为两类：有机法和无机法。有机法指的是利用有机原料合成 ADN 的方法，如氨基甲酸乙酯法等；无机法指的是利用无机原料合成 ADN 的方法，如氨及氨的简单衍生物直接硝化的方法，主要有硝基脲法、氨基磺酸法、氨基丙氰法等。

1）氨基甲酸乙酯法

氨基甲酸乙酯法制备 ADN 是以氨基甲酸乙醋为起始原料，经硝化、氨解获得 N‐硝基氨基甲酸乙酯的铵盐，然后用 N_2O_5 硝化得到 N，N‐二硝基氨基甲酸乙酯中间体，氨解后合成 ADN。反应机理如下：

$$H_2NCOOC_2H_5 \xrightarrow[KNO_3]{H_2SO_4} HN(NO_2)COOC_2H_5 \xrightarrow{NH_3} \overset{+}{N}H_3\overset{-}{N}(NO_2)COOC_2H_5$$

$$\overset{+}{N}H_3\overset{-}{N}(NO_2)COOC_2H_5 \xrightarrow{N_2O_5} (NO_2)_2NCOOC_2H_5 \xrightarrow{NH_3} NH_4N(NO_2)_2$$

2）硝基脲法

硝基脲法制备 ADN 是以尿素为原料合成硝基脲，硝基脲可以分解为硝酰胺和异氰酸，硝酰胺经硝化、氨解得到 ADN。反应机理如下：

$$NH_2CONH_2 + HNO_3 \longrightarrow NO_2NHCONH_2$$
$$NO_2NHCONH_2 \longrightarrow (NO_2)_2NNH_4 + NH_2CONH_2$$

3）氨基磺酸法

氨基磺酸法是将氨基磺酸与氢氧化钾反应生成氨基磺酸钾，采用硝硫混酸作为硝化剂，经低温硝化和氨气中和后获得 ADN 水溶液及副产物 NH_4NO_3 和 $(NH_4)_2SO_4$。经活性炭分离纯化，最终制得 ADN。反应机理如下：

$$NH_2SO_3H + KOH \longrightarrow NH_2SO_3K \xrightarrow[KNO_3]{H_2SO_4} HN{\overset{NO_2}{\underset{NO_2}{}}} \xrightarrow{NH_3} NH_4N{\overset{NO_2}{\underset{NO_2}{}}}$$

4）氨基丙腈法

氨基丙腈法合成 ADN 是以氨基丙腈与氯甲酸丙酯为原料，在 NaOH 溶液的碱性条件下生成 N-正丙酯基-β-氨基丙腈，经硝化、氨化反应得到 N-硝基-β-氨基丙腈铵盐，随后在硝酰四氟化硼作用下合成 N，N-二硝基-β-氨基丙腈，然后无水乙醚存在条件下采用 NH_3 氨化合成 ADN。合成路线如下：

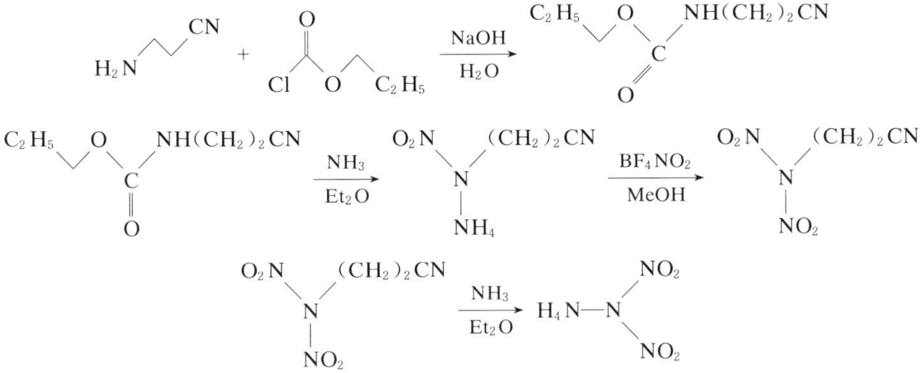

参考文献

[1] LI Y C,CAI Q,LI S H,et a1.1,1'-Azobis-1,2,3-triazole:A High-nitrogen Compound with stable N8 structure and photo-chromism[J].Journal of the American Chemical Society,2010,132(35):12172-12173.

[2] 阳世清,徐松林,黄亨健,等.高氮化合物及其含能材料[J].化学进展,2008,20(4):526-537.

[3] SAMARTZIS P C, WODTKE A M. All-nitrogen chemistry:how far are we from N_{60}[J]. International Reviews in Physical Chemistry,2006,25(4):527-552.

[4] QUINTOHERNANDEZ A, LEE Y, HUANG T, et al. Dissociative photoionization of ClN_3 using high-resolution synchrotron radiation:The N-Cl bond energy in ClN_3[J]. International Journal of Mass Spectrometry,2007:261-266.

[5] SAMARTZIS P C, LIN J M, CHING T T, et al. The simplest all-nitrogen ring:Photolytically filling the cyclic-N_3 well[J].Journal of Chemical Physics,2007,126(04):1101-1105.

[6] LIAN P, LAI W P,WANG B Z,et al. Structures and stabilities of N_5^+、N_5^-、N_8、N_{10} by density functional theory (DFT) method [J]. Chinese Journal of

Explosives and Propellants, 2007, 30(5): 28 – 32.

[7] ZHANG J L, PANG S P, LI Y C, et al. Synthesis of 1 – (p – dimethylaminophenyl) pentazole[J]. Chinese Journal of Energetic Materials, 2006, 14(5): 355 – 357.

[8] VIJ A, WILSON W W, VIJ V, et al. Polynitrogen chemistry. Synthesis, characterization, and crystal structure of surprisingly stable fluoroantimonate salts of N_5^+[J]. Journal of the American Chemical Society, 2001, 123(26): 6308 – 6313.

[9] HANSEN N, WODTKE A M, GONCHER S J, et al. Photofragment translation spectroscopy of ClN_3 at 248nm: Determination of the primary and secondary dissociation pathways[J]. The Journal of chemical physics, 2005, 123(10): 104305.

[10] ZHANG J, ZHANG P, CHEN Y, et al. An experimental and theoretical study of ring closing dynamics in HN_3[J]. Physical Chemistry Chemical Physics, 2006, 8(14): 1690 – 1696.

[11] SAMARTZIS P C, HANSEN N, WODTKE A M. Imaging ClN_3 photodissociation from 234 to 280nm[J]. Physical Chemistry Chemical Physics, 2006, 8(25): 2958 – 2963.

[12] ZHANG P, MOROKUMA K, WODTKE A M. High – level ab initio studies of unimolecular dissociation of the ground – state N_3 radical[J]. The Journal of chemical physics, 2005, 122(1): 14106.

[13] BARBER J, HOOKS D E, FUNK D J, et al. Temperature – dependent far – infrared spectra of single crystals of high explosives using terahertz time – domain spectroscopy[J]. The Journal of Physical Chemistry A, 2005, 109(15): 3501 – 3505.

[14] HAIGES R, SCHNEIDER S, SCHROER T, et al. High – Energy – Density Materials: Synthesis and Characterization of $N_5^+[P(N_3)_6]^-$, $N_5^+[B(N_3)_4]^-$, $N_5^+[HF_2]^- \cdot n$ HF, $N_5^+[BF_4]^-$, $N_5^+[PF_6]^-$, and $N_5^+[SO_3F]^-$ [J]. Angewandte Chemie International Edition, 2004, 43(37): 4919 – 4924.

[15] WILSON W W, HAIGES R, BOATZ J A, et al. Synthesis and Characterization of $(Z)^-[N_3NFO]^+$ and $(E)^-[N_3NFO]^+$ [J]. Angewandte Chemie International Edition, 2007, 46(17): 3023 – 3027.

[16] ZHANG C, SUN C, HU B, et al. Synthesis and characterization of the pentazolate anion cyclo – N_5 in $(N_5)_6(H_3O)_3(NH_4)_4Cl$[J]. Science, 2017, 355

(6323):374 -376.

[17] ZHANG C, SUN C G, HU B C, et al. Investigation on the stability of multisubstituted arylpentazoles and the influence on the generation of pentazolate anion[J]. J. Energ. Mater,2016,34: 103 - 111.

[18] ZHANG Q, SHREEVE J M. Energetic ionic liquids as explosives and propellant fuels: a new journey of ionic liquid chemistry [J]. Chemical Reviews, 2014, 114(20): 10527 - 10574.

[19] ZHANG Y, GAO H, Young - Hyuk J, et al. Ionic liquids as hypergolic fuels [J]. Angewandte Chemie, 2011, 50(50): 9554 - 62.

[20] DRAKE G, KAPLAN G, HALL L, et al. A new family of energetic ionic liquids 1 - amino - 3 - alkyl - 1,2,3 - triazolium nitrates[J]. Journal of Chemical Crystallography, 2007, 37(1): 15 - 23.

[21] XUE H, SHREEVE J. Energetic Ionic Liquids from Azido Derivatives of 1,2, 4 - Triazole [J]. Advanced Materials, 2005, 17(17): 2142 - 2146.

[22] KATRITZKY A R, SINGH S, KIRICHENKO K, et al. 1 - butyl - 3 - methylimidazolium 3, 5 - dinitro - 1, 2, 4 - triazolate: a novel ionic liquid containing a rigid, planar energetic anion. [J]. Chemical Communications, 2005, 36(7): 868 - 870.

[23] XUE H, GAO H X, TWAMLEY B, et al. Energetic Salts of 3 - Nitro - 1,2, 4 - triazole - 5 - one, 5 - Nitroaminotetrazole, and Other Nitro - Substituted Azoles [J]. Chemistry of Materials, 2007, 19(7): 1731 - 1739.

[24] KLAPÖTKE T M, MAYER P, WEIGAND J J, et al. 1,5 - diamino - 4 - methyltetrazolium dinitramide.[J]. J. Am. Chem. Soc. 2005, 127(7): 2032 - 2033.

[25] XUE H, TWAMLEY B, SHREEVE J M. Energetic salts of substituted 1,2,4 - triazolium and tetrazolium 3,5 - dinitro - 1,2,4 - triazolates[J]. Journal of Materials Chemistry, 2005, 15(34): 3459 - 3465.

[26] BIGLER J, RALF H, THORSTEN S, et al. Oxygen - Balanced Energetic Ionic Liquid[J]. Angewandte Chemie, 2006, 118(30): 4981 - 4984.

[27] YE G, YE C, TWAMLEY B, et al. Energetic bicyclic azolium salts. [J]. Chemistry, 2006, 12(35): 9010 - 9018.

[28] GAO H, ZENG Z, TWAMLEY B, et al. Polycyano - anion - based energetic salts.[J]. Chemistry, 2008, 14(4): 1282 - 1290.

[29] YE C, GAO H, TWAMLEY B, et al. Dense energetic salts of N, N' -

dinitrourea（DNU）[J]. New Journal of Chemistry，2008，32(32)：317 - 322.

[30] TRASK A V，MOTHERWELL W D S，JONES W. Pharmaceutical Cocrystallization：Engineering a Remedy for Caffeine Hydration[J]. Crystal Growth & Design，2005，5(3)：1021.

[31] DONOHUE J. The Hydrogen Bond in Organic Crystals[J]. Journal of Physical Chemistry，2002，56(4)：502 - 510.

[32] CHILDS S L，WOOD P A，RODRÍGUEZHORNEDO N，et al. Analysis of 50 Crystal Structures Containing Carbamazepine Using the Materials Module of Mercury CSD[J]. Crystal Growth & Design，2009，9(4)：1869 - 1888.

[33] BLAGDEN N，BERRY D J，PARKIN A，et al. Current directions in co - crystal growth[J]. New Journal of Chemistry，2008，32(10)：1659 - 1672.

[34] 侯聪花，刘志强，张园萍，等. TATB/HMX 共晶炸药的制备及性能研究[J]. 火炸药学报，2017，40(4)：44 - 49.

[35] 高大元，徐容，董海山，等. TATB、TCTNB 和 TCDNB 的爆轰性能[J]. 火炸药学报，2005，28(2)：68 - 71.

[36] LI H，AN C，GUO W，et al. Preparation and Performance of Nano HMX/ TNT Cocrystals[J]. Propellants Explosives Pyrotechnics，2015，40(5)：652 - 658.

[37] 马媛，黄琪，李洪珍，等. TNT/TNCB 共晶炸药的制备及表征[J]. 含能材料，2017，25(1)：86 - 88.

[38] 杨宗伟，张艳丽，李洪珍，等. CL - 20/TNT 共晶炸药的制备、结构与性能[J]. 含能材料，2012，20(6)：256 - 257.

[39] GAO H，DU P，KE X，et al. A Novel Method to Prepare Nano - sized CL - 20/NQ Co - crystal：Vacuum Freeze Drying [J]. Propellants Explosives Pyrotechnics，2017，42(8)：889 - 895.

[40] GAO B，WANG D，ZHANG J，et al. Facile，continuous and large - scale synthesis of CL - 20/HMX nano co - crystals with high - performance by ultrasonic spray - assisted electrostatic adsorption method [J]. Journal of Materials Chemistry A，2014，2(47)：19969 - 19974.

[41] AN C W，LI H Q，YE B Y，et al. Nano - CL - 20/HMX Cocrystal Explosive for Significantly Reduced Mechanical Sensitivity[J]. Journal of Nanomaterials，2017，2017(5)：1 - 7.

[42] GHOSH M，SIKDER A K，BANERJEE S，et al. Studies on CL - 20/HMX (2：1)Cocrystal：A New Preparation Method and Structural and Thermokinetic

Analysis[J].Cryst Growth Des，2018，2018:3781 - 3793.

[43] WU J T, ZHANG J G, LI T, et al. A novel cocrystal explosive NTO/TZTN with good comprehensive properties[J]. Rsc Advances, 2015, 5(36):28354 - 28359.

[44] LU Y, WANG R, HE J, et al. Synthesis of bimetallic CoMn - alginate and synergistic effect on thermal decomposition of ammonium perchlorate[J]. Materials Research Bulletin, 2019, 117:1 - 8.

[45] 雷晴，卢艳华，何金选. 固体推进剂高能氧化剂的合成研究进展[J]. 固体火箭技术，2019(2):175 - 185.

[46] DAI J, WANG F, RU C, et al. Ammonium Perchlorate as an Effective Addition for Enhancing the Combustion and Propulsion Performance of Al/CuO Nanothermites[J]. The Journal of Physical Chemistry C, 2018, 122(18):10240 - 10247.

[47] 潘加安，李欢，秦叶军，等. 新型高能氧化剂的合成方法及性能研究[J]. 化学通报，2017(2):139 - 145.

[48] VISWANATH D S, GHOSH T K, BODDU V M. Hexanitrohexaazaisowurtzitane (HNIW,CL - 20)[C]//Emerging Energetic Materials: Synthesis, Physicochemical, and Detonation Properties. 2018.

[49] HAO L, JIAN W, YU L, et al. Preparation and Characterization of HMX/ ANPZO Cocrystal Explosives[J]. Chinese Journal of Explosives & Propellants, 2017, 40(2):47 - 51.

[50] KOLB J R, RIZZO H F. Growth of 1,3,5 - Triamino - 2,4,6 - trinitrobenzene (TATB) I. Anisotropic thermal expansion[J]. Propellants Explosives Pyrotechnics, 2010, 4(1):10 - 16.

[51] 邱玲，许晓娟，肖鹤鸣. 多硝基立方烷的合成、结构和性能研究进展[J]. 含能材料，2005, 13(4):262 - 268.

[52] 李广超. 基于气流粉碎法的钝感超细类球形高氯酸铵的制备及性能研究[D]. 南京:南京理工大学,2018.

[53] SONG N M, YANG L, HAN J M, et al. Catalytic study on thermal decomposition of Cu - en/(AP, CL - 20, RDX and HMX) composite microspheres prepared by spray drying[J]. New Journal of Chemistry, 2018, 42(23):19062 - 19069.

[54] 汪惠英，文亮，杨红伟，等. 硝仿肼的合成工艺与晶体结构[J]. 火炸药学报，2013(6):43 - 46.

[55] 王志银，许琼，张田雷，等. 二硝酰胺铵热分解机理的理论研究进展[J]. 含能材料，2015，23(9):831-841.

[56] YANG R，THAKRE P，YANG V. Thermal Decomposition and Combustion of Ammonium Dinitramide（Review）[J]. Combustion，Explosion，and Shock Waves，2005，41(6):657-679.

[57] 王伯周，刘愻，张志忠，等. 氨基甲酸乙酯法合成 ADN[J]. 火炸药学报，2005，28(3):49-51.

[58] 刘愻，王伯周，张海昊，等. ADN 无机法合成及分离纯化研究[J]. 含能材料，2006，14(5):358-360.

[59] 杨宗伟. CL-20 共晶炸药合成与性能研究[C]. 2015 年版中国工程物理研究院科技年报(Ⅱ).:中国工程物理研究院科技年报编辑部，2015:12-15.

[60] 马媛. TNT 共晶炸药的制备、表征与性能研究[D].太原:中北大学，2017.

[61] 陈鹏源. 几种共晶炸药的制备与理论研究[C]. 中国科学技术协会、云南省人民政府.第十六届中国科协年会——分 9 含能材料及绿色民爆产业发展论坛论文集.中国科学技术协会、云南省人民政府:中国科学技术协会学会学术部，2014:163-167.

[62] 贾新磊，侯聪花，王晶禹，等.硝胺炸药降感技术的研究进展[J].火炸药学报，2018，41(04):326-333.

[63] 宁弘历，刘跃佳，胡刚，等.双阳离子型咪唑类含能离子盐的合成及其性能[J].材料科学与工程学报，2020，38(01):81-87.

[64] 贾思媛. 富氮含能离子盐的合成与性能研究[D].西安:西北大学，2019.

[65] 周奕霏，汪涛，王秋晓，等.含硝胺基类含能离子盐研究进展[J].含能材料，2018，26(11):967-982.

[66] 尚宇，金波，刘强强，等.5,5'-联四唑-1,1'-二氧-1,2,4-三氮唑含能离子盐的合成、表征及热行为[J].含能材料，2016，24(10):953-959.